自然野趣大观察

鱼类

超值版

THE ULTIMATE GUIDE TO FISHES

——解读奇特的鱼类世界

邵广昭 陈丽淑 著
黄崑谋 赖百贤 绘

海峡出版发行集团
福建科学技术出版社

目录

图录——4
如何使用本书——12

14 认识篇

什么是鱼——16
身形与体色——18
近看鳍与鳞——22
鱼的感觉世界——25
鱼如何呼吸——29
鱼如何摄食——31
鱼如何运动——36
两性进行曲——39
生存大作战——43
鱼的一生——49
鱼的家族——52
鱼的演化故事——54

60 环境篇

鱼类在哪里——62
鱼类在台湾——75

78 观察篇

盲鳗目的家族——80
观察盲鳗——80
银鲛目的家族——84
观察银鲛——84
鲨鱼的家族——86
观察白眼鲛——86
鳐目的家族——90
观察土魟——90
海鲢目的家族——92
观察大眼海鲢——92
鳗鲡目的家族——94
观察海鳝——94
鲱形目的家族——96
观察鲱——96
鼠鱚目的家族——98
观察虱目鱼——98
鲤形目的家族——100
观察鲤——100
观察爬鳅——104
鲇形目的家族——106
观察须鲶——106
鲑形目的家族——108
观察鲑——108
巨口鱼目的家族——
观察巨口鱼——112
仙女鱼目的家族——
观察狗母鱼——116

灯笼鱼目的家族—— 118
观察灯笼鱼—— 118
月鱼目的家族—— 120
观察月鱼—— 120
鲉鲔目的家族—— 123
观察鲉鲔—— 124
鳕目的家族—— 126
观察鳕鱼—— 126
鲻目的家族—— 130
观察鲻—— 130
颌针鱼目的家族—— 133
观察飞鱼—— 134
观察鹤鱵—— 136
金眼鲷目的家族—— 138
观察金鳞鱼—— 138
刺鱼目的家族—— 142
观察海马—— 142
鲉形目的家族—— 146
观察鲉—— 146
观察角鱼—— 150
观察鲬—— 152
鲈形目的家族—— 154
观察鲭—— 154
观察大眼鲷—— 158
观察天竺鲷—— 160
观察沙鮻—— 162
观察海鲫—— 164
观察鲹—— 166
观察笛鲷—— 170
观察仿石鲈—— 174
观察鲷—— 176
观察龙占—— 178
观察金线鱼—— 180
观察石首鱼—— 182
观察羊鱼—— 184

观察蝴蝶鱼—— 186
观察盖刺鱼—— 190
观察慈鲷—— 194
观察雀鲷—— 196
观察隆头鱼—— 200
观察鹦哥鱼—— 204
观察鳚—— 208
观察鰕虎—— 212
观察刺尾鲷—— 216
观察臭肚鱼—— 220
观察带鱼—— 222
观察鲭—— 224
观察剑旗鱼—— 228
鲽形目的家族—— 232
观察鲆—— 232
鲀形目的家族—— 236
观察鳞鲀—— 236
观察四齿鲀—— 240
观察翻车鲀—— 244

图片来源—— 259
后记—— 260
作者简介—— 262

246 附录

潜水观察—— 246
水族馆观察—— 249
鱼市场观察—— 251
标本制作与保存—— 253
拯救鱼类总动员—— 255
鱼目名与科名—— 258

图录

以下8页，列出观察篇所介绍的较具代表性的56科鱼类手绘图，只要按照页码查找内文并详读，即可大致掌握该科鱼类的特色及其重要特征与习性。

盲鳗科　见第 80 页

银鲛科　见第 84 页

白眼鲛科　见第 86 页

土𫚉科　见第 90 页

大眼海鲢科　见第 92 页

海鳝科　见第 94 页

鲱科　见第 96 页

虱目鱼科　见第 98 页

爬鳅科　见第 104 页

鲤科　见第 100 页

须鲶科　见第 106 页

鲑科　见第 108 页

巨口鱼科　见第 112 页

狗母鱼科　见第 116 页

灯笼鱼科　见第 118 页

月鱼科　见第 120 页

鼬鳚科　见第 124 页

鲻科　见第 130 页

躄鱼科　见第 126 页

飞鱼科　见第 134 页

鹤鱵科　见第 136 页

金鳞鱼科　见第 138 页

海马亚科　见第 142 页

鲉科　见第 146 页

角鱼科　见第 150 页

鲬科　见第 152 页

鮨科　见第 154 页

大眼鲷科　见第 158 页

天竺鲷科　见第 160 页

沙鲅科　见第 162 页

海鲫科　见第 164 页

鲹科　见第 166 页

仿石鲈科　见第 174 页

笛鲷科　见第 170 页

鲷科　见第 176 页

隆头鱼科　见第 200 页

鳚科　见第 208 页

鹦哥鱼科　见第 204 页

鰕虎科　见第 212 页

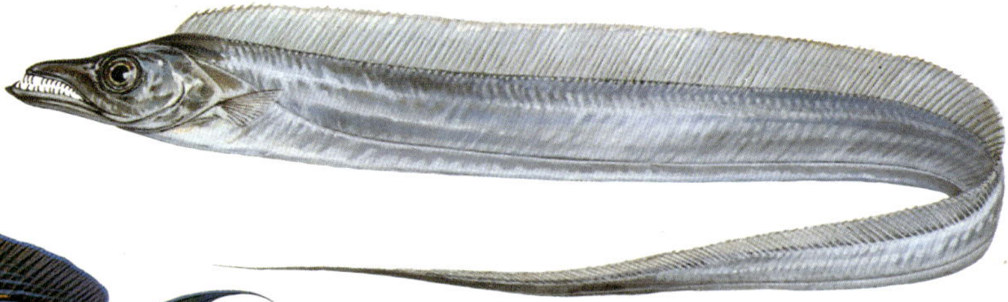

带鱼科　见第 222 页

刺尾鲷科　见第 216 页

鲭科　见第 224 页

剑旗鱼科　见第 228 页

臭肚鱼科　见第 220 页

鲆科　见第 232 页

鳞鲀科　见第 236 页

翻车鲀科　见第 244 页

四齿鲀科　见第 240 页

如何使用本书

　　本书是认识鱼类的图解入门书。全书主要分成认识篇、环境篇、观察篇与附录四部分。认识篇综述鱼类的基本概念；环境篇探讨鱼类的栖地及其分布，并分析鱼类的多样性特色；观察篇是本书的重点，以深入浅出的图解手法呈现56科鱼类的辨识要诀、生态习性、演化奥秘及和人类的关系；附录则提供下海潜水，或到鱼市场、水族馆进行鱼类观察的行动指南，并有制作、保存鱼类标本的基本步骤。

　　读者可以先阅读认识篇与环境篇，对鱼类有初步的认识后，再进入观察篇，这样便能对书中各科鱼类的特色有进一步的了解。

1 阅读认识篇与环境篇，了解鱼类相关背景，并熟悉专有名词。

2 从图录查找最感兴趣的鱼类，再到观察篇详阅完整介绍。

● **科描述**：选择该目具有代表性的科，描述其外观与生态特色，并介绍最具代表性的鱼种。

● **延伸知识**：归纳整理该科各种有趣的背景知识，依性质分成"演化舞台""生态视窗""识别锦囊""鱼类与人"四类。

● **目前言**：该目主要特征与生态习性的概述。

● **科档案**：归纳整理该科要点，包括分类、种类数、栖地、生殖与食性。

● **代表种类生态照**

● **主图注记**：拉线提示观察重点，并视需要搭配局部特征的图片及相关说明。

● **代表种主图**：以精密细致的手绘图，呈现该科与种的典型特征。

认识篇

什么是鱼？
鱼如何呼吸、摄食与运动？
鱼的体态与体色有什么奥秘？
鱼的两性进行曲如何演奏，
又如何为生存奋战呢？
鱼的一生有什么故事？
整个家族是如何演化的呢？
本篇溯古通今，
全方位透视鱼类。

什么是鱼

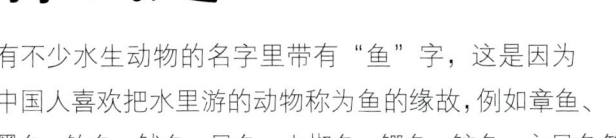

有不少水生动物的名字里带有"鱼"字,这是因为中国人喜欢把水里游的动物称为鱼的缘故,例如章鱼、墨鱼、鲍鱼、鱿鱼、星鱼、山椒鱼、鳄鱼、鲸鱼、文昌鱼等,但事实上它们都不是鱼类。那么,究竟鱼是怎么样的呢?

鱼的特征

鱼类属于脊椎动物,而且是其中种类最多的一群,其种数比两栖类、爬虫类、鸟类和哺乳类的总和还要多,目前全世界已记录有26000种以上。要区别鱼类和其他的脊椎动物,大致可依下面6个特征来判断。

特征1 均需生活在水中。因此身体呈流线型,以减少游泳时的阻力。

特征2 利用鳍在水里运动。鳍兼具桨和舵的功能,可控制鱼体前进、后退、上升或下潜。

特征3 以鳃在水中进行呼吸。须张口引入水,经过头两侧的鳃交换气体后,再由鳃孔排出。

特征4 大多数表面具有鳞片来保护身体。鱼的鳞片呈覆瓦状整齐排列,而鳞列数或侧线孔鳞数是鱼类分类的重要依据。

特征5 多数硬骨鱼可以利用鳔来调节在水中的浮力。鳔有的可兼具发声、呼吸或听觉的功能。另外,鳔的形状也是鱼类分类的依据之一。

它们不是鱼

章鱼、墨鱼、鲍鱼、鱿鱼属于软体动物;鲎是节肢动物;而星鱼就是棘皮动物的海星,它们身上都没有脊椎骨,属于无脊椎动物。而山椒鱼是两栖类,鳄鱼是爬虫类,它们都以肺进行呼吸。鲸鱼和海豚是哺乳动物,它们也用肺呼吸,且属于恒温动物,和人类的亲缘关系比鱼类更密切。文昌鱼看起来颇像鱼,但却不是脊椎动物,而是脊索动物中的头索动物。这些徒具鱼名的生物,与鱼的特征不符,自然通通不是鱼类。

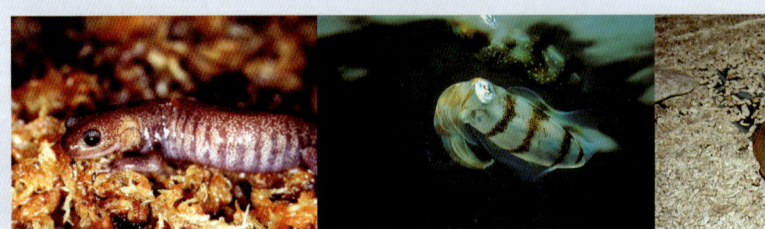

◆山椒鱼(左)、墨鱼(中)、鲎(右)都不是鱼类

特征6 绝大多数属于变温或冷血动物。鱼的体温和水温相近，只有少数大洋鱼类体内温度较体外高。

当然，其中有一些例外，这主要是鱼类对不同环境适应的结果，譬如肺鱼、鲶、弹涂鱼等可周期性地利用肺或其他呼吸辅助器官而离水生活；许多身形呈鳗形的鱼类的鳍和鳞片则已经退化而不明显；鲔或鼠鲨为了适应大洋长距离的洄游，体内可维持恒温。

◆它们都是鱼

由上而下，依体型的大小顺序为：海鲡、沙拉白眼鲛、大眼海鲢、长吻龙占、单带海绯鲤、鳟鱼、青星九刺鮨、白鳍飞鱼、金线鱼、条纹豆娘鱼。

身形与体色

鱼类具有各式各样、多彩多姿的身形与体色，这是为了适应不同光线、水流与栖息地环境，以及为了增加捕食和避免被捕食的概率，长期演化的结果。有些同种鱼类的外观甚至在不同的成长时期及雌雄性别上都表现得大异其趣，不仅让人眼花缭乱，有时甚至连分类学者也倍感头痛！

鱼的身形变化多端，但一般而言，大体上是朝向减少水阻力、适应特殊栖地以及加强保护作用等方面发展。以鱼类身体的横断面来看，其身形可以分为以下几类。

侧扁形：体高大于体宽，多数鱼类都属这一身形。它们无法长时间快速游泳，但方便在水草或珊瑚丛间穿梭，也可以短距离加速，如刺尾鲷、蝴蝶鱼、盖刺鱼、隆头鱼、雀鲷等。而像虾鱼的身形则属极端侧扁，当到危险时可以倒插入珊瑚丛中。

▶ 盖刺鱼身体呈侧扁形，方便在珊瑚丛间穿梭

▶ 管口鱼的身形是圆柱形，宛如一根夜棍

▶ 蠕鳝具有乍看像蛇一般的长条形身体

▶ 乌尾冬具有十分典型的纺锤形身形

**平扁形**：亦称纵扁形，扁平如盘状，方便平贴在水底，以𫚉、鲼、牛尾鱼等为代表，通常蛰伏在水下沙地上。再如紧贴或吸附在溪底的爬岩鳅、老鼠鱼等，腹部也呈平扁状。

纺锤形：又称流线型，体高与体宽相当，且两端明显较中央细小。这是水流阻力最小，且游泳速度最快且持久的身形。乌尾冬与虱目鱼的身形是相当典型的纺锤形，而大洋性的鱼类，如鲭、鲔、旗鱼、鬼头刀等，也都属于这一类。

**圆柱形**：又称枪形，身形似长棍，以金梭鱼、鹤鱵、马鞭鱼、管口鱼等为代表，遇到危险时，可以迅速加速，但身体的柔软度比纺锤形的好。

长条形：身体细长柔软，横剖面较圆者，接近蛇形，通常体表有黏液保护，擅于钻洞或藏身在岩洞、水草间，如鳗鱼、鳝鱼、泥鳅、海鳝等。横剖面较侧扁者，接近带状，有一定的游泳速度，如粗鳍鱼、白带鱼等。

**球形或箱形**：游泳速度慢，因为身体有毒或具其他防卫机制，如全身被骨板，所以活动虽不灵活，但是却可以有效地保护鱼体，其他生物都不敢吃它们。具有典型球形的有河鲀、蹙鱼等；箱形则是球形的变体，如箱鲀，主要靠附肢游动。

仔稚鱼为了方便随流漂动和避免被掠食，因此其体态与游泳能力强或底栖环境庇护场所多的成鱼大不相同，如鳗鲡目幼鱼透明、柳叶状，刺尾鲷、鲇科幼鱼有长的鳍棘，深海鼬鳚的仔鱼肠子在体外，蝴蝶鱼或翻车鱼头上长有棘刺等。

认识篇

身形与体色

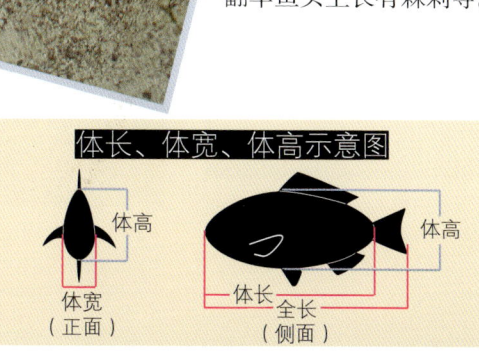

鱼的体色

鱼类的身体具有3种色素细胞：黑色素细胞、黄色素细胞与红色素细胞。另有呈银白色，能产生镜子作用的彩虹细胞。鱼的体色主要是色素细胞和彩虹细胞综合呈现的结果，并与所处环境的光线有关，也和鱼的视觉有关。

◆生活在水底沙泥地的牛尾鱼

在水底沙泥地上或浑浊水域（如河口区）底部活动的鱼类，不仅形态简单，且颜色通常较单调，如比目鱼、牛尾鱼、黄鱼、魟、狗母鱼等。相反的，在光线明亮的珊瑚礁区，鱼的体色就变得鲜艳且纹路复杂，如蝴蝶鱼、盖刺鱼、雀鲷、鹦

◆生活在珊瑚礁区的花鲈具有鲜艳的体色

◆一身红衣的珊瑚礁夜行客黑背鳍棘鳞鱼

哥鱼、隆头鱼等。一般夜行性的鱼类体色比日行性的鱼类单纯，如珊瑚礁区的夜行客——天竺鲷、拟金眼鲷和大眼鲷等。夜行性和深海弱光区的鱼类有许多体色呈红色，这主要是因为红光在水中很快会被吸收，所以不论是在夜晚或深海，它们在水底所看到的其实是灰色而不

◆鳕的体背黑蓝，腹部银白，具有隐蔽的作用

是红色。栖息在更深、没有光线的深海中的鱼类则以黑色、银灰色或无色为主。而生活在溪流中的鱼类，由于溪底石床颜色单调，所以一般体色都不鲜艳。在热带河流如亚马孙河等，因光线充足加上水草丛生，所以许多热带鱼鲜艳夺目。

◆角蝶的黑眼带有欺敌的作用

鱼类还会因年龄、性别、环境、健康状态和生理冲动而改变体色。有些鱼类的体色随着成长而改变，这属于永久变色，如珊瑚礁鱼类中以斑斓体色勇冠群雄的盖

◆隆头鱼的幼鱼（下）与成鱼（上）体色不同

认识篇 身形与体色

◆藻海龙模仿海藻功夫一流

◆狮子鱼嚣张的外观明显带有警戒色彩

刺鱼。隆头鱼和鹦哥鱼除了幼鱼和成鱼体色不同外，雄鱼与雌鱼的颜色也不一样。也有些鱼类是属于暂时性的体色改变，如平颌鱲，在繁殖期会出现婚姻色，繁殖期后即变得较黯淡。比目鱼会随周围环境的颜色迅速改变体色，以达到隐身的效果。成群混游但不同种类的小鹦哥鱼则会少数服从多数，改变成同样的体色。而斗鱼在打斗过程中体色会变得非常亮丽显眼，这属于生理冲动的体色改变。

体色的妙用

鱼类的体色丰富多样，而且妙用无穷，归纳起来，有以下几种功能。

识别：不同的体色，是鱼类辨识同类的重要依据。如不同种的鹦哥鱼体色及花纹即明显不同。而在繁殖季节鱼的体色通常会格外鲜艳，这是为了避免杂交，得靠身上色彩来辨识。体色同时也是幼鱼辨认父母的依据。

欺敌：有些鱼类，特别是防御力弱的幼鱼，常会在尾柄或背鳍后方出现假眼点，如蝴蝶鱼、雀鲷和隆头鱼幼鱼；或是在眼睛的位置出现黑色条纹，如七彩神仙鱼、虾鱼都具有黑色眼带，目的都是为了混淆猎食者的视觉，使之不容易攻击到脆弱的眼睛，以便趁机逃走。

警告：有毒的鱼常具有鲜明的体色，这是为了警告其他生物不要随便靠近，狮子鱼就是最佳的代表。

拟态：为了方便掠食或躲避掠食者的攻击，不少鱼类的体色能融入背景，以达到隐蔽与自我保护的效果。大洋上层洄游性鱼类，如鲭、鲣、鲔、鳟、旗鱼、鬼头刀等，背部为蓝黑色，腹部呈银白色，和背景色相同的配置色不仅使海面上的掠食者向下发现不了它们，下层的掠食者抬头望时也无法发现它们的行踪，因此称为"隐蔽效应"。而许多底栖性的鮋、鲽鱼、比目鱼、牛尾鱼，更是拟态高手，当它们栖身在礁岩间或潜身在水底沙地时，看起来与礁石、海藻或沙地别无二致，几乎让其他鱼察觉不到它们的存在。

模仿：有一些鱼类则模仿其他鱼的样子，以增加觅食的机会，如鳚科鱼类模仿鱼医（一种小鱼）的体色来靠近其他鱼类，以伺机捕食。

防紫外光：鱼体的色素可以保护浅水鱼的内脏不受过强紫外光的破坏，尤其仔鱼的头顶通常都有色素，以便保护脑部。

横带·纵带示意图

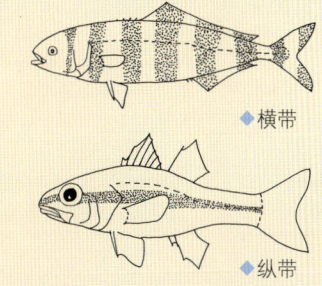

◆横带

◆纵带

近看鳍与鳞

鱼类虽是人们生活中相当熟悉的生物，但许多人对鱼类的认识却仍很笼统。其实不管是分辨种类、了解习性，乃至确认它们的血缘关系，最好都从细察鱼类身体各主要器官的构造和功能开始。像是鱼类为了适应水中的生活，发展出陆生动物所没有的鳍与鳞，其中便有很大的学问呢！

看鱼鳍

鳍是鱼类维持平衡和协助运动的主要器官，由内骨骼的支鳍骨和鳍条组成，其成分与骨骼一样。从外观上可以直接看到鳍条，但看不到支鳍骨，因为其被肌肉包围着。鳍条又可分为两种形式：一种是软骨鱼类所特有的，不分支不分节的角质鳍条；另一种则是硬骨鱼所专有，由鳞片衍生而来的鳞质鳍条。鳞质鳍条再细分为两类：软鳍条（简称软条），质地柔软，可分成多节，末端分支或不分支；硬鳍棘（简称硬棘），质地坚硬，不分节，末端不分支。

鳍除了有平衡和协助运动的作用外，为了适应栖地和不同的生活方式，也会特化出不同形状、构造，以协助鱼类进行摄食、呼吸、生殖、爬行、飞翔、跳跃、吸附、发声和防御等。

鳍的名称以生长的位置来命名，左右成对的偶鳍，有胸鳍和腹鳍；单一的奇鳍，则包括背鳍、尾鳍和臀鳍。

背鳍：一般都位于背部，是鱼类用来维持平衡的器官。身体长以及靠背鳍协助运动的鱼，背鳍通常比较长，如鳗鲡、月鱼。

臀鳍：臀鳍的形态、作用和背鳍相似。以臀鳍为主要运动器官的鱼，像鳗鲡、电鳗等，臀鳍通常比较长；而只利用臀鳍维持平衡的鱼类，臀鳍则较短。

胸鳍：位置较固定，一般都位于头部后方，紧接着鳃孔或在鳃孔附近。软骨鱼类，如鲨鱼的胸鳍通常都很大，与体轴成水平位置，是重要的平衡器官，而鳐和虹的胸鳍则发展为主要的运动器官。硬骨鱼类的胸鳍一般都比较小，与体轴垂直。行动缓慢的鱼，胸鳍宽阔或呈舌片状，如狮子鱼；而行动快速的鱼，如鲔和旗鱼，胸鳍则为长条状或镰刀状。部分鳗鲡科鱼类的胸鳍则消失不见。

尾鳍：和鱼类的前进、转向有关，完全由分节的鳍条构成。除了海马和黄鳝等少数鱼类，多数鱼类都有尾鳍。硬骨鱼的尾鳍外观上大

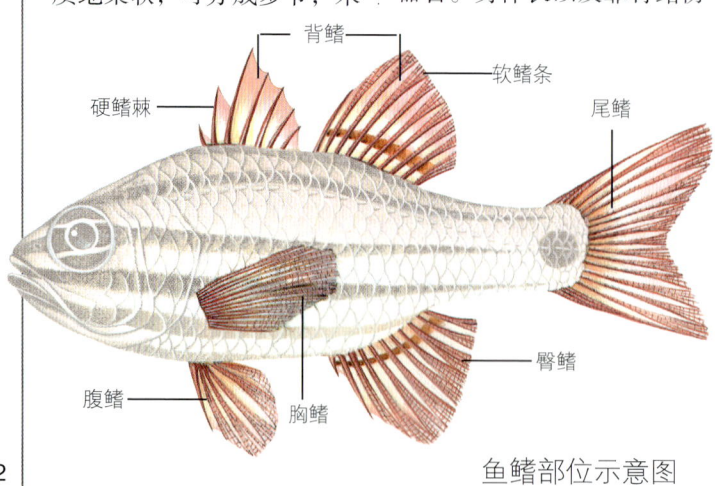

鱼鳍部位示意图

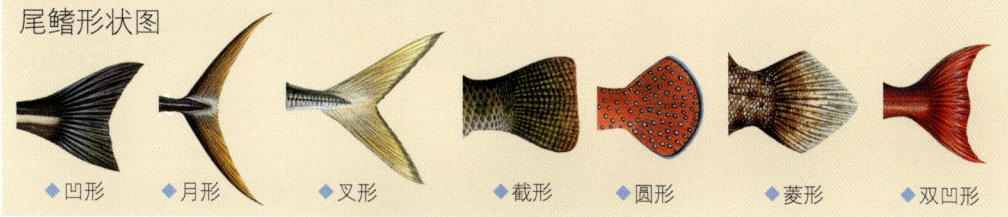

尾鳍形状图
◆凹形 ◆月形 ◆叉形 ◆截形 ◆圆形 ◆菱形 ◆双凹形

致对称，但外形略有不同，约可分为7种基本类型：凹形，如鲤鱼；月形和叉形的常见于游速快而进行长距离运动的鱼类，如鲔、旗鱼；平直的截形或圆形的则多见于游速不快的鱼类，如四齿鲀、鲽等；其他还有菱形、双凹形等。

腹鳍： 作用是维持身体的平衡，而其位置在鱼类分类学和演化上具有重要的意义。一些较原始的鱼类，腹鳍位于腹部，称为腹鳍腹位，如鲱鱼和鲤鱼；腹鳍位于胸鳍前后，称为腹鳍胸位，如海鲡、鲈鱼；腹鳍位于胸鳍前方、喉部下方，称为腹鳍喉位，如鳕亚目鱼类。腹鳍胸位或喉位的，一般而言属于进化较全面的鱼类。

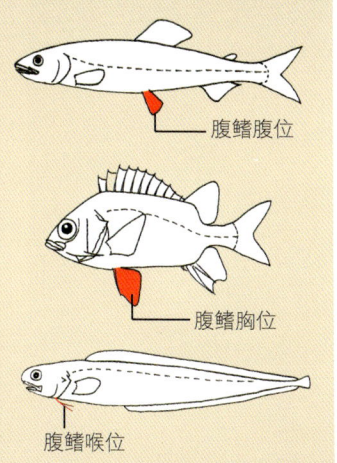

腹鳍位置图
— 腹鳍腹位
— 腹鳍胸位
— 腹鳍喉位

◆单棘鲀的第一背鳍特化成强棘

◆飞角鱼的胸鳍特化呈翼状

看鳞片

鳞片是鱼类皮肤最常见的衍生物，可以保护鱼体，常见的有盾鳞、骨鳞两大类。盾鳞是软骨鱼类特有的鳞片，骨鳞只出现在硬骨鱼类中。还有一种硬鳞则只出现在一小部分的硬骨鱼中。一般真骨鱼身体的两侧，各有一条由鳞片上小孔排列而成的线状构造，称为"侧线"，是鱼类的感觉器官。

盾鳞： 构造像牙齿，形成过程也与一般的牙齿没有两样，所以又称"皮齿"。每个盾鳞可分为基板和鳞棘两部分：基板可视为底座，埋在皮肤内，大多呈菱形；鳞棘着生于基板上，露出体表，尖端朝后。鳞棘使得软骨鱼类如鲨鱼的皮，摸起来像砂纸一样粗糙。盾鳞一旦形成，鱼体就没有办法横向增长，但它会随着鱼体的生长而增加数目。老的盾鳞脱落时，新的盾鳞会不断地补上。盾鳞的形状、分布密度变化很大，在电子显微镜下观察，可看见盾鳞排列成整齐的格子图案，可使流经其表面的水流平顺，减少涡旋，加快游泳速度。

硬鳞： 完全由真皮发展出来，很坚实，成行排列，不作覆瓦状排列，鳞片间以关节突相连接。全身完整的硬鳞对行动的灵活性有很大的妨碍，从化石证据可以看出硬鳞有往骨鳞发展的

4种鳞片构造与排列示意图

◆ 盾鳞　　◆ 硬鳞　　◆ 圆鳞　　◆ 栉鳞

趋势。

骨鳞：骨鳞表面上会出现鳞纹（可以用来鉴定年龄），其质地柔韧，扁薄，富有弹性，呈覆瓦状排列，有利于身体的活动。骨鳞分栉鳞和圆鳞两种，本质上两者并没有差异，但是从演化的规律来看，具有栉鳞比具有圆鳞的真骨鱼类在演化上更进一步。栉鳞后区具栉齿状突起，摸起来很粗糙，出现在鲈形目和鲂鮄鱼类中；圆鳞后区边缘光滑，没有栉齿突起，出现在鲤形目和鲱形目中。实际上，许多鱼同时拥有这两种鳞片，例如鲽类有眼侧为栉鳞，无眼侧为圆鳞，鸡鱼栉鳞中也混杂有圆鳞。

骨鳞因为斜向植入皮肤而且呈覆瓦状排列，使得鳞片后部露出一块扇形区域，但是此区域仍然被真皮和表皮包覆着，只是包覆的皮肤太薄，所以一般看不出来，一旦皮肤受到破坏，鳞片就直接暴露在外面。每个鳞片都属于一个鳞袋，鳞袋必须与水隔绝，如果擦破皮肤、碰落鳞片，就增大病菌侵入鱼体的概率。

◆ 鲟除了体被硬鳞外，体侧还有几列大的骨板

特殊的鳞片

为了适应环境，鳞片和其他构造一样，也会出现许多变异。有些真骨鱼类的胸鳍或腹鳍基底前缘外角，特化成一个变形的大鳞片，称为"腋鳞"或"辅助鳞"，其功能目前仍不清楚。鲱腹部中线上的鳞和鲹类侧线后部的鳞呈尖锐的棱线，称为"棱鳞"；鳖鱼和有些鲉类，它们身上的鳞片退化成皮状突起。须鳎、舌鳎唇上和鳃盖边缘的鳞片变为短须，是感觉器官。行动缓慢的海马、海龙、虾鱼和箱鲀，它们尖硬的身体外表由鳞片变形而成，具有加强保护的功能。四齿鲀体表的尖刺或刺尾鲷尾柄上的骨质盾板，也是由鳞片演化而来。

◆ 刺尾鲷尾柄上具有由鳞片演化来的骨质盾板

◆ 二齿鲀体表的尖刺也是鳞片变异的结果

鱼的感觉世界

鱼有感觉吗？鱼是如何看、听、闻，以及品尝味道呢？鱼生活在水中，如何保持平衡？如何体察周围各种信息，譬如天敌、同伴、异性或食物？经过了数亿年的演化，鱼类已发展出许多特有的感觉系统来适应不同的环境，包括：光的感觉，如视觉；机械感觉，如听觉、平衡感觉、方位和水流感觉；化学感觉，如嗅觉、味觉；电磁感觉等。下面一起来体验鱼类奇妙的感觉世界吧！

认识篇 鱼的感觉世界

鱼怎么看——视觉

鱼类眼球的构造与其他陆生脊椎动物相似，但是鱼类的眼球在聚焦成像时，是通过晶状体的前后移动，将影像投影在视网膜上，陆生脊椎动物则是改变晶状体的曲度来聚焦成像。大多数鱼类的晶状体接近圆球状，软

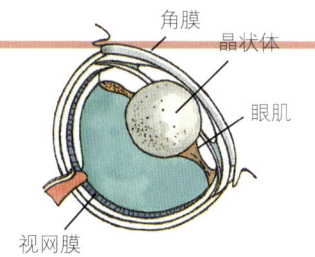

一般鱼眼构造示意图

骨鱼类的晶状体则较为扁平。

鱼类视网膜上的光感细胞分成柱状及锥状细胞两类。柱状细胞的主要功能在于解析低光度时的影像，好比高感光度的底片；锥状细胞则主要吸收光波长短的刺激，具有感受色彩的功能。

许多在清晨或黄昏时较活跃的鱼种，例如石斑鱼，视网膜上柱状细胞的比例远比锥状细胞多；有些深海鱼类及夜行性鱼类，视网膜上甚至只有柱状细胞，而没有锥状细胞。反之，日行动鱼类的视网膜上，有较多的锥状细

◆常暴露在水面上的弹涂鱼，不仅眼球特化，眼柄还可伸缩

◆四眼鱼平常均停栖在水面

◆四眼鱼具有特化的眼球构造，可同时看见水中与水面的景象

胞,例如雀鲷。

有些鱼类为了适应特殊栖所,演化出独特的眼球构造,例如深海的褶胸鱼科、巨尾鱼科、珠目鱼科及后肛鲱科鱼类,演化出长管状的眼柄,将眼球置于眼柄的顶端,增加眼球的焦长,而达到"望远镜"的效果,可在低光度下察觉到微小的猎物。

有一种生活在水下泥地及红树林水域的弹涂鱼,由于经常暴露于水面上,为了适应空气中的视觉,眼角膜的曲度变大而晶状体则较扁平,使水面上的物体仍可在视网膜上成像。此特化的眼球还被置于可伸缩的眼柄上,更有利于在水下泥地及红树林水域的活动。分布于南美的四眼鱼(四眼鳉科)每一个眼球有两个瞳孔,好像把眼球对分成上下两半,可同时呈现水中及空中物体的影像。

鱼怎么听——听觉

从人类的角度,很难想像鱼类有听觉,因为我们看不到鱼有任何的外耳构造。事实上,鱼类有和人类有很相似的内耳构造。由于鱼类生活在水中,其听觉器官的主要构造与周围的水体相适应,也就是说,声音在鱼类身体的"传播速度"与包围在鱼体的水体近似,使得水中的声音可直接"穿过"鱼体。就好像鱼体对水中的声波是"透明"的,水中的声音可直接传到鱼的内耳,因此也就无须倚赖外耳的构造。

鱼的内耳是由左右对称的3对感受器组成,包括椭圆囊、球囊及瓶状囊。在椭圆囊的前后及侧壁各连接1条半规管,且相互垂直。3个感受器内都有1块耳石,当水中声音穿过鱼内耳时,耳石的震动使得与其紧密接触的感受细胞产生电位,并将信号传到脑部。以此种方式达成听觉的鱼类,听到的至少在100dB以上的声音,而音频范围很少高于1000Hz,大多数鱼类都是如此,例如鲷类、鲣类、鲈类等。另外有些鱼类,如鲤科及鲶科的鱼类,则演化出一种独特的方式来增进听觉。它们脊椎骨的前四节特化成"魏氏小骨",又称为"韦伯氏器",其中第一小骨直接插入内耳的球囊,第四小骨则直接与体腔内的鳔相接触。由于鳔的密度远小于鱼体其他部位,因而能量较低的高频声音也会刺激内耳的感受细胞,所以鲤科及鲶科鱼类的听觉非常灵敏,可听到40~5000Hz、60~80dB的声音。

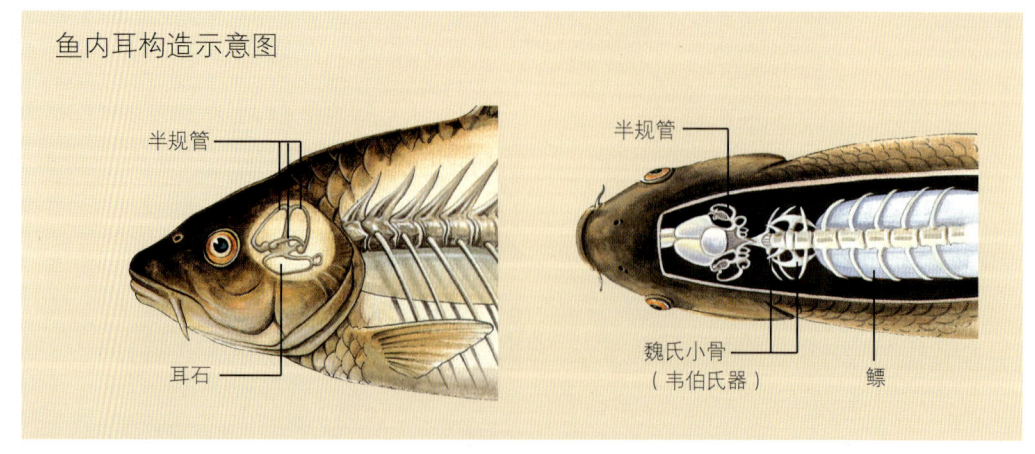

鱼内耳构造示意图

半规管　　耳石　　半规管　　魏氏小骨(韦伯氏器)　　鳔

鱼怎么闻——嗅觉

大多数鱼类的嗅觉主要是依靠头部前方的一对嗅囊,嗅囊内分布着数以万计的嗅觉细胞。鱼体周围的水可由前鼻孔进入嗅囊,使嗅觉细胞产生化学作用,再由后鼻孔排出。不同于陆生动物,鱼类的嗅囊是独立的嗅觉器官,不与食道或呼吸道相联通。从嗅觉细胞分布的密度,可知鱼类嗅觉的敏感程度。譬如,鳗鱼嗅觉相当好,它的嗅觉细胞比鲈鱼多5倍。鱼类的嗅觉细胞对某些特定的化学物质相当敏感,譬如对氨基酸的灵敏度可达 10^{-10} mol/L,而对性类固醇的灵敏度可达 10^{-12} mol/L。

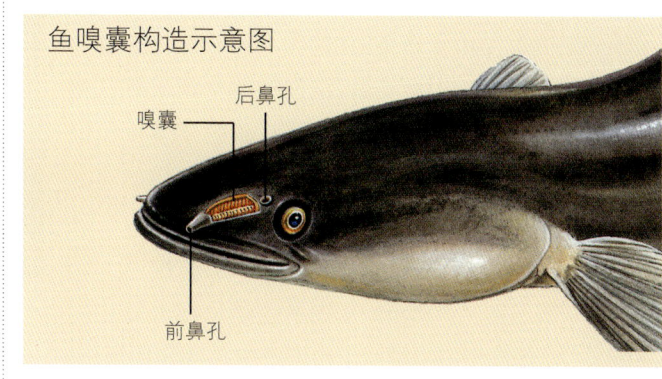

鱼嗅囊构造示意图

大致而言,鱼类的嗅觉细胞主要用来探知水中的各种化学物质,但也可用来判定异性在水中的位置。某些鱼类会分泌性信息素来吸引异性,例如生活在深海的角鮟鱇(Ceratioidei),母鱼会分泌性信息素吸引公鱼前往并附着在它们的身上,进行寄生生活,从而达到繁殖的目的。

◆鳟的鼻管突出,嗅觉十分灵敏

鱼怎么尝——味觉

鱼类的味蕾大致分布在嘴部及咽喉部位。有些硬骨鱼类在鳃弓或鳃缘上也有味蕾,鲶科的鱼类则在全身的各部位都有味蕾,尤其是颌须上。味蕾的基础构造与一般的表皮性感受细胞很相似。每一味蕾由若干基体细胞、支持细胞以及5~60个味觉感受细胞所组成。味觉感受细胞的主要功能在于感受水体中的毒物、氨基酸以及其他化学物质。

◆具颌须的羊鱼味觉灵敏

鱼如何保持平衡——平衡感觉

鱼类的平衡感觉主要由内耳的半规管以及椭圆囊来负责,囊内有一块耳石与平衡感受细胞,鱼体在游动时所感受的重力,可经由耳石(密度比骨骼高)传给感受细胞。在左右耳各有一个椭圆囊,综合信息经由两个椭圆囊传到大脑,鱼体即可在三维空间维持平衡。

此外,鱼类也可综合来自椭圆囊以及视网膜的信号,维持背光反应的平衡行为。背光反应是指鱼体能与照到其背部的光线保持垂直的角度,这种行为的好处,在于使得鱼体上方的掠食者不易侦测到它们。由于这种行为涉及光线因素，因而在中层或深层水域的鱼类就没有背光反应的行为。

鱼如何侦测震动——侧线感觉

对于水中低频度（低于200Hz）的震动，鱼类通过侧线感觉系统来感觉。外观上，侧线是在鳞片上排成一列的小孔，事实上这些小孔是一条小管在体表上的开口，小管之内有许多管感丘细胞，它们可以感受鱼体内外水压的差异。大多数的鱼类通过侧线感觉系统，侦测其他动物在水中所造成的震动，进而判定可能的掠食者（如其他鱼类等）及食物的所在位置。侧线感觉系统在维持鱼群的群游行为上扮演非常重要的角色。因为在夜晚无光照的状况下，侧线系统是鱼群个体之间判别及保持固定距离的唯一感觉系统。

此外，在鱼体的大多数鳞片上，还分布着数以万计的表层感受细胞，用来感受水流速度的差异。

鱼如何感电、放电——电场感觉

许多淡水及海水鱼类演化出感应生物电场的能力。最出名的例子是，鲨鱼前吻可用洛仑兹壶腹（鲨鱼特有的感应生物电的器官）感受潜藏在沙中的鱼体所产生的微电场，进而侦测出鱼体的位置。所有的鲶鱼在头部都有弱电感受细胞，可以感受其他动物因肌肉运动而产生的电场。鲶科鱼类也因具有此种特化的弱电感受能力，即使在漆黑的水域，它们仍可精确地确定活体食物的位置。

弱电鱼类的放电频率具有种的特异性，可用以区

◆丁氏木铲电鳐腹面具壶腹状电场感觉器官，身体可发电

分种别。同种之间又有性别上的差异，这种雌雄放电频率不同的特征，在弱电鱼求偶时扮演着很重要的角色。雄鱼在生殖季节会护卫特定的领域范围，当另一雄鱼入侵时，雄鱼会提高放电强度，显示其"战斗能力"，使入侵者知难而退，以避免不必要的身体接触而受伤。求偶时，雄鱼则依赖放电的强度及频率向母鱼展示自己，以供母鱼择偶时判断。

弱电鱼类从孵化后一生都能持续地放电，但它们也能暂时停止放电，这种行为多半发生在被掠食者追逐时。南美水域的弱电鱼在被鲶鱼追捕时，能暂时停止放电行为，可以减少被侦测到的概率。可是此行为也会使得它们自己无法利用电场，从而无法判断本身与掠食者之间的相对位置。

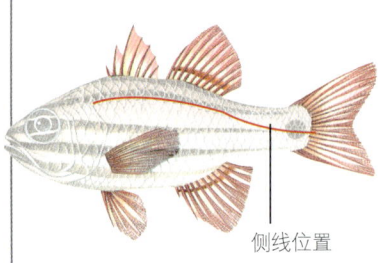

侧线位置

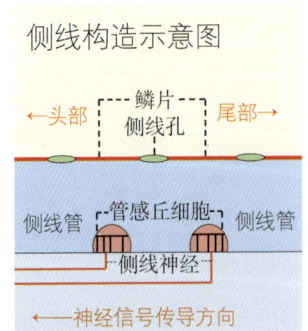

鱼如何呼吸

鱼类和其他生物一样需要呼吸氧气来存活，但它们生活在密度较空气高800倍、黏度高50倍的水体中，且水中的氧气比空气中的氧气稀薄和不稳定，氧在空气中占21%，但在水中只占1%。因此鱼类在水域中要"争一口气"显然比陆生动物辛苦得多。鱼类究竟是如何办到的？随着不同的栖息环境，不同种类和生活习性的鱼类会有不同的呼吸方式吗？为何有些鱼类可以离水而活呢？

呼吸的方式

不同生活方式或游泳行为的鱼类，它们的呼吸方式可能不同。一般底栖或游速慢的鱼类多半靠口咽腔和鳃腔前后规律地交互开合，让水流由口进入，经过鳃，再由鳃孔排出，这种方法称为"泵法"。所以只要观察鱼鳃盖开合的次数就可以知道它的呼吸频率，如果太快则可能是水中缺氧、环境紧迫或遭受威胁。

有些鱼的鳃孔小，在停止进水时，鳃腔可以保有相当多的水分，因此它们可以暂时停止呼吸，如鳗、鲀。而鳐或魟等平扁的鱼，它们的口部和鳃部都在体盘的腹面，在水层中游泳时还能以正常方式呼吸，但停栖在海底时则改由背面的喷水孔来吸水，以避免用口吸水带入泥沙而损伤鳃部。

游速快的洄游性鱼类，如鲔、鲣、鲭等鱼类，则多半是在向前游泳时，张开口部，使水流强制地或被动地不断经口部流入鳃部，再由鳃孔流出来达到呼吸的目的。所以它们的呼吸不是靠鼓动鳃腔的肌肉，而是靠体侧泳肌来达成的，这种方式称"引流法"。当然这些鱼类必须不停地游泳或维持一定的游速，以满足最基本的呼吸量。

无颌纲的盲鳗和八目鳗，其鳃的构造和呼吸方式则颇为不同。盲鳗的水流是由单一鼻孔进入，通过总鳃管（孔）进入5对以上的鳃囊进行气体交换后，再由各鳃囊或少数几个鳃囊对外的鳃孔，将呼出气体排出体外。当盲鳗埋首在鱼尸体内时，则通常由最后一对的鳃孔将呼出气体排出体外。八目鳗由于是寄生的，口部在咬住寄主鱼类后，已无法进行吸水，因此水经由7对鳃囊壁肌肉的泵动，直接由体侧的7个鳃孔进出。

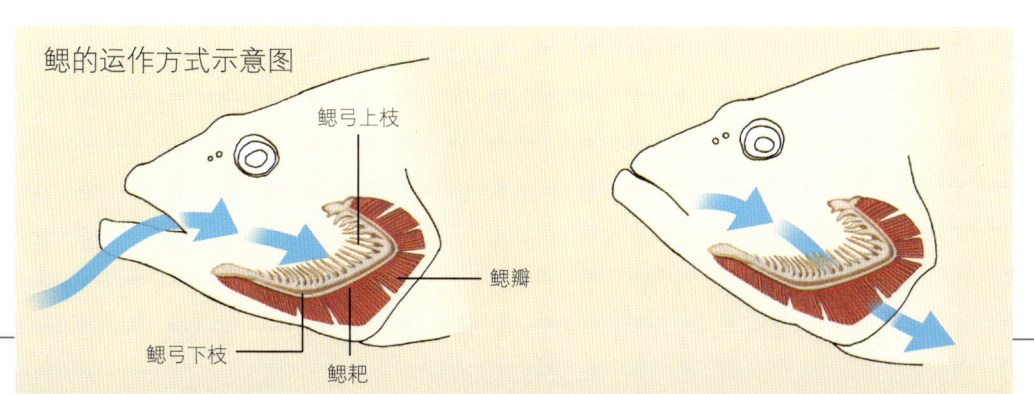

鳃的运作方式示意图

鳃弓上枝　鳃瓣　鳃弓下枝　鳃耙

鱼的呼吸器官

鱼类的主要呼吸器官是鳃，但也有约13个目40个属以上的硬骨鱼类具有其他的辅助呼吸器官，如皮肤、鳔、肠道等，可直接呼吸空气。这些鱼类大多数分布在热带或亚热带的淡水或沼泽，因为高温使水中溶氧降低，所以演化出特殊的呼吸构造。

鳃：位于口咽腔的两侧，对称排列，好像是梳子一样。硬骨鱼类通常有5对鳃，而软骨鱼类有少数是6~7对鳃，七鳃鳗（八目鳗）是7对鳃。软骨鱼类只用鳃呼吸，没有其他辅助呼吸器官。由于它们的鳃隔膜发达，甚至延长到外鳃孔的边缘，使前后排鳃瓣完全分开，所以又称为"片鳃"，而鳃在体表的开口则称"鳃裂"。硬骨鱼类的鳃没有鳃隔膜的分隔，所以称为"全鳃"。全鳃有鳃盖骨保护，对外只有一个开口，称为"鳃孔"。

鳃的形状呈弓形，分成上枝及下枝，在鳃弓内侧的"鳃耙"可以滤食水中的浮游生物，它的疏密、数目和食性有关，细密者为滤食性，粗疏者为肉食性。鳃耙的数目和形状也是鱼类分类的重要依据之一。鳃弓的外侧是鳃瓣，呈血红色，充满

◆泥鳅在水中溶氧不足时，会吞入空气泡进行肠壁呼吸

毛细血管，是交换水中氧气和二氧化碳的主要场所。

鳃上器官：鲶、鳢、带鲈、弹涂鱼等出水后不易死亡，是因为它们具有发达的鳃上器官，只要保持湿润即可呼吸空气。鳃上器官是由第一个鳃弓上鳃骨变形成凹凸的浮雕结构，其上皮布满毛细血管，所以颜色鲜红，打开鳃盖骨即可见到。

鳔或气囊：一些古代鱼类，可能在泥盆纪或志留纪时水中缺氧，所以像肺鱼、弓鳍鱼、多鳍鱼或骨舌鱼等，就发展出可以靠鳔或气囊上密布的毛细血管来呼吸空气，这些鱼在缺氧或干涸的环境会由口吞入空气，再由食道中一个特殊的管道通入鳔中进行呼吸。美洲和非洲的肺鱼即使在水中溶氧良好时也要到水面呼吸空气，否则会"淹死"，而在旱季钻入泥地里时则完全靠鳔而不靠鳃呼吸空气，所以，这时的鳔就相当

于"肺"。鲶科中的囊鳃类有一对鳃腔往体后延长出管状长囊，用以协助呼吸，称为"气囊"。

肠道：泥鳅、花鳅等在夏天水中溶氧低时会窜到水面吞入空气，然后压入肠内，靠肠壁毛细血管交换气体，再把二氧化碳由肛门放出。

口咽腔黏膜：黄鳝（合鳃鳗）、电鳗的口咽腔内壁布满的微血管可协助进行呼吸。

◆七星鳢可以发达的鳃上器官直接呼吸空气，离水甚久都不会死亡

皮肤：淡水的鳗鲡在夜间常游上陆地再移栖到别处水中，在离水期间它们可以用湿润的皮肤来呼吸，此时约有66%的氧气可以透过皮肤来交换，即使在水里皮肤也可以协助交换10%的氧气。其他如弹涂鱼、鳐鱼、黄鳝、鲫和肺鱼的皮肤也有类似的功能。

◆淡水的黄鳝能吞入空气，以口腔皮褶辅助呼吸

鱼如何摄食

所谓"民以食为天",鱼当然也不例外。鱼儿从卵孵化,将卵黄囊的营养吸收完后,若要继续存活生长,就必须摄食。而从演化的角度看,鱼类为了能相安共存,充分利用水中形形色色不同的食物,其实已发展出各式各样不同的食性。要了解鱼类摄食,不妨从它们吃什么、怎么吃两方面着手。

鱼吃什么

鱼类在自然环境中的菜单可说是五花八门,从活的浮游植物、浮游动物、海藻、海绵、小虾蟹、多毛类、贝类、棘皮动物、鱼类,乃至鳞片、有机碎屑或死尸,它们可说是无所不吃。鱼类选定食物除了考虑食物数量的多寡、营养是否丰富、是否容易消化,也要衡量付出的能量代价是否划算。不过,鱼儿本身是否具备适当的器官去捕食和消化,才是最关键的。

吃藻类或水草类:即所谓草食性。藻类、水草或海草虽然容易取食,却不容易消化,它们都有细胞壁。藻类为了防止鱼类的摄食,甚至还含有毒素,结果草食性鱼类也演化出特殊的消化机制来应付,如雀鲷的胃酸、刺尾鲷直肠前膨大的盲肠,内有共生菌协助消化藻类;乌鱼的肌胃、鹦哥鱼和鲤形目的咽头齿,都可以协助磨碎食物,以便消化吸收藻类。海洋中草食性鱼类并不多,大约不及15%。

吃肉:即所谓肉食性。食物包括甲壳类、头足类、腹足类、多毛类、端足类、等足类、介形类、桡足类等动物,以及水中的各式动物。依食物的大小和种类,还可再细分为鱼食性、昆虫食性、

草食性鱼类菜单

绿藻

褐藻

褐藻

红藻

绿藻

红藻

绿藻

红藻

珊瑚虫食性、底栖小型动物食性。深海鱼全都属于肉食性，浅海鱼大多也是肉食性，特别是体型中等的鱼类及鲨等。

吃浮游生物：包括水中的浮游动物和植物。浮游生物虽然质量小、寿命短，但繁殖极快，所以浮游生物是海洋中现存量最多的生物，这也是海洋中以浮游生物为食的鱼类数量最多的原因，如沿海的鲱、鳀等，或是珊瑚礁中的雀鲷等。连体型庞大的鲸鲨、象鲨或蝠鲼也得以吃不完的浮游生物为食，它们如果只吃鱼可能早已饿死了。

吃有机碎屑：不少小型底栖鱼，特别是河口滩地的鱼，如俗称"豆仔鱼"的大鳞梭，会以水底泥中的有机碎屑为食。

杂食或特殊食性：有些鱼类的食物混杂着植物性和动物性饵料，如黑鲹虎的肠中除了藻类以外，偶尔有枪虾出现。有些鱼类吃的东西很特别，比如会吃其他鱼类鳞片的鱼类，称为鱼鳞食性，有些鱼吃鳞片则是在季节性食物不足时的变通方法。有一种摇蚊喜欢在潮间带交配产卵，所以不少潮间带鱼类都会吃蚊子的幼虫；而裂唇鱼（鱼医生）则是以其他鱼类身上的寄生虫为食物；在亚马孙河流域的鱼，甚至会吃掉在水中的水果；射水鱼则可射落叶片上的昆虫，而后将其吃掉。

鱼类的食性不一定永远不变，很多鱼类会随着成长而调整食性，如刺尾鲷、臭肚鱼、鹦哥鱼等，在仔鱼期以食浮游动物为生，但它们沉降到珊瑚礁后，很快会变为草食性。

鱼怎么吃

鱼类的菜单形形色色，观其摄食的方法令人大开眼界。

咬食与啃食：一般草食性鱼类可分为两大类，一类是咬食较大的藻类，就是鱼把藻体咬断食下，肠胃中只会出现藻类的碎片，如瓜子鱲、臭肚鱼等；另一类则是啃食礁石表面上纤细的藻类，肠胃中除藻类片段外，还会发现泥沙片，如鹦哥鱼、刺尾鲷、鯛等。

值得注意的是，鱼类是机会取食者，也就是会取食周围方便取得的食物，所以草食性鱼类也常会不小心吃到或故意去吃动物性的饵料，因为其的确比植物性食物容易消化吸收。草食性鱼类只是因受限于它们的觅食构造，所以在一般状况下吃藻类。因此钓友在冬季时，可以用南极虾来钓获靠岸觅食藻类的瓜子鱲（黑毛），

◆臭肚鱼成群在礁石上咬食藻类

◆刺尾鲷正在啃食礁石表面的藻类

但在自然状况下黑毛并没有机会吃到南极虾。同理，鹦哥鱼也可用虾肉钓获。

滤食与啄食：鱼类为了摄取水中的浮游生物，常常成群结队，张开大口迎着水流游动，让浮游生物直接流入口腔中，此称为"滤食法"。为了填饱肚子，滤食性鱼类常跟着浮游生物做垂直洄游，如鰶、鯵类；或是随着季节，到浮游生物出现的地方聚集，像蝠鲼、鲸鲨、象鲨。有些小型的珊瑚礁鱼类，如雀鲷等，因口小眼尖，则以个别啄食的方式摄取漂来的浮游动物。

捕食或猎食：肉食性鱼类捕捉猎物的方式很多，有的鱼类采取守株待兔的策略，等没有戒心的小生物通过的一刹那，再一跃而起加以捕捉，如狗母鱼、鹰斑鲷。石斑鱼喜欢单独行动，而白带鱼、金梭鱼、鯵、四线鸡鱼等则常成群在礁区寻找猎

◆雀鲷张开小口吞食浮游动物

◆鲸鲨以滤食浮游动物为生

物，一旦选定对象，可以快速捕食。石斑鱼、白带鱼具有倒伏的牙齿，可以防止猎物脱逃。通常吃甲壳类、腹足类的肉食鱼类都有强而坚硬的牙齿，用来嚼碎贝壳或

◆鲹进行捕猎时常成群行动

◆石斑性凶猛，猎食时常单独出击

从器官看食性

想知道这只鱼靠什么为生、吃东西的方法，甚至吃相如何，观察它的口位与口型、消化道的特色，以及鳃耙的疏与密，便可略知一二。

看口与齿：大部分鱼的口都位于前端，称为"端位"或"前位口"，多属于善游泳的中上层鱼类，如鲔、鲭等，一般以捕猎为生。

开口向上，或上颌短于下颌，称为"上位口"，如水䱧、比目鱼、牛尾鱼、瞻

◆口下位的燕𫚉

星鱼等，多半潜伏于泥沙或水草中，等待时机，再向上跃起吞食游经的小鱼或无脊椎动物。

开口在下方，或上颌长于下颌，称为"下位口"，如老鼠鱼、马鲅鱼等，有些还有可侦测猎物的须；而如𫚉、鲟吻部长，可方便搅动泥土以觅取食物；生活在湍急的溪流上游中的爬鳅等，其口部呈吸盘状，借以吸附在岩石上以免被冲走；鲷鱼等具横裂口下位，则以刮食水底藻类为生。

牙齿是鱼类的捕食工具，用来抓住猎物，但一般

不用来咀嚼食物。软骨鱼的牙齿是由盾鳞演变而来，包括一列垂直排列的正式齿，用来捕捉及咬断猎物；内侧有几列齿尖朝内的补充齿。所以当正式齿脱落或受损时，补充齿会取代成为正式齿。

硬骨鱼类的牙齿不只长在上、下颌，也可能出现在口腔周围的骨头上，而这些牙齿依其着生位置称呼，如颌齿、犁齿、舌齿等。以颌齿言，具有犬齿的鱼通常为凶猛的肉食性鱼类，如石斑鱼、白带鱼、食人鱼；具有臼齿的鱼以螺、蚌及其他坚硬食物为食，如青鱼、鲤

◆口上位的大眼鲷

◆肉食性的金梭鱼牙齿尖利

◆塘鳢一口口地挖食底土，吃食其中的小生物或有机物

海胆的硬壳，如板机鲀、四齿鲀、刺河鲀等。秋姑鱼可以用颌须来翻动沙泥中的小生物，而板机鲀则会利用喷水的方式去翻动躲在沙泥下的小生物。射水鱼和骨舌鱼（红龙），可以吃到水面上方的昆虫，前者靠喷射水柱攻击目标物使之入水，而后者则可以跃出水面，直接捕食。

挖食：有机碎屑食性的鱼类大多一口口地挖食海底的底泥等碎屑，再经由口或鳃盖把沙泥等非有机物质吐出来或排出来，如鰕虎或豆仔鱼等。

认识篇

鱼如何摄食

◆板机鲀的牙齿适合吃具有硬壳的动物

鱼、真鲷；具有梳状门齿的鱼，通常为刮食或咬食藻类的草食性鱼类，如刺尾鲷、臭肚鱼；板状牙齿最强劲有力，拥有此种牙齿的鱼主要吃贝壳、海胆等具有硬壳的食物，如河鲀、板机鲀，或是像鹦哥鱼刮食礁石上的藻类。牙齿退化的鱼，则以滤食浮游生物为主，如鲭、鲱、鳀等。除了具有齿板的鱼，其牙齿是持续不断地长出外，其他类的牙齿通常会定期更换。

看消化道：肉食性鱼，胃特别发达，肠子较短，如白带鱼、石斑鱼。草食性鱼则刚好相反，肠子特别长，有些甚至没有胃，如鹦哥鱼。草食性鱼因为肠子特别长，所以在体腔内的排列方式会随种类而异，如臭肚鱼肠子盘成圆盘状。同一种鱼，肠子的长度也会因食物的差异而有所不同，例如在人工饲养环境下，长期投喂草食性饲料者比投喂动物性饲料者长。乌鱼虽然没有咽头齿，但有一个肌胃，其作用像鸡的嗉囊，可以磨碎食物。而软骨鱼的小肠内则有螺旋瓣可以增加吸收的面积。

◆草食性的刺尾鲷肠子很长

◆鹦哥鱼的咽头齿（右排）是由第6对鳃弓特化而来，左排为颌齿

看鳃：鳃除了呼吸作用外，也可用来协助觅食的。如鳃弓上的鳃耙，可以辅助牙齿来觅食，其作用就像滤网一样，所以滤食性鱼类的鳃耙多而密，如鲱科鱼类；肉食性鱼类的鳃耙则少而疏，如石斑鱼，有些甚至没有鳃耙，如海鳗和鮟鱇，再如鲤、鹦哥鱼、隆头鱼、慈鲷等科鱼类，其第6对鳃弓甚至特化为咽头齿帮助磨碎食物。另外，多数鱼类在鳃耙前端或鳃弧前缘有许多味蕾，所以鳃耙还兼具味觉的功能。

鱼如何运动

鱼类没有手脚,你是否好奇它们是如何运动的呢?在水中运动的阻力是空气中的800倍,所以鱼类比陆生动物更需要良好的运动系统,包括减少阻力的流线外形和有效率的游泳方式。鱼类使身体动起来的方式主要分为3种:体侧肌肉的收缩运动、鳍的摆动、从鳃孔喷水,这3种方法可以混合或单独使用。不同的鱼类运用鳍和身体的方式不同,因此鱼的游姿也大异其趣喔!

体侧肌肉收缩法

鱼类最重要的运动肌肉是位于体侧的大侧肌,当这些排列整齐的肌节,交替产生规律的收缩运动时,便能使鱼的身体左右摆动,推挤周围的流水,进而产生反作用力将鱼体向前推进。

体侧肌肉依性质与功能可分为红肌和白肌两类,运动时通常只有其中一类发生作用,另一类则处于不活动的状态。红肌颜色暗红,位于身体表面,脂肪和肌红元(myoglobin)含量高,血液供应充足,所以又称"血合肌"。红肌因为含脂肪,所以必须进行有氧代谢。其收缩缓慢,但持续较久,所以像鲔、马鲛、鲱等耐力强、持续不断游动的鱼类,红肌就特别发达。而生活在水底层,行动迟钝,不做长距离持续游动的鱼类,则红肌较少,甚至没有。要注意的是,鲑鱼的肌肉虽然全部呈橘红色,但主要是因为食物中的甲壳类的虾青素(astaxanthin)转移到鱼肉中的关系,并不是真正的红肌。

白肌是大侧肌的主要部分,不含脂肪和肌红元,颜色较浅白,位于肌肉底部。白肌收缩快,是产生极速运动的能量基础,所以多数鱼类利用白肌所产生的爆发力来捕捉食物或逃避敌害。但白肌进行厌氧代谢,当激烈运动时,会产生并累积代谢废物,等平静下来获得充足的氧,才能清除代谢废物,因此白肌缺乏耐力。鱼类在对抗激

◆蛇鳗靠身体肌肉收缩蛇形向前挺进

肌肉收缩运动法示意图

流和巨浪时容易产生疲劳，溯河洄游时常需停下来休息喘气也是这个缘故，所以人们在设计鱼道时，必须考虑提供鱼类休息的场所。

鱼鳍交互作用法

鳍在鱼的游泳过程中扮演多重角色，各种鳍的交互运用，使得鱼在水中更加灵活自如。多数的鱼除了靠体侧肌肉的收缩外，也借助摆动尾鳍产生前进的推力，有些鱼则是靠背鳍和尾鳍一起摆动，如比目鱼和白带鱼。鲔、旗鱼在高速游动时会把背鳍收起来，以减少阻力；当速度减慢时再把背鳍竖起来帮助平衡。鱼如果要"刹车"，只要将胸鳍一横就可以停止前进；如果要转变游向，则将一侧的胸鳍伸直，另一侧照常运动，就可以顺利转弯；要倒退，则反向划水即可。腹鳍虽然比较小，但它就像人类走钢丝所需的平衡杆，可以协助臀鳍和背鳍维持鱼身体的平衡，防止不必要的上下振动。

鱼的游泳速度与尾鳍高度成正比，但与尾鳍面积成反比。从尾鳍的形状可大致推测鱼的运动特性，如尾鳍呈叉形或新月形、尾柄窄而硬者，通常身体呈流线型、高速游动，如旗鱼、鲔等；尾鳍呈半圆形或平直形，且较宽而柔软者，虽然推进力不如前者，但却方便转弯，如石斑鱼、乌鱼等。尾鳍的上叶较下叶大者称"上歪尾"，适合向上游动，以解决因无鳔而易下沉的问题，如鲨鱼、鲟；而尾鳍下叶比上叶大的"下歪尾"，则有利于跃出水面飞翔，如飞鱼或鳡。

◆板机鲀主要靠背鳍和臀鳍运动

◆魟靠胸鳍和体盘呈波浪般向前游动

◆鲨鱼的上歪尾使其不易下沉

认识篇　鱼如何运动

鳃孔喷水前进法

鱼类呼吸时从鳃孔所排出的水流，也可以产生前进的推力，尤其在迅速前进时会使速度明显加快。另外，当鱼开始游动时，强烈的喷水能提供动力，箱鲀之类的鱼便是利用呼吸喷水来辅助上浮或前进，此时它们的呼吸频率特别高。当然此作用力也可以用来改变鱼的运动方向，如果它们想要停留在同一定点，就必须靠胸鳍向前推水，以产生相反的作用力来抵消由呼吸作用所产生的前进力。这是鱼即使不游动时，仍不停搧动胸鳍的原因之一。

◆ 箱鲀靠呼吸喷水前进

鳔的妙用

鱼儿如果要长时间停留在同一水层，需靠鳔调整身体的弯度，以得到不同的浮力。鳔位于胃肠的后方，肾脏的腹面，囊状，中空。圆口鱼类和软骨鱼类无鳔，硬骨鱼类大多数种类都有鳔。鳔主要分为鳔体（前室）和气道（后室和鳔管）两部分。

鳔的容积大小与所处水域的密度有很大的关系。淡水的密度小，所以淡水鱼的鳔占整个身体的比值比较大，为7%~11%；而海水密度大，海水鱼的鳔占身体的比值较小，为4%~6%。

靠鳔来调节浮力虽然节省能量，但无法快速调整，这是深海鱼被钓上来时，鳔内空气压力来不及释放而过度膨胀挤到口中的原因。

此外，鳔还具有听觉、呼吸、发音的功能。鲤形目鱼的鳔，借助第1~4脊椎骨变化而成的魏氏小骨（Weberian ossicles）与内耳相联系，使听觉变得更灵敏，所以有魏氏小骨的这群淡水鱼统称为"骨鳔类"。较原始的硬骨鱼类如肺鱼、多鳍鱼、弓鳍鱼、雀鳝的鳔演变成呼吸器官，其构造与一般鱼类的鳔不同。澳大利亚肺鱼的鳔分隔成许多对称且呈卵圆形的气室，称为"肺泡"，每个小气室又分割为若干的肺小泡。而非洲肺鱼的鳔又比前者发达，几乎与两栖动物的肺相似。石首鱼中的大、小黄鱼，鳔的外面附有的两块深色肌肉，称为"鼓肌"，以韧带和鳔相连，收缩时会使鳔发出声音，渔民就据此来找寻鱼群。鳞鲀科鱼类匙骨和后匙骨相互摩擦也可以发出声音，并通过鳔的共鸣作用而加强。

鳔的大小伸缩与浮力关系示意图

两性进行曲

交配生殖、传宗接代，几乎是所有生物的本能，但鱼类繁殖方式的多样化却是其他类别动物所望尘莫及的。为了使它们的基因或种族不致灭绝，鱼类不论在生殖系统、交配求偶、生殖类型、产卵时间地点、产卵的质和量，以及护幼行为等各方面，都已演化出各种不同的形式或策略，以确保它们的种族可以不断地繁衍下去。

雌雄分辨

有性生殖的鱼类，当然也有雌雄之分。一般鱼类都是雌雄异体（gonochorism），少部分属于雌雄同体（hermaphroditism）。雌雄外形不易分辨的鱼，通常都是靠解剖后观察生殖腺（或称性腺），有时还需要在显微镜下观察组织切片，来判定性别，其中精巢较细白，而卵巢较粗黄或有卵粒。特别是"雌雄同体"或是会性转变的鱼类，它们究竟是处于雄鱼、雌鱼或两者兼具的时期，更要通过组织切片观察生殖腺内是精巢还是卵巢才会知道。

雌雄异体： 有些雌雄异体的鱼类可以借助外表形态的第二性征来判断性别。首先是体型的大小，如鳗、海龙、鳢、鲟、孔雀鱼等的雌鱼较大，以求较高的繁殖率；鲷或石斑等则雄鱼的体型较大；许多深海鮟鱇的雄鱼体型很小，其内脏退化到只剩下精巢，并以口部寄生在雌鱼体表，靠雌鱼为生。

其次，形状也是判别的依据，如鬼头刀雄鱼的头部会逐渐隆起；隆头鱼中少数种类雄鱼额顶会凸出；鲑鱼在溯河产卵时，雄鱼吻部会变形呈钩状；金花鲈雄鱼背鳍棘延长为丝状；大肚鱼、孔雀鱼、银鲛、鲨、鳐的雄鱼有交接脚；平颌鱲及粗首鱲的臀鳍前软条显著延长等。

再次是婚姻色。珊瑚礁鱼类中的鹦哥鱼、盖刺鱼或隆头鱼的成鱼，雌雄体色明显不同。而淡水的孔雀鱼、石鲋、雀鲷、鲑、鳟等在生殖期会出现美丽的婚姻色。

◆鲨鱼雄鱼有交接脚，是显著的性征

◆钝头叶鲷为雌雄同体，先雌（上）后雄（下）

最后，有些得靠一些特殊构造来分辨，像鲤科鱼类雄鱼在生殖期时，鳃盖头顶或鳍上会出现一些角质突起物，称为"追星"；海龙科的海马雄鱼腹部有育儿囊，海蛾则是雌鱼才有，而剃刀鱼雌鱼也具有由腹部扩大变形成的可闭合的孵卵袋。

上面提到的雌雄鱼体型大小、形状与颜色的差异，尤其是雄鱼所表现的，应和鸟类一样，具有吸引异性、促进排卵的作用。

雌雄同体： 雌雄同体只在真骨鱼类中出现，即在同一个体内偶尔会有雌雄生殖腺同时存在，只有少数鮨科鮨属（*Serranus*）鱼类或是狭鳕（*Theragra chalcoframma*）可以是永久的雌雄同体，且能自体受精。但为了避免近亲交配，它们大多会以配对方式，即轮流改变性别去给对方所产的卵粒受精。

大多数的雌雄同体的鱼类是属于循序作用的类型，也就是随着成长而有性转变的现象。有些鱼是先雌后雄（protogyneus），如石斑、鹦哥鱼、隆头鱼等，有些鱼则是先雄后雌（protandrous），如小丑鱼、鲷等。此外，也有可以双向变性的鱼类，譬如生活在珊

◆属石斑类的尾纹九刺鮨为雌雄同体，但具先雌后雄的性转变

瑚丛中的高身鰕虎，当两只鰕虎相遇时，即使原本是两只雌的或两只雄的，因具有双向变性的功能，最后有一方会变性来达到配对的目的。

爱情物语

许多鱼类在交配以前，其实也要经过"谈情说爱"的求偶过程，如果两情相悦，就很快送入洞房；如果求爱遭拒，雄鱼便会另寻新欢。

鱼类的交配方式随鱼种而异。有些进行群体生殖，即成百上千或是三五成群，同时排精、排卵，譬如鲹鲣等群游性鱼通常会洄游到特定的产卵场内，雄鱼及雌鱼同时排精、排卵来达到受精的目的。它们在两性个体间互动的方式不明显，所产的卵也多是随波逐流的浮性卵，没有任何护幼行为。

而在较复杂的生存环境中，多数的鱼类则会以配对生殖的方式来繁殖下一代。在繁殖期间，雄鱼所显示的婚姻色、争夺领域或产卵场、筑巢、展现独特求偶游姿的行为等，其实都是为了吸引雌鱼以达到配对交配的目的。它们交配的时间、场所和求偶方式也有不少变化，也正是因为这些特异性，可以减少种间彼此杂交的概率。譬如身体较长的鳗或海龙交配时会互相缠绕或是S形拥抱；鲨鱼的雄鱼会卷在

◆进行群体生殖的紫胸鲷

◆进行配对生殖的石狗公（左）与海龙（右）

雌鱼身上进行体内受精；在沙滩上繁殖的银鱼雄鱼会环绕在半埋在沙中的雌鱼身上进行交配；珊瑚礁的蝴蝶鱼、盖刺鱼或石斑鱼等，多半雄鱼以口部去顶雌鱼的腹部，两情相悦后，再成对游到水层上方同时排精、排卵。

配对生殖又分成一夫多妻或一妻多夫的不同模式，先雄后雌的鱼类通常是一妻多夫；反之，先雌后雄，雄鱼数目少的是一夫多妻，如金花鲈，在雄鱼死亡后，体型最大的雌鱼可以在一周左右迅速变性为雄鱼来弥补空缺。而生活在茫茫大海中，又较稀有的鱼种，为了克服找寻同类或异性的困难，可能在未成熟前即已有配对行为，如蝴蝶鱼或深海鮟鱇的雄鱼，干脆直接寄生在雌鱼的身上。

传宗接代

鱼类的生殖分成卵生、卵胎生和胎生3种方式。

绝大多数的硬骨鱼类都以卵生（oviparity）为主，即由雌鱼产卵，在体外受精和孵化、成长。产浮性卵而没有护幼行为的鱼类，通常产大量小径的卵粒，如一只鳕鱼可产900万颗卵，而翻车鱼可以产下3亿粒卵，这是采取重量不重质的卵海战术，来确保后代一定的存活率。而沉底性、黏着性的卵，以及有护卵或护幼行为的鱼类的卵，卵径较大，卵数较少，如雀鲷、慈鲷、鰕虎、鳉、鲑等。另外某些板鳃类，如虎鲨、猫鲨、真鲨、扁鲨、鳐，也是卵生的，但是卵是在雌鱼的生殖道内进行体内受精，而后再排到水中，不需要再进行第二次受精即可完成发育。

卵胎生（ovoviviparity）的特点是卵不但在体内受精，而且还是在雌鱼的生殖道内发育，只是发育时胚胎所需的营养是靠本身的卵黄，而不靠母体，仅有胚胎的呼吸是依赖母体而已，譬

◆短吻角鲨为卵胎生，图中可见卵黄囊的幼鱼

鱼可以马上自行游泳,像腔棘鱼、灰星鲛等。有些鲨,如后鳍锥齿鲨,仔鲨甚至会吃产卵管中其他的卵或仔鲨,所以这种"食卵性"的鲨通常一次只会产出1~2尾体型较大的幼鱼。

◆ 斑竹狗鲛为卵生,图为其幼鱼及有卵鞘保护的卵(上)

如古老的鲨鱼(皱鳃鲨、六鳃鲨、七鳃鲨)、真鲨、鼠鲨、电鳐、魟、鳐、蝠鲼等,硬骨鱼类中如鳉形目的食蚊鱼、海鲫、剑尾鱼等也属于这类。

胎生(viviparity)的鱼,胎体在营养上也是靠卵黄不靠母体来供应,只是在产出前已发育完全,且产下的幼

◆ 活化石腔棘鱼为胎生,图为其幼鱼

鱼类是好父母吗

产浮性卵的鱼类通常没有护幼的行为。生活在河川的一些淡水鱼,有些卵及仔鱼都在河川内孵化成长,有些则会顺流到河口或沿岸孵化成长,再溯回河川,如日本秃头鲨、大吻鰕虎或溯河型香鱼。海洋中鱼类的变化较大,有些卵只要几天即可孵化,有些则需长达半年。这些仔鱼在漂浮期如浮游动物般漂流,以小型浮游动物为食,因为缺少亲鱼的保护,存活率较低。不过这些漂流期较长的鱼,扩散和分布的能力也较大。至于产沉底性或黏着性鱼卵的鱼,不少有各种不同的护卵或护幼的行为。例如天竺鲷、慈鲷、后颌䲢的公鱼或母鱼会以口孵

◆ 小丑鱼亲鱼有护卵的行为

护儿;海马、海龙、海蛾有育儿囊或孵卵袋以确保卵的孵化和小鱼的存活;小丑鱼把卵产在海葵的底部;鳑鲏把卵产在圆蚌中;罗汉鱼或雀鲷把卵产在礁床上,并由亲鱼守卫;鰕虎或肺鱼在沙泥地上掘孔产卵;弓鳍鱼及棘鱼会将水草做成鱼巢;有种鲶的卵有卵柄可以黏在亲鱼腹面,靠亲鱼血液输送养分来发育,甚至还会把卵放在肠内哺育;雀鲷等鱼在守护卵粒时,有逐敌、搧卵、啄坏死的卵等行为来护幼。

◆ 配对口孵的天竺鲷

生存大作战

海底的世界看起来和谐安乐，实际上却危机四伏，到处充满了虎视眈眈的掠食者。身处其中，鱼儿要如何保护自己，甚至制敌成功呢？在这场永无止境的生存竞赛中，鱼类所演化出的应对之道，除了消极的躲藏外，还有共生、拟态、发光、发电、用毒、共游和群游等各种策略，其中蕴含着出神入化的生存智慧，有不少还颇值得人类好好学习哩！

策略 1 躲藏

遭遇天敌时，"三十六计走为上策"几乎是所有生物寻求活命的第一招，鱼儿当然也不例外。一般遇到危险时，底栖的鱼类多半会迅速躲入礁洞、隙缝或潜入沙泥地中。有些小型或称为"隐密种"的鱼类更是小心翼翼，甚至足不出户，以求自保。大洋性的鱼类显然无处可躲，一般都仰赖群游及背暗腹白的保护色，但是也有一些鲹、鲭的幼鱼或白点板机鲀会躲在海面上的浮木或海藻下避敌。人工浮鱼礁可形成不少缝隙与阴暗处，鱼类躲在那里较不容易被发现，因此也成为许多鱼类逃避天敌的最佳避难所。

◆ 躲藏在礁岩下的臭肚鱼

◆ 躲在礁洞内的钝头鳚

◆ 花斑拟鳞鲀藏身于礁缝凹陷处

策略 2 共生

海洋生物种类繁多，尤其在珊瑚礁区，生物多样性更是丰富，为了能够增加生存机会，许多生物生活在一起时便发展出共生关系。但要注意的是，共生关系可不见得一定都是双方受益的喔！创造双赢时称为"互利共生"，如小丑鱼和海葵、鰕虎和枪虾、鱼医生和有寄生虫的鱼等。一方受益，一方不受影响时，称为"片利共生"，如姥姥鱼躲在海胆或海百合的棘丛中；圆鲳和幼鲹躲在远洋水母的触手中；隐鱼白天躲在海参、二枚贝或馒头海星的身体里，晚上再出来觅食，但找不到食物时，会吃掉海参的内脏，还好海参具有内脏再生的能力；许多鰕虎等小鱼住在海鞭、海绵或珊瑚丛中，因长期演化的结果，它们的体色已很难和珊瑚区别。

有些鱼喜欢与大鱼共游，借机获得庇护或掩蔽，如六带鲹（又称领航鱼）喜欢游在鲸鲨、蝠鲼前面或旁边；无齿鲹的幼鱼会躲在大型河鲀的身旁，除了得到保护，也可捡食大鱼吃剩的食物；管口鱼之类积极的珊瑚礁鱼类，趁机靠近没有防备的鱼，进行猎捕行动。至于印鱼则靠头上特化的吸盘，搭乘鲸鲨、燕魟、旗鱼、海龟的便车到达海洋各处，它们也会捡食"宿主"吃剩的食物。

策略 3　拟态与模仿

拟态与模仿是最有用的生存策略之一。而同一种策略，不同鱼类却有不同的应用，有时不但可以用来躲过敌人的发现，也可以制造主动攻击的机会。拟态通常指的是依环境背景进行伪装，就地掩护，让其他生物不容易一眼看出；模仿则是指仿效另一种生物的外形及体色。

拟态最直接的方法，就是利用自身与周围环境相近

◆无齿鲹与线纹河鲀共游，借机获得庇护

◆俗称比目鱼的鲆是沙地环境的拟态高手

◆三棘高身鲉拟态礁石惟妙惟肖

◆鮗（七夕鱼）模仿鳝的头

的体色，如豆丁海马的外形看起来就像柳珊瑚，高身鲉或绒鲉则像一片海藻。有些还会藏身在背景中，如牛尾鱼、狗母鱼或土魟等，在沙地上常只露出头部或眼睛来警戒，甚至借此出其不意地掠食经过的小鱼。拟态技术高

◆小丑鱼与海葵共生

◆鞍斑单棘鲀（右）模仿有毒的尖鼻鲀（左）

超的好手，如比目鱼，身上的花纹几乎与周围景色一模一样，非常不易被发现。

至于鱼类模仿其他的鱼类则有许多原因，有些模仿凶猛或有毒的鱼以避免被天敌捕食，如七夕鱼模仿凶猛的海鳝、单棘鲀模仿有毒的尖鼻鲀。而鹦哥鱼小鱼群游时会模仿同一群中，尾数较多的那种小鱼的体色，以免太过招摇醒目。还有一种刺尾鲷的幼鱼，因为尾柄的尖刺尚未发育完全，所以利用体色模仿盖刺鱼，以便混入其中一起活动，减少因落单而被捕食的概率。

策略 4　发光

鱼是所有脊椎动物中，唯一具有发光和发电能力的动物，而且出现在许多不同演化支系的类别中。深海鱼类因身处无光环境，所以不分昼夜均会发光，而浅海鱼类则只在夜间发光。鱼类的发光能力可分成化学性和细菌性发光，前者由体内神经控制荧光酵素，再将荧光素的蛋白质氧化而产生光；后者由鱼体发光器内的共生菌发光，此发光器外有膜覆盖，鱼体本身可控制其开关。

鱼类为什么要发光呢？推论可能是为了照明、保护、拟态、诱引猎物、辨识同类、吸引配偶或迷惑敌人。如鲹、天竺鲷或萤石鲼等，发光的鱼腹可以淡化其影子，达到隐蔽效果；深海鮟鱇、宽咽鱼、巨口鱼、蝰鱼或奇棘鱼，在尾部、头顶、腹部或下颚有点状或线状的发光器或发光带，它们可诱引猎物；灯笼鱼腹部发光器的排列方式可以作为种类辨识之用，也是鱼类分类鉴定的重要依据；灯眼鱼和松球鱼在眼下或下颌的发光器可能是用来辨识同类或诱引趋光的猎物。

◆天竺鲷腹部具发光器，能淡化其影子达到隐蔽效果

策略 5　用毒

使掠食者望而却步或击退敌人，最有效的方法大概就是用毒了。大约有上百种不同的鱼类，均平行演化出用毒的机制。

根据毒性的形式，可分为两大类，一类是在鱼体或鱼内脏含有毒素，如四齿鲀科的河豚类，在卵巢或肝脏有特别多属于四齿鲀毒（tetra-odotoxin）的神经毒素。另外，热带地区的大型肉食鱼类，其内脏或肌肉常因食物链累积，含有热带海鱼毒（ciguatoxin）。人们食用含有以上两种毒素的鱼，就会中毒。

另一类是鳍棘基底具有毒腺，被刺伤就会引起中毒，称为"刺毒"，如土虹尾柄上的毒棘、鳗鲶背鳍和胸鳍的毒棘、臭肚鱼有毒的硬棘等。毒刺构造包括分泌毒素的毒腺以及造成刺伤的硬棘。毒腺虽然很靠近硬棘，但是都被包在表皮内，没有管道或开口通到体外，所以刺毒的作用机制是毒棘刺入被攻击者时，棘一受压，其根部周围的皮肤破裂，毒腺因而破开流出毒液，并从伤口进入被攻击者的体内。此外，也有少数部位可能具有毒腺，如刺尾鲷尾柄的尖刺也是一种毒棘；海鳝的上颌

◆六线黑鲈体表会分泌具有毒素的黏液

有囊状毒腺，咬住猎物时，毒液便注入猎物伤口。

策略 6 分泌黏液

想像不到吧！黏液也是鱼类自卫逃脱的利器呢！大多数的鱼类都有黏液，其实它是一种多糖类和纤维，通常由表皮的杯状细胞（goblet cell）所分泌，入水后纤维才膨胀变黏而成黏液。比较特别的是盲鳗所具有的独特的线细胞（thread cell），可以在短短几分钟之内把一桶清水变为胶状。通常在遭受威胁需要脱逃时，盲鳗就会大量分泌黏液。鹦哥鱼在鳃盖内侧布满看起来像海绵的黏液腺，通常会在晚上分泌黏液把全身包裹起来，就像睡在睡袋里，而且还会预留呼吸孔。根据研究，鹦哥鱼黏液的分泌受光影响，如果白天把鹦哥鱼放在漆黑的缸子，也会引发鹦哥鱼分泌黏液。一般推测这种行为主要是为了逃避夜间以嗅觉捕食的掠食者，如海鳝，因为黏液膜可以减少鹦哥鱼体味的散发，避免泄露行踪。六线黑鲈或双带鲈等体表所分泌的黏液有毒，所以不能和其他水族混养。蒙鲽鳍棘黏液腺所分泌的黏液可使鲨鱼的大口麻痹，让自己有机会脱逃。

◆黑星银鉟（金钱鱼）具有棘毒

策略 7　趋光、趋音与趋流

鱼类有正趋光和负趋光的不同行为，这与鱼类的觅食、防御、集群有很大的关系，但关于其形成的机制或目的，目前仍众说纷纭，而且会受鱼类成长阶段，以及水的温度、透明度等因素所影响。

一般在白天觅食的鱼类或捕食趋光性浮游生物的鱼类，属于正趋光。通常幼鱼比成鱼有明显的趋光性，如鳀鲴、鳗鲡、蓝圆鲹等。以秋刀鱼为例，当身体饱满度低时趋光较强，饱满度高时则趋光较弱，性成熟时不趋光，产完卵又恢复趋光。

灯光诱鱼作业就是利用鱼的正趋光行为，设计灯光诱鱼，利用灯光诱捕箱也可以采集到许多正要沉降到礁区定栖的后期仔鱼。

同样的，有些鱼类对声音也有特殊偏好，声诱渔作业就是针对鱼类的正趋音而设计，如鳀鱼的觅食声音对鲔鱼有诱集的作用，用垂死鱼类所发出的挣扎信号（低于800Hz）可以诱集鲨鱼。相反，当鱼类听到天敌的声音，会表现出负趋音的行为，如鲹等中上层鱼类，听到海豚的声音，就会立刻逃离。

此外，鱼类通常具有趋流性，会根据水流的方向和速度调整，使自己保持逆流的状态或停留在某一地点。

策略 8　群游

二尾鱼共游称为"配对游"，三尾鱼以上的共游才称得上是"群游"。群游的成员可以是同一种鱼，也可以由不同种鱼混杂在一起。群游时如果成员以同样的方向及速度前进，彼此间保持同样的距离，称为"鱼队"（或称同步群）。鱼群是指因社会理由而聚集在一起的一堆鱼；而鱼群集结则是指因环境因子，如水温或水流，而出现的鱼群集结现象。群游的好处多多，随鱼种及时机的不同而有不同的意义。

增加觅食机会：浮游生物在海洋中的分布并不均

认识篇　生存大作战

◆蓝圆鲹会捕食趋光性的浮游生物

匀，所以许多以浮游生物为食的中上层鱼类会形成鱼群，因为集群的鱼比单独的鱼更容易发现饵料的密集区，如秋刀鱼、鲭等。鲨鱼和鲔鱼则利用群游来围捕猎物。珊瑚礁区的草食性鱼类，如鹦哥鱼或刺尾鲷，为了侵入其他有强烈领域性行为的草食性鱼类地盘（最典型的是雀鲷，其领域内的藻类量通常远大于领域外），常成群闯入，在雀鲷疲于追赶的空隙中饱餐一顿。又如秋姑鱼及板机鲀，具备翻动埋藏在水底泥沙里的无脊椎动物的能力，当它们觅食时，周围常有隆头鱼、蝴蝶鱼、刺尾鲷等跟在后面捡便宜。

防御敌害：群游可降低被捕食的概率。成群的鱼对警戒信息较敏感，可以在较远的距离就察觉危险，迅速做出回应。有些鱼平时集群并不明显，在突然遭遇危险时会迅速集结成群，如被网具包围的鱼群会迅速群集急游，寻找逃出危险的途径，只要一尾或数尾鱼发现漏洞，经过信息传递，整个鱼群也许有机会逃出网具。

◆ 白天群聚在礁石洞穴内成群集结的鳗鲶

其他如珊瑚礁区的天竺鲷、拟金眼鲷晚上出来觅食，白天则成群在礁石旁边休息，以集体守望相助的方式，降低被捕食的概率。相对的，群游使鱼群的目标较明显，但当捕食者闯入时，鱼会迅速逃散，使掠食者不易锁定目标，最终整个鱼群的存活率仍高于单独行动的个体。此外，鳗鲶小鱼遇到危险时，会集结成鲶球，让敌人不敢轻易侵犯。

节省能量：群游可以让鱼队中的个体在游时减小水阻力，进而节省能量的消耗。在受保护的珊瑚礁区，常可看到鲭、鲹、鲷类缓缓地成群绕游，有如龙卷风般，具有省力和御敌的双重作用。此外，长距离洄游的鱼类会形成洄游鱼群。据研究，集群的鱼靠着彼此之间的联系，有共同的定向机制，所以能够迅速正确地找到洄游路线。

◆ 群游的充金眼鲷

鱼的一生

从出生开始,人的一生大致包括了幼年、青少年、青年、中年和老年几个时期,那鱼类呢?可曾想过,鱼的生活史得经过哪些阶段?有些鱼终其一生都在自家附近生活;有些鱼则会由浅水到深水或由潮间带到亚潮带做垂直洄游;还有些鱼为了摄食、繁殖、过冬等不同目的,甚至演化出必须千里迢迢展开漫漫长途的洄游,才能完成它的生活史。鱼的一生其实比我们想象中精彩,一起来认识吧!

鱼的生活史

一般而言,生物的生活史是指精子与卵子结合后,开始成长发育,直到衰老死亡的整个过程,又称为生命周期。鱼的生命周期大致可分为:卵、仔鱼、稚鱼、幼鱼、成鱼、衰老至死等几个不同时期。不同时期的存活率、生活环境和生态习性都会有所差异,这些都是长期演化的结果。

卵或胚胎时期: 鱼卵产出后不见得都有机会受精,完成受精的受精卵才会发育。此时,胚胎只靠卵黄的营养,也只在卵膜内发育,称为胚胎期。

仔鱼期: 指从卵孵化后到卵黄完全被吸收为止的时期,此时期鱼体透明,形态变化显著,并开始有微弱的运动力,可以开始向外界摄食。

稚鱼期: 此时各鳍鳍条形成,鳞片也开始显现,鱼体不再透明,且具有物种的一些特征。底栖性鱼类的稚鱼期早期仍算是浮游生物,但已开始向该鱼种成鱼栖所处沉降,沉降后即迅速长成幼鱼,和成鱼一样进行底栖生活。卵、仔鱼、稚鱼3个时期统称为鱼类的早期

鱼的生活史

- 衰老期
- 受精卵或胚胎时期
- 仔鱼期
- 稚鱼期
- 幼鱼期
- 成鱼期

生活史。

幼鱼期：是指体型、斑纹、色彩都和成鱼大致相同，只是性腺尚未成熟的阶段，或称未成年鱼期。

成鱼期：当性腺到达成熟时，开始进入成鱼期，在适当季节开始繁殖后代。如果该种类鱼具有第二性征，此时会开始出现。

衰老期：一般指生殖能力衰退，成长已到极值或几乎停止的时期，但此时期很难加以鉴识或判定。

鱼的洄游

不少鱼类一生中必须历经长短不同距离的洄游，即有目的地由一处大量移往另一处，短则数十公里，长则数千公里，其和漫无目的的巡游并不相同。洄游可使生物有较好的生存及繁殖条件，因此具有适应环境的意义，所以洄游是许多鱼类生活史中重要的一环。洄游又分成被动和主动洄游两类。被动洄游通常是指漂浮性鱼卵及仔稚鱼被动地被带到远方，不需要消耗能量，如鳗鱼或大眼海鲢的柳叶形幼鱼会被洋流往近岸漂送；至于主动洄游，主要依目的分为3种。

产卵洄游：鱼类由摄食区或过冬区移往产卵区，使卵及胚胎有更佳的发育条件。以鳗鱼而言，平时生活在淡水中，但繁殖时成鱼必须往下游到海中产卵，称为

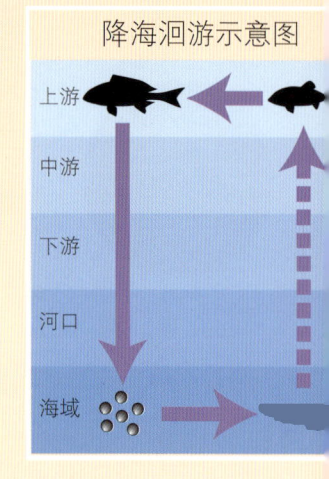

降海洄游示意图

"降海性产卵洄游"。柳叶形幼鳗经过一年多的漂游后，才靠岸变为线鳗，再上溯到淡水溪流中成长。而鲑鱼正好相反，幼鱼在大洋中成长，再上溯到溪流中产卵，称为"溯河性产卵洄游"。乌鱼的产卵洄游则是随着温度变化，每年冬至前后，乌鱼会从北方南下，寻求温度

有趣的仔鱼变态

某些鱼类从仔鱼到稚鱼或幼鱼的阶段在形态上会有很大的变化，称为变态发育。变态又分成再演性及后发性变态两种。再演性变态是指变态时会有类似祖先的形态出现，如八目鳗的仔鱼（ammocoetes）眼位于皮下，口呈沟状；比目鱼仔鱼眼为左右对称，位于身体两侧。两者都明显和成鱼不同，反而较接近其祖先的形态特征。后发性变态则是为了适应幼鱼期的生态环境而发展出与成鱼不同的模样，如鳗鲡目、海鲢目的狭首幼鱼或柳叶幼生，蝴蝶鱼或翻车鱼仔鱼体表上的角质突起，石斑鱼、隐鱼的背或臀鳍棘延长，深海鼬鳚的外肠仔鱼，三叉枪鱼的眼柄延长等，可能都是为了增加浮力或防御能力而形成的一些形态变化。

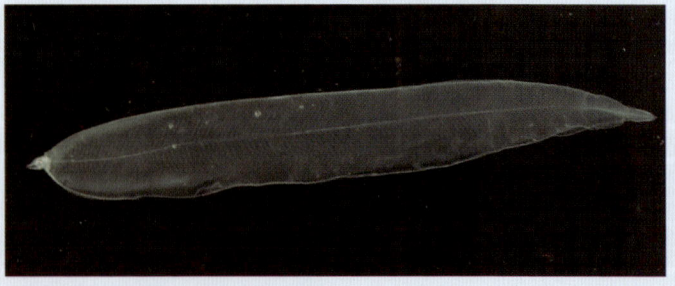

◆柳叶幼生

溯河洄游示意图

摄食洄游：鱼类由产卵区或过冬区移往摄食区，如每年靠岸的瓜子鱲就是为了来觅食冬季茂盛的藻类；每年日本鯷（苦蚵仔）鱼群南下来产卵，白带鱼、鲭鱼群总是尾随其后，伺机捕食。摄食洄游除了水平方向，也有鱼类做规律的垂直洄游，如青花鱼会随着浮游生物的垂直活动而迁移；深海中层的灯笼鱼夜间会垂直洄游数百米到表层来觅食浮游动物，昼间再沉降回去。

过冬洄游：又称"适温洄游"，离开产卵区或摄食区的迁徙活动，如草鱼在秋季结束摄食后会离开湖泊，聚集在河流下游的凹洞中。

此外，还有一种"保护性洄游"，如黑海的鳀鱼日间游到深处，使掠食者不容易捕捉，等夜间猎鱼的海鸟停止摄食时，又浮升至水面。亮度是引发这些鱼垂直洄游的信号。许多鱼类在水位降低前离开浅水区也属此类迁徙行为。保护性迁徙可能发生在之前所提的3种洄游期间。

绝大多数的鱼类多少都有洄游的习性，底栖性的鱼水平或离岸洄游的现象很常见，如一些珊瑚礁稚鱼在潮间带成长以躲避敌害，长大后即进入亚潮带。一般底栖鱼的幼鱼栖息在较浅的水域，繁殖时则游入较深或河口等特定的产卵地产卵。而大洋性鱼类的洄游更是令人叹为观止，如鲔一生要完成产卵、觅食及成长过程，可洄游整个太平洋或印度洋，堪称地球上洄游距离最远的动物，鲑、鲣等鱼类洄游的距离也不小。鲸鲨、翻车鱼、旗鱼等许多鱼的洄游路径则尚待研究。

认识篇

鱼的一生

◆生活在深海的胸棘鲷寿命可达百岁以上，算是最长寿的鱼

鱼类的寿命

鱼的年龄是研究鱼类生活史、生物学和资源保护利用与管理的重要信息。利用养殖来推断它们能活多久固然直接，但因和天然环境条件不同，所以不能直接引用。鱼类年龄一般可由鳞片、耳石、脊椎骨或鳍条上的轮纹估计，通过特殊的处理，也可经由仔稚鱼耳石上的日周轮来推算其孵化的天数，甚至洄游的路径及其开始溯河洄游的时间。

一般鱼类的寿命为2~20岁，约有60%的鱼寿命少于20岁，能活过30岁的鱼种不超过10%。中表层的小型鱼类，如鳑鲏、鲱、鳀、秋刀鱼寿命最长不超过3岁，而栖息在岩礁的中型鱼类，如雀鲷、刺尾鲷、鹦哥鱼寿命则可以达20岁。淡水的鲤、草鱼、鳙等可以活到20岁以上，也有养到40岁，甚至50岁。活最长的应该是深海鱼类，例如燧鲷科的胸棘鲷可达150岁。通常短命的鱼类很快就可产卵，而长寿的鱼则要到7~8岁，甚至20~30岁才会成熟产卵。由于人类捕捞过度，许多大型鱼类为了要繁衍下一代，体型小和提早成熟的个体就占了优势，以致造成鱼类体型逐渐小型化的问题。

鱼的家族

五大类。根据在1994年的统计,全球现生鱼类共约24618种,占已命名脊椎动物的一半以上。而新种鱼类仍在不断地被发现,所以目前全球已命名的有效鱼种应在32000种以上。如此看来,鱼类的的确确是个大家族呢!

鱼类属于脊索动物门中的脊椎动物亚门,而一般人又将脊椎动物分成鱼类、两栖类、爬行类、鸟类及哺乳类

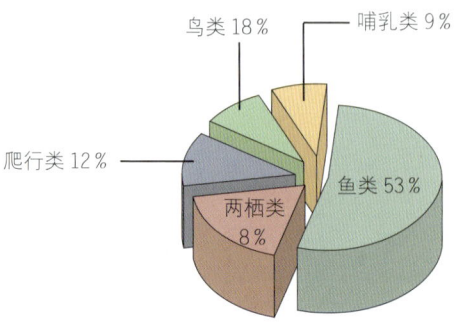

脊椎动物比例

鱼的分类法

目前现生的鱼类共包括5个纲,分别是无颌总纲下的盲鳗纲(Myxini)、头甲鱼纲(Cephalaspidomorphi),以及有颌总纲下的软骨鱼纲(Chondrichthyes)、肉鳍鱼纲(Sarcopterygii)、辐鳍鱼纲(Actinopterygii)。

盲鳗纲和头甲鱼纲因无上下颌,所以同归无颌总纲。它们的身体呈鳗形,多半进行寄生或腐生生活。盲鳗纲都是海水鱼,分布在温带和热带的较深水域,眼退化,口周围有须,只吃濒临死亡或已死亡的动物。而头甲鱼纲的现生的只有七鳃鳗1个目,七鳃鳗即俗称的"八目鳗",因为它的眼睛加上7个鳃孔排成一列,看起来好像8个眼睛。它们和盲鳗一样也没有胸鳍和腹鳍,但口部无须,靠吸食其他鱼类的血液来生活。它们有溯河洄游淡水的种类,但只分布在寒带地区。由于盲鳗和八目鳗的口部没有上下颌,因此有人把无颌总纲的鱼称为"圆口类"。

软骨鱼纲即包括一般所熟知的鲨、𫚉、鳐和银鲛类等。它们骨骼虽有若干程度的钙化,但却很少变成硬骨;它们的鳞片常是盾鳞,牙齿和上下颌常不愈合,且会依序被更替;它们没有鳔、肠内有螺旋瓣,且大多进行体内受精,雄鱼的腹鳍还会变形为交接器。软骨鱼纲依头侧鳃裂数目而分成只有一对鳃裂的全头亚纲(Holocephali),即银鲛,以及5~7对鳃裂的板鳃亚纲(Elasmobramchii),即鲨、𫚉等。

肉鳍鱼纲及辐鳍鱼纲都属于硬骨鱼类。肉鳍鱼纲包括被称为"活化石"的腔棘鱼及可在泥窝中夏眠来度过旱季的肺鱼。腔棘鱼和8000万年前(白垩纪)已绝迹的化石鱼极为相似,因此1938年在南非被发现时震惊全球,又因其肉质肢体状的鱼鳍,因而被认为是和四足类关系最近的活亲戚。而肺鱼有内鼻孔,且鳔的构造和功能类似陆生动物的肺,因此得名。

辐鳍鱼纲则占现生种鱼类的绝大多数,分成软骨硬鳞鱼(Chondrostei)、新鳍鱼(Neopterygii)及真骨鱼(Zeleostei)3个亚纲(subclass)。软骨硬鳞鱼包括分布在北半球的鲟,如我国及美国的匙吻鲟,以及非洲的多鳍鱼;而新鳍鱼则包括分布在美洲及中美洲

的雀鳝（即半椎鱼）及弓鳍鱼；真骨鱼类则是脊椎动物中种数最多的，占所有现生种鱼的96%，共有38个目，426科，超过25000种。真骨鱼类又有4个分支（subdivisions），分别是骨舌鱼目（Osteoglossomorpha）、海鲢目（Elopomorpha）、鲱形目（Clupeomorpha）及正真骨鱼目（Euteleostei）。

在1994年出版的《世界的鱼类》，是目前最新的一本鱼类研究集大成的著作，且其分类系统也被目前大多数鱼类学者所接受，所以本书基本上均是以它的分类系统为准。

鱼类分类表

无颌总纲	盲鳗纲 Myxini	盲鳗目 Myxiniformes			
	头甲鱼纲 Cephalaspidomorphi	七鳃鳗目 Petromyzontiformes			
有颌总纲	软骨鱼纲 Chondrichthyes	银鲛目 Chimaeriformes	异齿鲛目 Heterodontiformes	须鲛目 Orectolobiformes	白眼鲛目 Carcharhiniformes
		鼠鲛目 Lamniformes	六鳃鲛目 Hexanchiformes		
		棘鲛目 Squaliformes	琵琶鲛目 Squatiniformes	锯鲨目 Pristiophoriformes	鲼魟目 Rajiformes
	肉鳍鱼纲（硬骨鱼类） Sarcopterygii	角齿鱼目 Ceratodontiformes	南美肺鱼目 Lepidosireniformes	腔棘鱼目 Coelacanthiformes	
	辐鳍鱼纲（硬骨鱼类） Actinopterygii	多鳍鱼目 Polypteriformes	鲟形目 Acipenseriformes	半椎鱼目 Semionotiformes	弓鳍鱼目 Amiiformes
		骨舌鱼目 Osteoglossiformes	海鲢目 Elopiformes	北梭鱼目 Albuliformes	鳗鲡目 Anguilliformes
		囊鳃鳗目 Saccopharyngiformes	鲱形目 Clupeiformes	鼠鱚目 Gonorhynchiformes	鲤形目 Cypriniformes
		脂鲤目 Characiformes	鲶形目 Siluriformes	电鳗目 Gymnotiformes	狗鱼目 Esociformes
		胡瓜鱼目 Osmeriformes	鲑形目 Salmoniformes	巨口鱼目 Stomiiformes	辫鱼目 Ateleopodiformes
		仙女鱼目 Aulopiformes	灯笼鱼目 Myctophiformes	月鱼目 Lampridiformes	须鳂目 Polymixiiformes
		鲑鲈目 Percopsiformes	鼬鳚目 Ophidiiformes	鳕形目 Gadiformes	蟾鱼目 Batrachoidiformes
		鮟鱇目 Lophiiformes	鲻目 Mugiliformes	银汉鱼目 Atheriniformes	颌针鱼目 Beloniformes
		鳉形目 Cyprinodontiformes	奇金眼鲷目 Stephanoberyciformes	金眼鲷目 Beryciformes	海鲂目 Zeiformes
		刺鱼目 Gasterosteiformes	合鳃目 Synbranchiformes	鲉形目 Scorpaeniformes	
		鲈形目 Perciformes	鲽形目 Pleuronectiformes	鲀形目 Tetraodontiformes	

鱼的演化故事

鱼类不但是地球上脊椎动物中最大的一群,而且也是地球上最早出现的脊椎动物。根据化石的记录,鱼类最早的祖先可追溯到5亿年前寒武纪末期的原脊索动物,可能是尾索(海鞘)或是头索动物(文昌鱼),因为没有留下完整的化石可供查考,所以它的形貌及演化关系迄今仍然是未解之谜。目前较可辨识的鱼类标本应该是在玻利维亚出土的约4.7亿年前的"Sacabambaspis janvieri",它无颌、无鳍,生活在浅海或河口地区,有真骨骼,有肌肉帮助滤食,体表有骨质盔甲覆盖,一直存活到泥盆纪才消失。因此,要谈鱼类的演化故事就得从古生代谈起,当时鱼类大致可以分成四大类,即无颌鱼类、盾皮鱼类、硬骨鱼类和软骨鱼类。

无颌鱼类

约5亿年前的奥陶纪时代,原始的植物与一些节肢动物开始登陆,但生命的主要发展依然停留在海洋中,鱼类也在奥陶纪开始进化。在化石记录中,发现了无上下颌、鳃呈囊状、没有真正的偶鳍、头部和喉部覆有骨板及硬质物的鱼类,我们将它们称为"无颌类"。

最早的鱼类即是无颌类中的介皮鱼类,现今再将介皮鱼类分成鳍甲类及头甲类,它们分别生活在海洋和淡水水域。但头甲类一直到约4.5亿年前的志留纪才开始兴盛,因为奥陶纪末期的冰河导致生物大量死亡,古生代海洋(Paleozoic Oceans)的封闭创造出新的低地与盆地,给古代海洋生命提供了新的生态,让头甲类在这些温暖的浅水湖中繁衍与进化。

推测鳍甲类和头甲类可能分别是盲鳗和八目鳗的祖先,且仅有头甲类和八目鳗亲缘关系的证据比较充足。而盲鳗的祖先推测可能就是脊索动物的老祖宗,前寒武纪时大量出现的是有齿状构造的牙形动物(Conodonts),这种约4cm长的动物化石直到20世纪80年代在苏格兰和美国威斯康辛地区才被找到。这些无颌类在约4亿年前的上泥盆纪时多已完全灭绝。

 盾皮鱼类

志留纪时期,盾皮类出现,这是目前发现最早的有颌鱼,其体型硕大,体长超过2m,有骨质盔甲覆盖着头部和肩部,头部有绞链可以张开大口,骨质性牙齿则固生在颌骨上,是典型的掠食性鱼类。一般认为现生的软骨鱼和硬骨鱼都是由盾皮类演化而来,再向两个不同的方向发展,只是迄今仍找不到它们之间的直接关联。软、硬骨鱼的原始栖地也不相同,最早的硬骨鱼出现在淡水域中,后来再向海洋发

◆头甲鱼复原图

◆盾皮鱼复原图

展成为优势种群；而软骨鱼则出现在海洋，只有少数种进入淡水域。

软骨鱼类

进入约4亿年前的泥盆纪，全球的气候持续保持温暖，新形成的大陆使内地变得更大、更干燥，因而形成广大的沙漠。巨大的河流横越大陆，最后流进低地形成内陆海与湖泊，创造出最早的淡水生态系统。到了泥盆纪中期，由于冰帽融化，海平面再度上升，使得珊瑚礁布满劳拉西亚大陆（Laurasia）与澳大利亚大陆。泥盆纪称为"鱼的世界"，特色是在河流、内陆海以及淡水湖中，都充满丰富多样化的生命。

早泥盆纪时出现了软骨鱼类，这是古生代四大群鱼类中出现最迟的。最古老的鲨鱼应是裂口鲨（Cladoselache），它具有许多原始性软骨鱼的特征，并由此发展成后来的鲨、魟、鳐类。软骨鱼的另一大类银鲛或全头亚纲鱼类，其上颌与头颅愈合，上下颌不能伸缩，而且只有一个鳃孔，和一般具有5~7个鳃裂、属于板鳃亚纲的鲨、魟在形态上大异其趣。银鲛也是从泥盆纪开始出现，但和鲨鱼似乎一直是处于平行演化的状态。直到今天，它们之间的真正关系仍不清楚。

过去软骨鱼类常被认为是硬骨鱼类的祖先，但最早的软骨鱼却比硬骨鱼出现得晚，而且最早的介皮鱼类（无颌类）及盾皮鱼类都已有硬骨骼的出现，所以也有人认为硬骨鱼才是真正原始的鱼类，软骨的特征反而是后来才演化出来的。

硬骨鱼类

在志留纪时代，最早出现的有颌鱼类除了盾皮类外，还有硬骨鱼类的棘鱼纲（Acanthodii），虽然又称"棘鲛（spiny shark）"，但与现生的软骨鲨鱼并无关联。它们可能和现生的硬骨鱼具有共同的祖先，因此也常和真骨鱼类的肉鳍鱼（Sarcopterygii）及辐鳍鱼（Actinopterygii）并列。肉鳍鱼及辐鳍鱼最早都出现在志留纪或泥盆纪。

肉鳍鱼类又分成腔棘鱼、肺鱼及骨鳞鱼3类，前

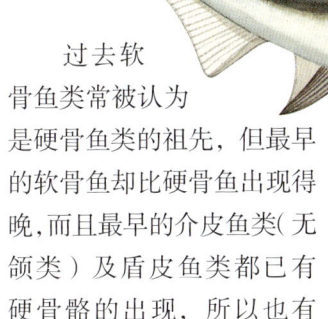

◆棘鱼复原图

两者目前都有现生种残存，腔棘鱼在马达加斯加岛沿岸及苏禄海出现。肺鱼还有3种，分别分布在南半球的南美洲、非洲及澳大利亚的淡水域。而骨鳞鱼则已完全灭绝。由于骨鳞鱼的头颅、牙齿、鳍形的特征比肺鱼更像

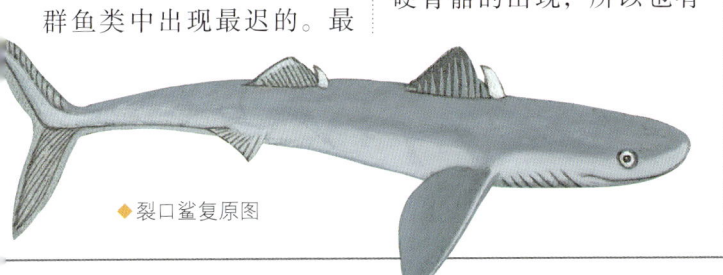

◆裂口鲨复原图

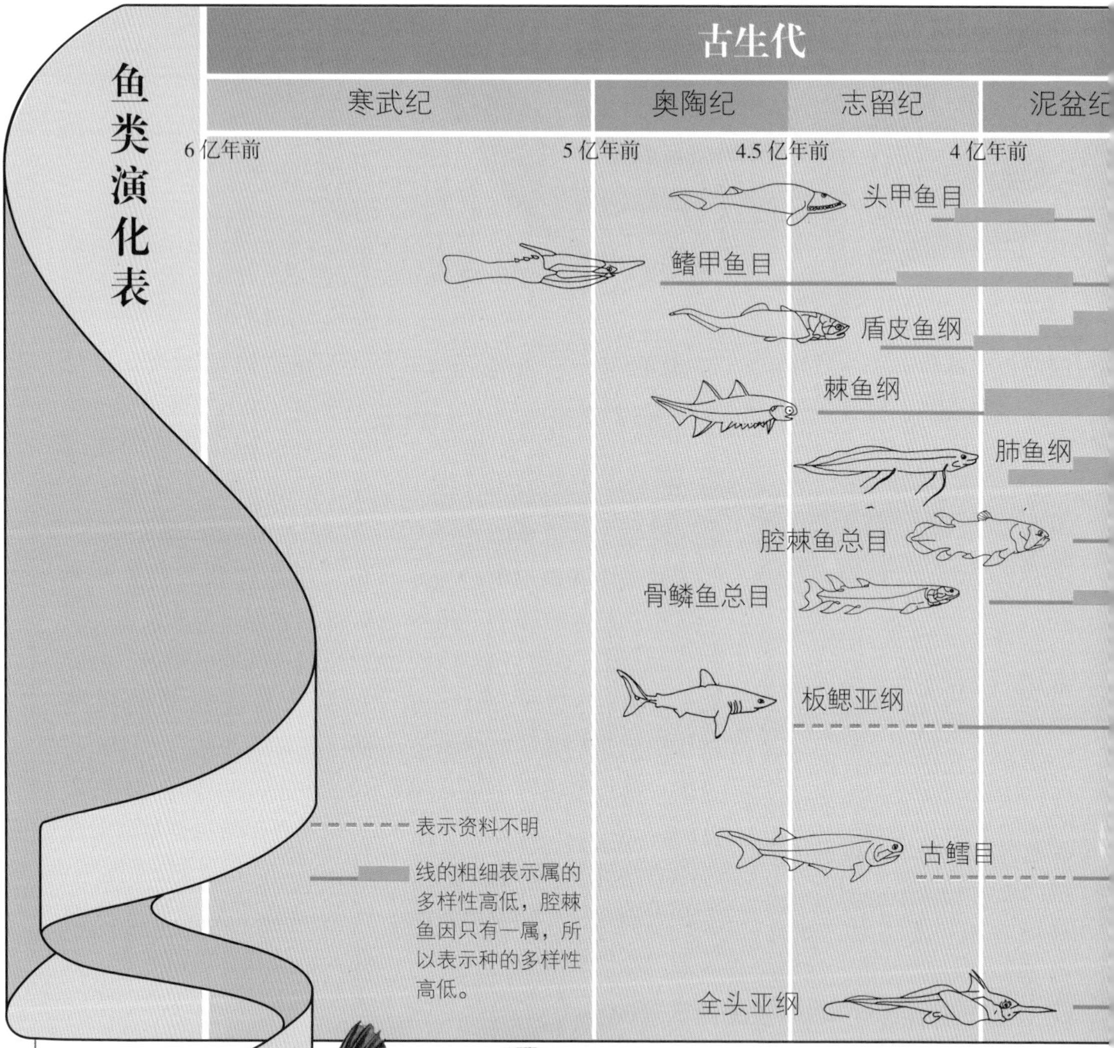

鱼类演化表

古生代			
寒武纪	奥陶纪	志留纪	泥盆纪
6亿年前	5亿年前　　4.5亿年前		4亿年前

- 头甲鱼目
- 鳍甲鱼目
- 盾皮鱼纲
- 棘鱼纲
- 肺鱼纲
- 腔棘鱼总目
- 骨鳞鱼总目
- 板鳃亚纲
- 古鳕目
- 全头亚纲

- - - - - 表示资料不明

线的粗细表示属的多样性高低，腔棘鱼因只有一属，所以表示种的多样性高低。

◆腔棘鱼

是两栖类和爬行类，所以现在大家都认为骨鳞鱼比肺鱼更可能是两栖类或爬行类的真正祖先。

辐鳍鱼类则分成软骨硬鳞鱼、新鳍鱼及真骨鱼，推测其祖先可能是古鳕目（Palaeoniscoidea）鱼类。

它具有三角形的背鳍，从歪形转变为正形的尾鳍，以软条为主的偶鳍基底短；具硬鳞，但鳞片变薄变轻；游泳能力强；脊椎骨硬化；上下颌咬力强等特征，所以古鳕目鱼类应该是软骨硬鳞鱼（Chondrostei）的祖先。

◆肺鱼

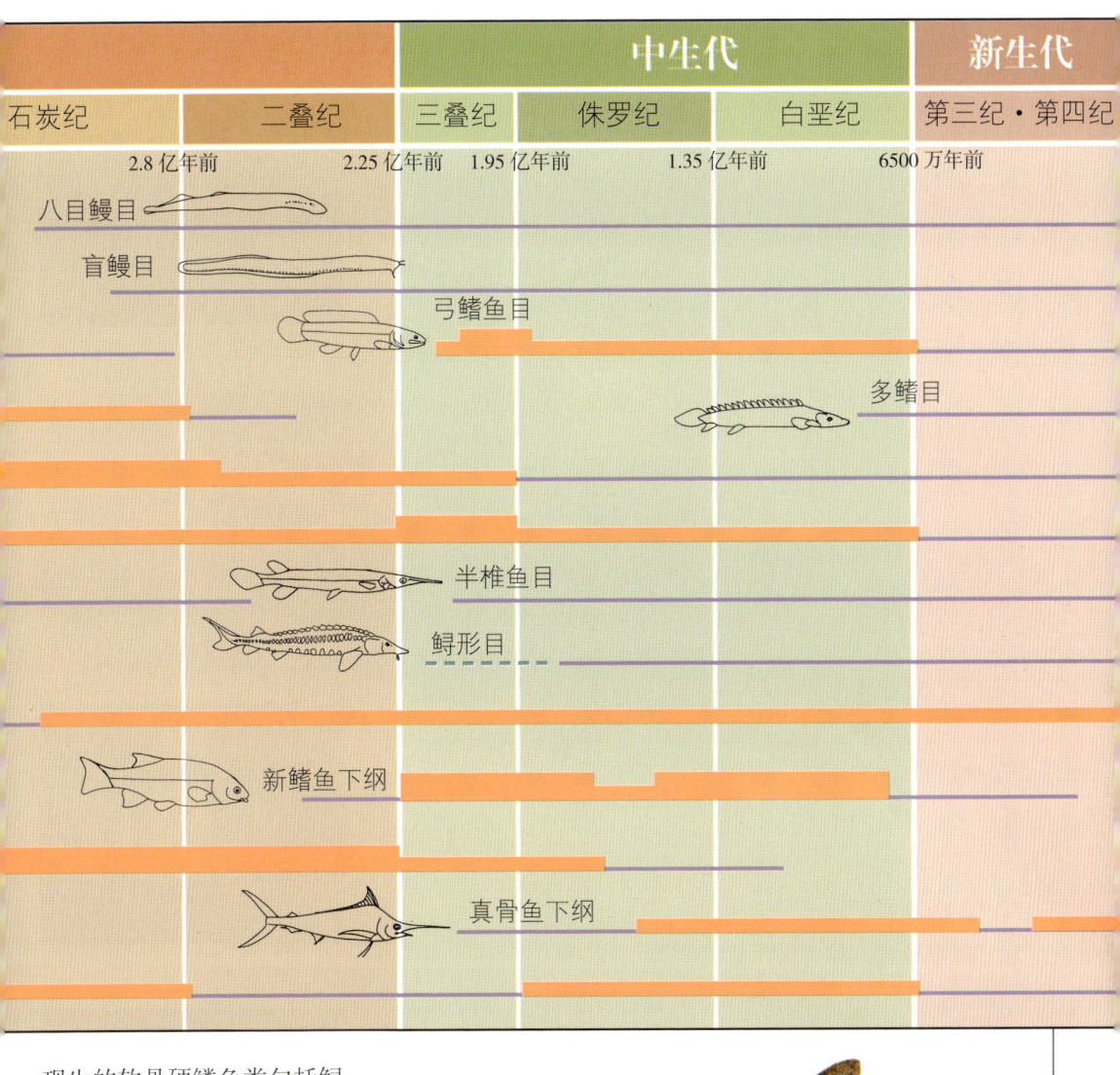

◆古鳕目复原图

现生的软骨硬鳞鱼类包括鲟形目、多鳍鱼目鱼类；现生的新鳍鱼类则包括弓鳍鱼、半椎鱼（雀鳝）；而真骨鱼类则可说是现代软鳍条鱼类中演化最成功的一群，推测它们是从古生代最后期的下二叠纪中开始出现，到了中生代开始急速发展，最后演化成为现代鱼类中最繁盛、种类最多、经济价值最高的一群。

真骨鱼类也是所有脊椎动物中种类最多的一群，大约有24000种，分属于38目426科。最早的真骨鱼类应是叉鳞鱼（Pholi-dophoroid）及曹鳞鱼（Lepto-lepids），其共分为4个分支，分别是骨舌鱼目、海鲢目、鲱形目及正真骨鱼目。它们共同演化的趋势是减少骨质成分，调整背鳍、偶鳍的位置和功能，在尾鳍形状、鳔以及摄食器官，特别是齿形上的分化，让它们可以分别利用水域中不同栖所或食物的资源，减少彼此的资源竞争，在可以相互和平共存的情况下，鱼类的种类也就急速地增加了。

真骨鱼类彼此间的演化关系并不十分清楚。如果根据支序分类学，以共同衍征来架构亲缘关系，则目前公认的演化关系是骨舌鱼较原始，然后依序为海鲢、鲱形目及正真骨鱼类。正真骨鱼类中又以鲤形目（骨鳔）等较原始，鲈形目进化程度最高。鲈形目有150科1500属9300种，其中究竟谁最原始、谁进化程度最高，仍有非常多的争议。

◆鲸鲨是最大的鱼

◆线鳍电鳗的透明程度数一数二

鱼类演化学者的难题

鱼类高阶层的血缘关系，由于利用DNA序列的比对分析，撼动或改变了不少过去根据传统形态特征所提出的假说。随着分子序列定序技术与仪器的精进，以及采获标本的鱼种日益完整，查明鱼类完整的分子演化关系应指日可待。然而由于分子序列资料与形态特征一样仍会有平行演化、趋同演化、返祖等非同源（或同塑）的现象存在，因此也很难只根据分子亲缘树来断言鱼类的演化史。可见，这方面的科学争论仍然会持续不断。

鱼类的演化问题其实无法单靠现代分子生物的技术来解决，因为99%迄今已灭绝的鱼类并不能采获新鲜的组织标本来提取DNA。如果要靠化石的地质年代来推敲，也有如瞎子摸象，很难窥知全貌。鱼类化石的形成需要一定的物理和化学条件，可遇而不可求，因此目前找到与现生鱼类有关系的化石不到10%，绝大多数鱼种并未有机会留下化石。特别是地球上过去所历经的几次大灭绝（如前寒武纪、二叠纪至三叠纪、白垩纪至第三纪间），消灭了50%~100%浅海地区的海洋生物，这些生物或有可能留下化石，但生活在深200m以上的深海鱼类，至少有2400种，如巨口鱼等，则完全没有化石的资料。毕竟目前所有的鱼类化石都是在只占不到30%的陆地上被考古学家所寻获，而占地球70%的海洋下的海床，则受限于现今的水下科技，尚难去发掘鱼类的化石以解开鱼类演化的谜团。

◆射水鱼是喷水冠军

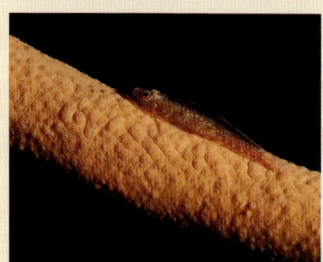
◆鰕虎是最小的鱼

◆肺鱼是最耐旱的鱼

鱼的世界纪录

◆翻车鱼是最多产的鱼

- 最大和最重的鱼是鲸鲨，体长可以达到20m以上，体重超过1.2t。
- 最小的鱼是鰕虎，成熟体长只有1cm。
- 硬骨鱼中体长最长的是皇带鱼，可达8m。
- 最扁平的鱼是比目鱼，最侧扁的鱼是眼眶鱼、虾鱼或隆头鱼科中的离鳍鲷。
- 最透明的鱼是产于南亚，俗称"玻璃猫"的双须缺鳍鲶，它属于鲶科的淡水观赏鱼；而双边鱼科的玻璃鱼属或线鳍电鳗科的鱼，透明程度也不相上下。
- 游速最快的鱼是旗鱼，最高时速可达80~110km。
- 最多产的鱼是翻车鱼，产卵数一次可达3亿粒以上。
- 寿命最长的淡水鱼应该是锦鲤，在人类饲养环境下可活60年以上。海水鱼则是深海鱼燧鲷科的胸棘鲷最长寿，可超过百岁，算得上是"鱼瑞"。
- 可以飞出水面最远的鱼是飞鱼，其可以在水面滑翔达140m以上。
- 喷水喷最远的鱼是射水鱼，可以喷落水面上树枝上的昆虫。
- 种化速度最快的鱼是生活在非洲维多利亚湖、坦噶尼喀湖和马拉维湖的慈鲷，在数万到20万年内，同一湖内可演化出300种以上的品种。
- 生活在最高环境的鱼是海拔5200m高山温泉的西藏泥鳅，而南美洲北部3812m高山溪流里的鳉鱼则紧随其后。
- 生活在最深环境的鱼是超过10000m深海底的蛇鳚。
- 最耐旱的鱼是肺鱼，在枯水期进行夏眠可达4年之久，直到雨水再来才恢复活动。
- 最耐寒的鱼是南极的冰鱼，它们生活的水域比其血液的冰点还要低，体内有抗冻的蛋白质，所以血液在−2℃才会结冰。冰水中溶氧很充足，冰鱼血液中甚至没有携氧的血红素。
- 最耐热的鱼是热带沙漠中的鱼，可以耐热到44℃，如北美的一种鳉鱼。
- 人类饲养历史最久的鱼是金鱼，我国在21世纪就开始繁殖体色鲜艳的鲫鱼，目前繁殖出来的金鱼品种最多，如红帽、水泡眼、珍珠鳞、朱锦、狮子头、琉金等品种。

◆金鱼是人类饲养最久的鱼（图为红帽）

20世纪三大名鱼

腔棘鱼： 1938年在非洲的马达加斯加岛附近捕获，是原本以为在6500万年前已绝迹的活化石鱼类。

蝾螈鱼： 1959年在澳大利亚西部高山溪流中发现，体长6cm，长相奇特，颈部可左右摆动，行动方式似蝾螈般蜿蜒而行。

巨口鲨： 1976年在夏威夷海域首次捕获，随后又在各大洋零星捕获。长相与现生其他鲨鱼大不相同，体长5m，头圆钝而大，口裂大，牙齿细小，属于滤食食性。

◆被捕获的巨口鲨

环境篇

鱼类在哪里?
几乎只要有水的地方,
就有鱼类的踪迹。
从高山,到地底;
从江河,到海洋,
不同环境栖息着不同的鱼类。
懂得珍惜与鉴赏,
坐拥宝库的海龙王
就是你。

鱼类在哪里

鱼类在哪里呢？鱼类在地球上几乎是无所不在。从极地冰洋下 -2℃ 的水域到热带沙漠的温泉，从海拔 3812m 的高山溪流到高压、寒冷的深海，从缺氧沼泽的污水到黑暗地底的洞穴，从纯淡水的溪流到盐度较高的盐水湖里，只要有水的地方，就有鱼类分布。

鱼类栖息的场所可以分成淡水与海水两大类。但是，也有不少鱼类会在淡、海水间做双向洄游，目的不外乎是为了成长、觅食或产卵。其中，在淡水中成长，返回海中产卵的称为"降海洄游"，如鳗；反之，在海中成长，但上溯河川产卵的则称为"溯河洄游"，如鲑、鳟、八目鳗或棘鱼科的鱼类。

不同的栖所，不仅有不同的鱼类居住，它们的栖息范围与习性可能也会大异其趣。例如许多海洋底栖鱼类每天足不出户，或只在自己巢穴的几米范围内活动，或是紧密依附在它们共生的海葵、海鞭、珊瑚、棘皮动物的身上，不敢远离；而大洋洄游鱼类却可从热带跨越温带，洄游长达数千千米的距离；深海鱼则是每天在大洋中表层的有光层与无光层之

◆黄鳍鲔是典型大洋鱼类，洄游范围达数千千米

◆盲鳅终生生活在地底的黑暗洞穴中

间做日夜垂直洄游，距离长达数百米，堪称地球上每天迁徙规模最大的动物。

鱼类在淡水

淡水鱼的总种数约占全球鱼种的 41%，虽少于海水鱼，但它们却生活在占地球水域体积不到 1% 的地区。平均而言，淡水环境每 $15km^3$ 即演化出一种鱼类，而海洋则是每 $113000km^3$ 才演化出一种鱼类。

在陆地的河川或湖泊中，影响鱼类分布的生态因素主要是盐度，另外还有温度（与海拔高度有关）、流速及底质、地形、地貌等因素。

◆豆丁海马一生都在海扇上生活

淡水鱼类依其对盐度的适应性，可分成初级、次级及周缘性3类。"初级淡水鱼"即纯淡水鱼，终其一生都在淡水水域，盐度不能超过0.5%，如爬鳅及许多鲤科鱼类；"次级淡水鱼"则偶尔可进入半咸水或海洋中活动，如胎鳉、大肚鱼、罗非鱼；而"周缘性淡水鱼"则栖息在海水或半咸水域，但在其生活史中会游入淡水或海水中活动，如鲻、双边鱼、鸡鱼等。

河川上游水浅、流急、水温低、营养贫、鱼种少，生活在这里的鱼类有鲷鱼、马口鱼、虹鳟、台湾鳟、石鳑、明潭吻鰕虎等。中游河段水量较足、河床较宽、地形复杂，包括平濑、急濑、平潭、急潭、涧道、回水等，水温也较高，使此处的鱼种特别丰富，大部分当地特有的淡水鱼种均栖息在此，如高身鲷鱼、粗首鱲、平颌鱲、短吻镰柄鱼、石鳑、间爬岩鳅等。下游河段河床更宽，水流更缓，鱼种主要是次级或周缘性的鱼种。此河段因遭受人为污染及栖地破坏严重，因此多半剩下耐污力强的吴郭鱼、乌鱼或琵琶鼠、大肚鱼等外来鱼种。

除了河川外，高山或平原的湖泊，小型的深潭，乃至于水库，则常是许多大型食用淡水鱼的主要栖地，如鲤、鲢、草鱼、鲫鱼、鲮鱼、乌鳢、何氏棘魮等。而在河川支流或平地沟渠及引水道、池沼等处，则有不少特化的鱼种，如高体鳑鲏、条纹二须鲃、革条副鱊、沙鳅、鳢等。

❶鳟 ❷明潭吻鰕虎 ❸鲢鱼 ❹草鱼 ❺间爬岩鳅
❻粗首鱲 ❼尼罗口孵鱼（吴郭鱼）❽胡子鲶

鱼类在海洋

广阔的海洋中，包含了各式各样的鱼类栖息场所，大致上可以分成三大类：首先是沿岸、近海或大陆架；其次是大洋；最后则是一般人较陌生的深海。

沿岸、近海或大陆架：全世界46%的鱼种栖息在沿岸、近海或大陆架，其中包括岩礁、珊瑚礁、沙泥地、河口或红树林、海草床及潟湖（又可分为沙洲或珊瑚礁潟湖及环礁）等不同类型的环境。

一般而言，岩礁栖性的鱼种（特别是珊瑚礁的底质环境）均较沙泥底栖性的鱼种来得丰富。这主要是珊瑚礁本身不但提供大大小小不同的洞穴及孔隙，适合各种体型或日夜习性不同的鱼种，栖息于此或逃避掠食者的攻击；珊瑚礁上繁茂的各类无脊椎动物也与许多鱼类共同演化出唇齿相依的共生关系，如蝴蝶鱼、雀鲷、隆头鱼、刺尾鲷等。珊瑚礁生物的亮丽色彩同样也使得珊瑚礁鱼类的体色变得五彩缤纷，适于隐藏、躲避或容易相互辨识。

反之，一望无际、平坦荒芜的沙泥地，鱼种则较少，而且体色单调，但是它们的族群量却相对较多，其中不少鱼种是重要的食用鱼，如鲷、比目鱼、带鱼、石首鱼等。在沙泥地上投放人工鱼

◆红树林

礁是一种以生态工程的方法创造出岩礁，可以让许多岩礁及沙泥底两栖的鱼种在此地栖息成长，培育更多的鱼类资源，特别是仿石鲈、笛鲷及鸡鱼等科的鱼类。

弹涂鱼是红树林或沙滩地的住客，而河口及潟湖

◆沙泥地

则是许多幼生沙泥地或中表层鱼类完成其生活史的重要栖息场所。同样的,岩礁潮间带不但是鳚科鱼类的主要栖息场所,也是不少幼生亚潮带鱼类的重要庇护与成长的栖地。

这些沿岸的自然湿地由于人们开路、筑堤、投放消波块、辟建渔场或港口,以及开发游乐场所,再加上人为的污染,几乎都已经遭到破坏,鱼类资源的每况愈

◆海草床

◆珊瑚礁

◆潟湖

鲭（鲔）、鬼头刀、旗鱼、鲨鱼、飞鱼、鲲、鲱等都是生活在这深不着底、无处藏身的大洋中。其中鲲、鲱体型虽小，却是全球渔获量最大的鱼类。

有些大洋鱼类终生栖息在同一水域，称为"终生大洋表层性"；有些则会随着生活史而改变，称为"阶段大洋表层性"。后者又包括成鱼生活在外洋，成熟后才至沿岸产卵的种类，如飞鱼、鬼头刀、鹤鱵、鲱、鲭等；幼鱼生活在外洋，成鱼栖息在沿岸的种类，如秋姑、金鳞鱼等；终生栖息在沿岸水域，偶尔才到外洋的种类，如某些棘鲛、鸢魟、鲎、马鞭鱼、灯笼鱼、鲹、鳞鲀、二齿鲀、箱鲀等。

大洋：生活在大陆架以外的远洋，水深200m以上的鱼种属于"大洋表层鱼种"，占所有鱼种的1%。

深海：生活在大陆架以外，水深200m以下，非底栖性的鱼种属于"深海水层鱼种"，占所有鱼种的5%，

① 条纹蛙鳚　② 大弹涂鱼　③ 鲻　④ 黑尾小沙丁　⑤ 大眼海鲢　⑥ 单带海鲱鲤　⑦ 月尾兔头鲀
⑧ 豹纹鲆　⑨ 嘉鱲　⑩ 长吻龙占　⑪ 宝石大眼鲷　⑫ 眼眶牛尾鱼　⑬ 多鳞鱚　⑭ 大头花杆狗母
⑮ 黑星笛鲷　⑯ 褐篮子鱼　⑰ 稻氏天竺鲷　⑱ 条纹豆娘鱼　⑲ 轴纹篦鲉　⑳ 条纹躄鱼
㉑ 黑背鳍棘金鳞鱼　㉒ 甲尻鱼　㉓ 三线雀鱼　㉔ 库达海马　㉕ 线纹刺尾鲷　㉖ 花斑拟鳞鲀
㉗ 横带唇鱼　㉘ 豹纹勾吻鲟　㉙ 蝴蝶鱼　㉚ 青星九刺鮨　㉛ 青鹦哥鱼

沿岸区

其中包括生活在200~1000m深水域的"深海中层鱼种"，如灯笼鱼、褶胸鱼、巨口鱼、帆蜥鱼等，以及生活在1000m以下水域，但不触底的"深海深层鱼种"，如宽咽鳗、鮟鱇等。至于生活在200m以下海床上的鱼种则属于"深海底栖鱼种"，占所有鱼种的6%，如鼠尾鳕、鼬鳚、深海鳗、胸棘鲷、银鲛等。

深海环境由于高压（每加深10m增加一个大气压）、低温（2～5℃）、无光、食物甚少，所以许多不同科的鱼类，在此极端环境下平行演化出相似的适应策略，例如眼大、口大、牙锐、颌须、身体延长、尾尖、骨薄、体色单调（黑色、灰白色或褐色）、组织密度低、多油脂等、日夜垂直洄游。

◆大洋

近海、大陆架、大洋、深海区

❶鳡叉尾鹤鱵 ❷黑尾小鲅鲾 ❸鲻 ❹大眼海鲢 ❺虱目鱼 ❻六带鲹 ❼白带鱼 ❽布氏黏盲鳗 ❾金线鱼 ❿大黄鱼 ⓫古氏土魟 ⓬黑角鱼 ⓭黑线银鲛 ⓮新鳚 ⓯海鲂 ⓰白鳍飞鱼 ⓱剑旗鱼 ⓲白眼鲛 ⓳黄鳍鲔 ⓴斑点月鱼 ㉑翻车鲀 ㉒瓦氏角灯鱼 ㉓蛭鱼

近海、大陆架、大洋、深海区

鱼类的地理分布

虽然鱼类的栖所如此多样,但是每一种鱼类,其实都有一定的地理分布范围。

造成鱼类地理分布不同的因素很多,主要可分为历史的原因和生态的影响。历史的原因包括地壳变形、火山爆发及板块漂移等,使得陆地和海洋的地形、地貌产生剧烈变化;而冰河期的来临或全球气候变暖,则造成海平面下降或上升,原本阻隔的陆地再度相连或原本相连的陆地分隔开来,凡此种种,均会对鱼类的种化和地理分布范围造成重大的影响。而生态的原因则包括海流、水温、盐分、深度(水压、光线)、底质、地形及饵料生物等。

陆地的河川或湖泊,因地理阻隔,所以鱼种之间基因无法交流,种化特别快,形成特有种的比例非常高,尤其是体型小、游泳能力弱、活动范围窄或产沉性卵的鱼种,如鰕虎,常成为一些地区的固有种。反之,海洋中海水较流动,因此海水鱼的地理分布范围比淡水鱼广。大约有300种海水鱼,分布范围可遍及全球三大洋,因为它们的体型较大,活动范围广,游泳、扩散及适应能力强,产浮性卵,仔稚鱼的漂流期长,这些鱼种又称为"全球广布种"。

通常专家喜欢把生物在全球的分布范围划分成数个地理区,如此将有助于整理各区内特有种所占的比例,也可以了解生物演化的历史。在海洋方面通常可分成印度-太平洋、热带西大西洋、热带东大西洋、北太平洋区,以及地中海-东大西洋区等。其中印度-太平洋区又可分成印度-西太平洋、西中太平洋、西太平洋区等。至于淡水则可分为六大地理区:(1)新北界区(Nearctic Region),指除墨西哥外的北美洲;(2)新热带区(Neotropical Region),指中美洲及南美洲;(3)旧北界区(Palearctic Region),指欧洲及亚洲的喜玛拉雅山区;(4)非洲区(African Region),指非洲地区,其中有许多初级淡水鱼;(5)东方区(Oriental Region),含印度、东南亚地区;(6)大洋区(Australian Region),含澳大利亚、新西兰和巴布亚新几内亚。

◆ 游泳力强的海鲡是全球广布种

全球鱼类地理区图

鱼类在台湾

台湾面积虽然不大，却拥有相当丰富的鱼类资源。据统计，台湾的鱼类共有44目259科2600种以上，约占全世界海洋鱼类种数的十分之一，可说是名副其实的鱼类宝库。其中，淡水鱼约有230种，80余种是纯淡水鱼（当中有37种是台湾特有种），140余种生活在河口及海水涨潮影响所及的河段中；海水鱼则约2500种，应有百种以上是目前只在台湾才有发现的种类。

台湾的淡水鱼

台湾淡水鱼类的分布有明显的区域性，依据专家陈义雄及方力行（1999）的《台湾淡水及河口鱼类志》，可以分成以下6个主要的地理区。

北台湾区：大安溪及武荖坑溪以北的水系，以圆吻鲴、台湾细鳊及平颌鱲为代表种。

中台湾区：含浊水溪、大甲溪、大肚溪，以陈氏鳅鮀、台湾鳟、台湾副细鲫、短臀鮠为代表种。

南台湾区：朴子溪以南到屏东的林边溪，以翘嘴红鲌、中间鳅鮀、大鳞细鳊及淡色鮠为主。

恒春半岛西区：包括枫港溪、四重溪及保力溪，以恒春吻鰕虎为代表。

东台湾区：从宜兰东澳溪到屏东港口溪，以台东间爬岩鳅为代表。

兰屿及绿岛区：这两个离岛没有原生种纯淡水鱼，以海源性的兰屿吻鰕虎为代表种。

造成不同地理环境不同鱼种分布的主要原因，除了由于台湾岛形成时板块碰撞，形成中央山脉的天然阻隔，以及淡水的河流袭夺（河流抢水）外，冰河时期大陆板块与台湾相连，原本栖息于大陆河流的鱼类，如鲤、鳅科及斗鱼等会扩迁到台湾来，等冰河期结束，台湾和大陆被台湾海峡分离，这些鱼种便在台湾独自演化为台湾的特有种。像这类祖先来自大陆的鱼，称为"陆源性淡水鱼"。但有一些降海产卵的鱼种，以及卵或幼鱼会漂流至海洋的鱼种，它们的小鱼会借助黑潮及闽浙沿岸冷水流，自吕宋岛或东海水域

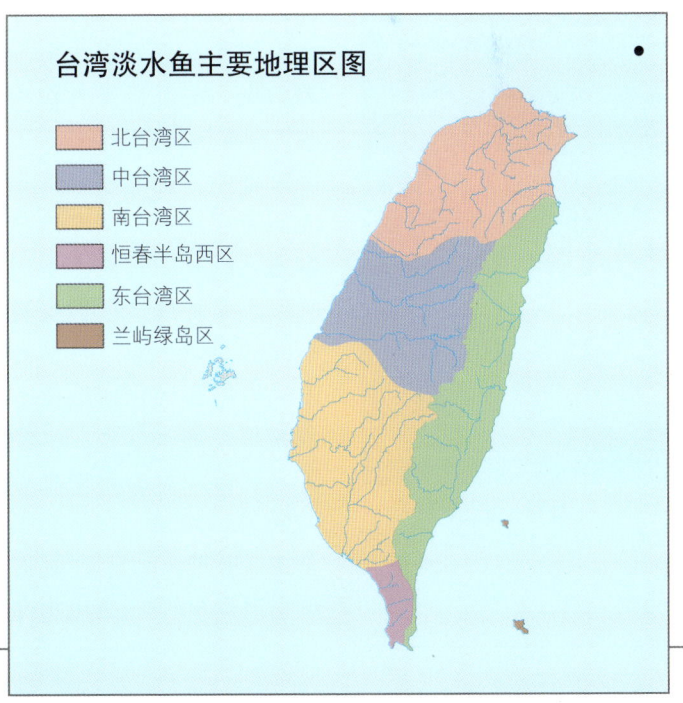

台湾淡水鱼主要地理区图
- 北台湾区
- 中台湾区
- 南台湾区
- 恒春半岛西区
- 东台湾区
- 兰屿绿岛区

推送进入台湾地区,如许多鰕虎和鲈鳗等,这些漂洋过海来到台湾的鱼即称为"海源性淡水鱼"。

◆台湾特有种淡水鱼(上至下):短吻镰柄鱼、台湾副细鲫、饭岛氏颌须钩、台湾细鳊、台湾缨口鳅

台湾的海水鱼

台湾岛海岸线约1139km,加上数个岛,海岸线总长达1600km。海岸线虽不算长,但却拥有各种不同的海洋生态系统,包括南部垦丁、兰屿、绿岛、小琉球,以及北部从野柳到卯澳,东部矶崎、三仙台,西部澎湖的"珊瑚礁生态系统";西部由淡水一直到枋寮均为以沙泥地为主的"沙泥生态系统",其间有不少"河口及红树林生态系统",以及七股与大鹏湾两个"潟湖生态系统";东海岸沿岸的"岩礁生态系统",离岸不远,是许多沿海地区所没有的"大洋生态系统"与"深海生态系统"。最近在龟山岛东北方琉球海沟的海底更发现许多不需阳光,不进行光合作用的"深海热泉生态系统"。专家推测,可能在台湾东南部海底还有"深海冷泉生态系统"的存在。不同的生态系统或栖所即会有不同的鱼种栖息。台湾即因栖地的多样化而造就了台湾鱼种的多样性。以栖所来区分,台湾珊瑚礁鱼类至少1750种,深海鱼类至少350种,大洋性洄游鱼类至少90种,近沿海鱼类至少300种,总种数高达全球的十分之一以上。

台湾海水鱼的分布还有一个明显的特色就是,可区分为南北两个不同的地理区。以东北角到澎湖南部为分界线,分成黑潮为主的热带体系,包括垦丁、绿岛、兰屿、小琉球及苏澳以南一带;以及冬季受到大陆闽浙沿岸冷水流南下影响的台湾北部、西部及澎湖一带的亚热带体系。南北两地数量多的鱼种各不相同,并有相互替代的现象,十分有趣。

为什么台湾拥有如此多元的栖地与丰富的海洋鱼类资源呢?首先,台湾位于全世界海洋生物多样性最高的"东印度群岛地理区"。由赤道及菲律宾东岸北上的黑潮,与夏季由西南季风带上来的南海的水团,带来许多浮游性的动物,因而使台湾海域拥有众多的热带海洋生物种类。

其次,台湾位于全球最大的欧亚大陆板块的边缘,也是全球最大大陆架的东南边缘,海底的地形底质多变化。西侧为台湾海峡,深度一般在100m以内,平均水深约80m,海底坡度很平缓,底质除了澎湖群岛为岩石外,大部分为沙质底;东临太平洋,海岸陡峭,其坡

◆台湾特有种海水鱼（左至右）：眼斑拟盔鱼、台湾栉鰕虎、台湾松球鱼

度急剧下降，在短距离内水深增至4000m，其中琉球海沟水深超过7000m。

此外，由于台湾地处亚热带与热带交接带，除了上述的黑潮与南海的水团，还有冬天沿台湾海峡南下的大陆沿岸的冷水流，三股水团的交会带来了许多不同海洋生物。这也是台湾为何能处于东海、南海及菲律宾海3个"大海洋生态系统"交会区的主要原因。生态系统交会区的物种重叠效应，使台湾孕育了种类繁多且数量丰富的海洋生物。

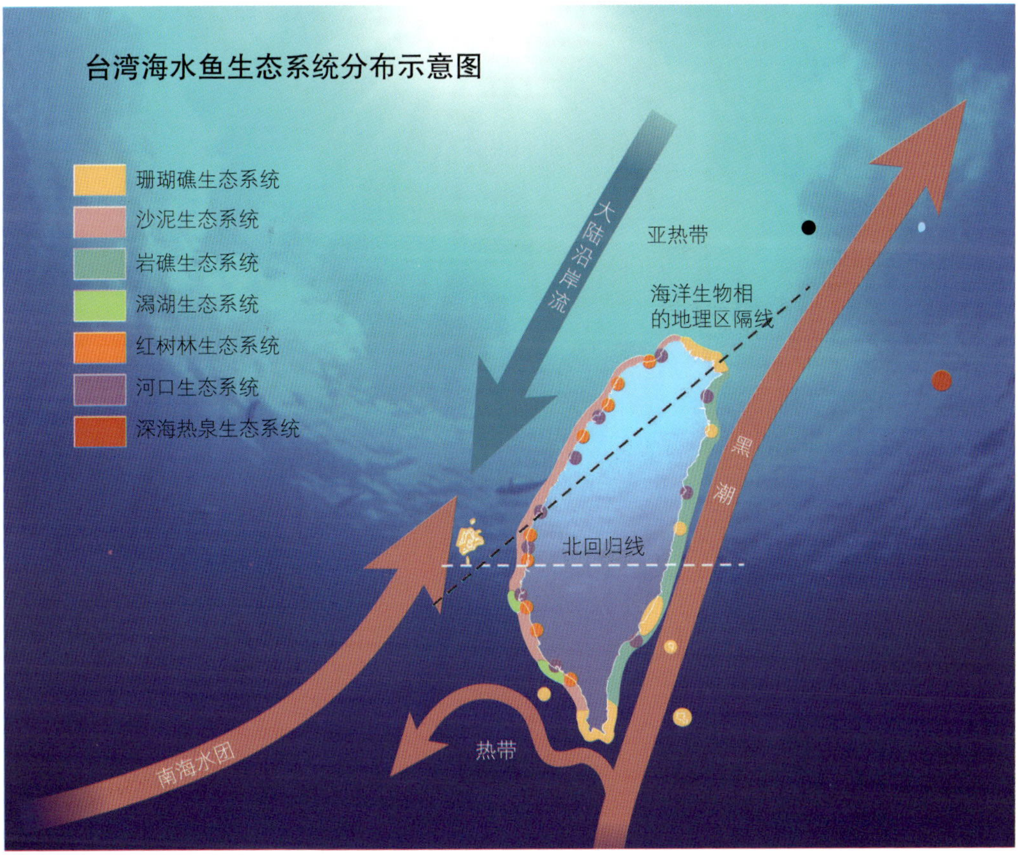

台湾海水鱼生态系统分布示意图

- 珊瑚礁生态系统
- 沙泥生态系统
- 岩礁生态系统
- 潟湖生态系统
- 红树林生态系统
- 河口生态系统
- 深海热泉生态系统

大陆沿岸流　亚热带　海洋生物相的地理区隔线　黑潮　北回归线　热带　南海水团

环境篇　鱼类在台湾

观察篇

你知道

飞鱼怎么飞？

灯笼鱼如何发光？

海马靠什么传情达意吗？

想了解钓鮟鱇的绝技、

小丑鱼与海葵的共生传奇，

以及隆头鱼不可思议的变性秘笈吗？

56科鱼类的识别锦囊、

演化奥秘与趣味生态，

在这里，无所保留

通通告诉你。

盲鳗目的家族

观察盲鳗

盲鳗科鱼类的身体前半段为圆柱形，后半段则逐渐变成侧扁形。它们没有胸鳍和腹鳍，而背鳍、尾鳍和臀鳍则紧紧连在一起。由于体色多半呈灰红色、黄褐色或黑褐色，也没有其他明显的特征，所以种别的辨识较困难。盲鳗广泛分布在全球三大洋的温带、亚热带和热带的海域，且主要分布在沙泥底海域，常被底拖网所捕获。布氏黏盲鳗是本科相当具代表性的成员。

生活在海洋的盲鳗与主要生活在淡水的八目鳗是少数现存的最原始鱼类，它们没有上下颌，而是靠位于头部腹侧的口部来摄食，因此同被归为"无颌纲"（或称"圆口类"）。盲鳗目家族成员外形似鳗鱼，但它们的眼睛已退化并隐藏于皮下，看似无眼，因此称为"盲鳗"。盲鳗目仅有盲鳗一科。

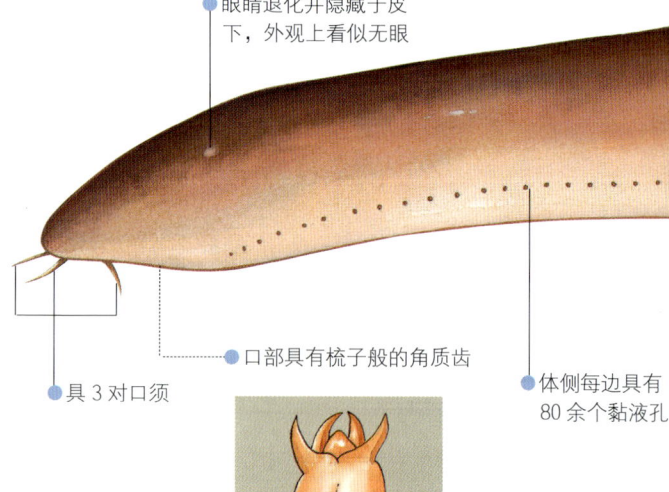

- 眼睛退化并隐藏于皮下，外观上看似无眼
- 口部具有梳子般的角质齿
- 具3对口须
- 体侧每边具有80余个黏液孔

Myxinidae
盲鳗科小档案

分类：盲鳗目盲鳗科
种类：全世界共有6属约50种，其中半数为近来发现的新种
生态：多底栖，卵生，尸食

主图：布氏黏盲鳗（*Eptatrtus burgeri*），最大体长60cm

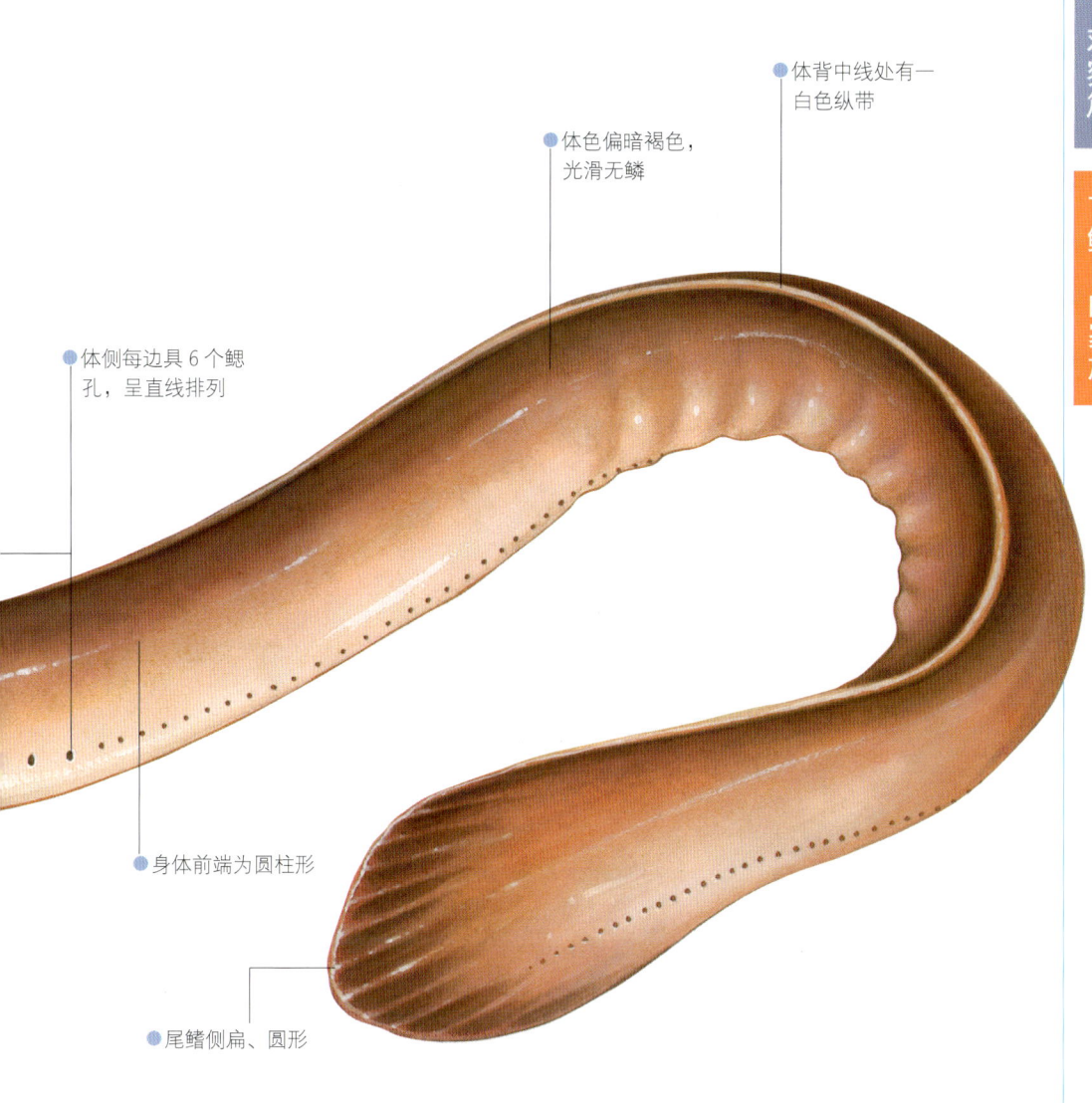

- 体侧每边具 6 个鳃孔，呈直线排列
- 体色偏暗褐色，光滑无鳞
- 体背中线处有一白色纵带
- 身体前端为圆柱形
- 尾鳍侧扁、圆形

观察篇

盲鳗目的家族

盲鳗的利用

盲鳗的体型不大，其貌又不扬，从前都被当做杂鱼处理，作为饲料使用。但近年来，人们发现它们的皮可以加工利用，肉也可以吃，所以摇身一变，成为价格不菲的海产佳肴。

◆ 盲鳗料理

生态视窗

最会分泌黏液的鱼

盲鳗的腹侧有一排黏液孔,里面有一粒粒肉眼可见的黏液腺,当它们遇到危险时,便会分泌大量黏液使掠食者胃口尽失。其拉丁文科名中的"myxin",就是黏液的意思。可是当险境过去,身体黏黏的也挺难受的,这时盲鳗便会利用"打结"的方法去除黏液,也就是将整个身体先打个"结",再将"结"往身体后方逐渐

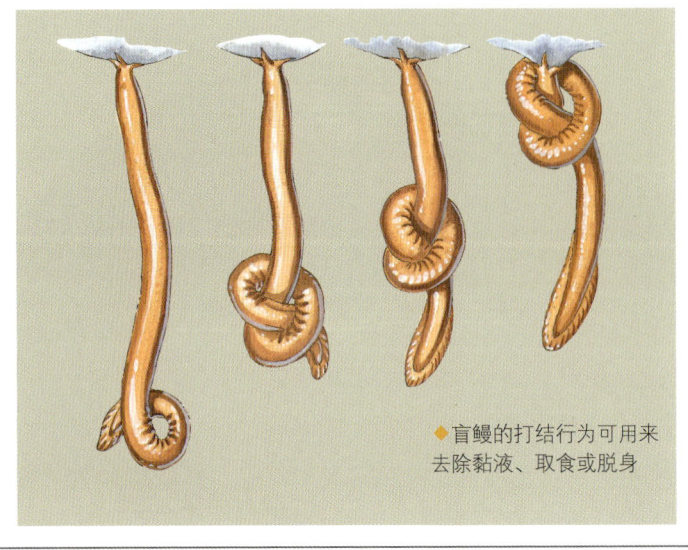

◆盲鳗的打结行为可用来去除黏液、取食或脱身

◆在鱼缸中的盲鳗有时也会有打结的行为

识别锦囊

盲鳗的近亲——八目鳗

主要生活在淡水的八目鳗是盲鳗的近亲,它们属于无颌纲的七鳃鳗目,因为7个外鳃孔和眼睛排成一列,看起来像是8个眼睛,所以称为"八目鳗"。它们和盲鳗最大的不同在于:八目鳗有1~2个背鳍,有明显的眼睛、脊椎骨和侧线系统,圆形的口呈吸盘状,没有口须;而它们产的卵也较小,数目较多,且孵化后会经过变态的过程。南半球的种类不进行寄生性生活,通常在变态后就进入繁殖期。但生活在北半球,进行寄生性的八目鳗会先在海中生活一段时间,等到性成熟后,再溯河而上,回到河川或湖泊中产卵。在温带地区八目鳗数量多时常会危害其他经济性鱼类,所以也曾被人们毒杀。

◆八目鳗的口部呈吸盘状

有些国家,如俄罗斯,八目鳗在除去内脏和黏液后可供食用。

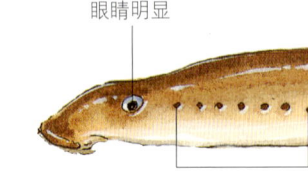

眼睛明显　　1~2个背鳍　　7个外鳃孔

◆八目鳗是盲鳗的近亲

推送，自然而然黏液就去除了。很奇妙吧！其实这种"打结"的行为也可能应用在取食时，譬如要用力咬下一块鱼肉；或者作为逃命时脱身的技能。

海洋的清道夫

当体积庞大的鲸鱼死去时，谁来帮它善后呢？答案是盲鳗！盲鳗在海洋食物链中扮演相当重要的腐食性生物的角色，就如同清道夫一般。

盲鳗大多生活在深海（深度可达500m），水温低于13℃的地方，所以常在温带或亚热带较深的海域出现。它们主要是靠口中像梳子一般的角质齿，刮食或咬食已受伤、死去的鱼体，或以柔软的无脊椎动物为生。盲鳗视力不佳，因此通常依赖嗅觉和触须找到取食对象，然后从其口部、鳃部或伤口外部进入，再把其内脏或肌肉吃光。有时渔民拉起渔网会发现，网中渔获已被盲鳗捷足先登吃光了。

有趣的生殖过程

盲鳗属于雌雄同体，但进行异体受精，也就是说它们是只有一种生殖腺起作用的鱼类。它们每次只产10~20粒的大型卵，卵包裹在角质囊内。椭圆形的卵粒彼此以末端丝状的钩相连，或钩在其他物体上，像是一串香肠。卵孵化出来的就是小盲鳗，中间并不经过浮游幼生或变态的过程，这和它们同属无颌纲的近亲八目鳗相当不同。

观察篇

盲鳗目的家族

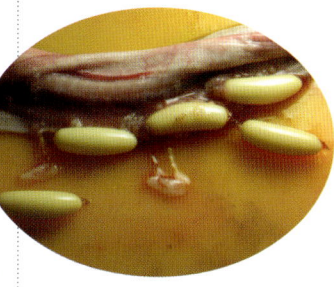

◆ 盲鳗腹腔内尚未产出的卵粒

盲鳗是鱼，文昌鱼不是鱼

盲鳗乍看下没有明显的头部，因此早期曾被认为是一种大型的蠕虫，其实盲鳗和八目鳗都是具有头部的脊椎动物，也是真正的鱼类。但是同样生活在海里，有一种看来像鱼，名称中也有鱼字的"文昌鱼"，却不属于脊椎动物的鱼类，而是属于脊索动物门下的头索动物亚门。它们没有明显的头颅，也就是说它们的脊索从头顶一直延伸到尾巴，两头尖尖的。它们是介于无脊椎与脊椎动物之间的生物，所以是研究动物进化的重要材料。文昌鱼的体型小（长1~8cm），平时埋身于砂地中，或只露出头部，靠前端口须的纤毛运动在水中滤食。我国目前共发现4种文昌鱼，其中厦门文昌鱼（又称白氏鳃口文昌鱼），以金门及厦门一带最多，过去曾是经济性食用种类，因为栖息地破坏及过度捕捞的结果，现今数量已大大减少，因此被列入国家二级保护类动物予以保护。

◆ 马尔代夫侧殖文昌鱼，体长约1cm

银鲛目的家族

银鲛属于软骨鱼纲全头亚纲，它与同样是软骨鱼，但属于板鳃亚纲的鲨、鳐类明显不同的地方是其鳃裂有皮瓣覆盖，因此对外只有一个开口；而且它们没有喷水孔，皮肤也没有盾鳞；此外，银鲛的上颌和头盖骨相连，所以被归于"全头亚纲"。银鲛是生活在深海的底栖性鱼类，包括吻部如叶状且可弯曲、只分布在南半球的叶吻银鲛，吻部延长如软剑般的长吻银鲛，吻部短钝、尾鳍细长的银鲛等3科，总计30多种。

观察银鲛

银鲛科鱼类长相十分诡异：全身银白，光滑无鳞，头大身体小，吻部短钝，尾部细长，有一对大眼睛，口则在腹面，有两个背鳍，第一背鳍上有一个大型的硬棘，具有毒腺，能自由竖起或下垂，整体乍看下似乎带着幽灵般鬼魅的气息，因此西方人称它们为"鬼鲨"或"幽灵鲨"。银鲛是深海底栖鱼类，偶尔会被底拖网所捕获，可见于杂鱼堆中。黑线银鲛是本科鱼类中数量较多的一种，主要特征是两边体侧各有一条褐色纵纹，侧线呈波浪形。

银鲛科档案
Chimaeridae

- **分类**：银鲛目银鲛科
- **种类**：全世界共有2属30多种
- **生态**：底栖、卵生、肉食

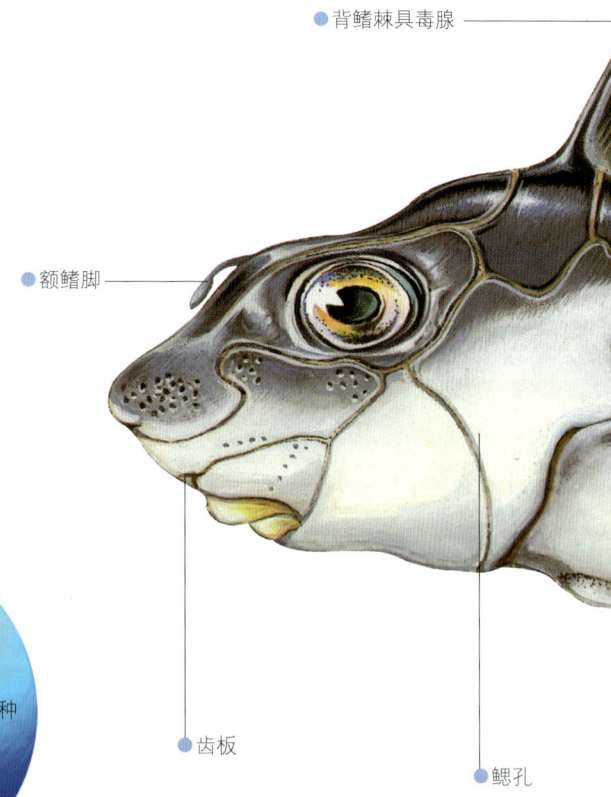

- 背鳍棘具毒腺
- 额鳍脚
- 齿板
- 鳃孔

主图：黑线银鲛（*Chimaera phantasma*），♂，最大体长100cm

 **银鲛的摄食**

银鲛的口在头的下方,上颌有两对、下颌有一对永久性的齿板,看起来有点像啮齿类动物的门牙,因此除了"鬼鲨""幽灵鲨"的别名之外,又被称为"鼠鱼"或"兔鱼"。它们通常以底栖的海胆、二枚贝、腹足类和甲壳类,以及小鱼为食。银鲛全都栖息于海洋,从极地到热带,从大陆架上缘到3000m的深海,均有分布。

银鲛的生殖和发育

银鲛全为卵生,所产的卵具卵鞘,呈长颈、纺锤或瓶状,通常有一对窄或宽的薄翅,其功能不详。银鲛每次在海底产出一个或一对卵,孵化期可长达8个月。孵出的银鲛与成鱼相似,仅尾部较短。此外,公鱼除了在腹鳍后方具有称为"交接脚"的交配器官外,在头顶上还有呈指状凸起的辅助交配器——额鳍脚,据说在交配时可以用来扣紧母鱼。

观察篇

银鲛目的家族

◆银鲛的卵

- 第一背鳍
- 体侧有褐色纵纹
- 第二背鳍
- 侧线呈波浪形
- 腹鳍
- 交接脚,有2~3个分支
- 缺刻
- 胸鳍
- 尾丝
- 尾鳍
- 臀鳍

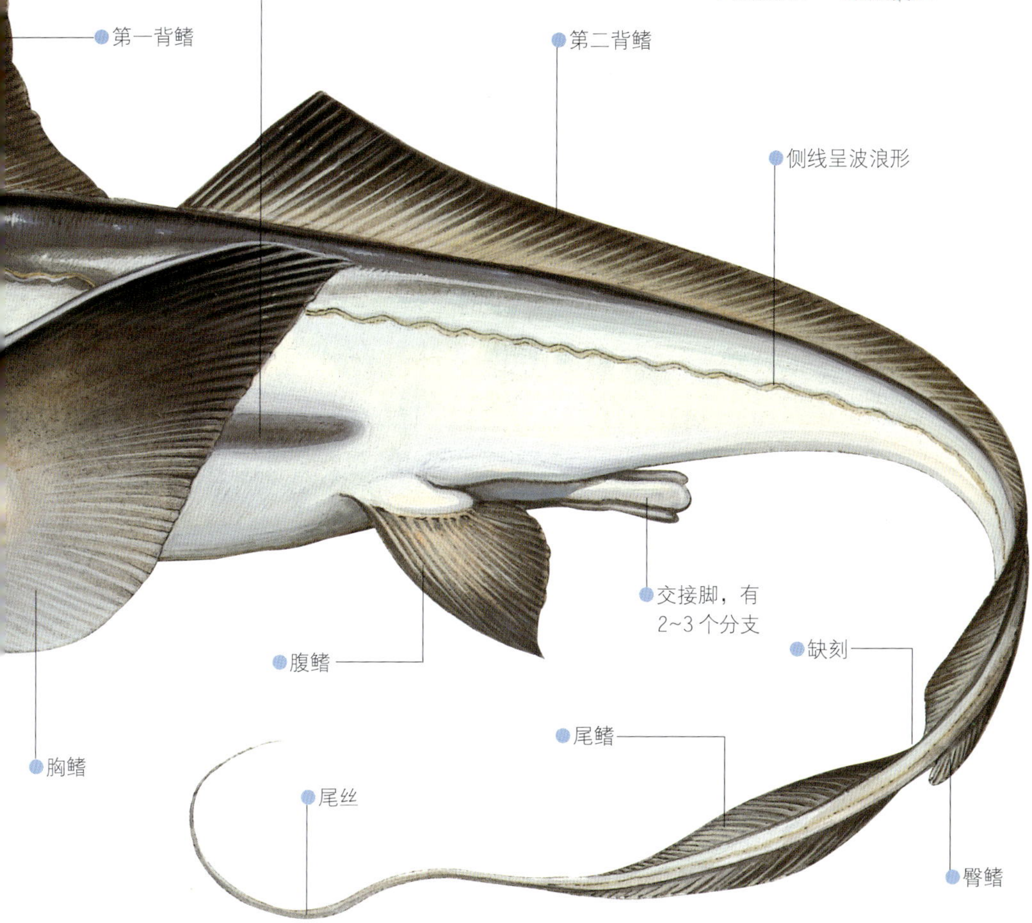

鲨鱼的家族

全世界的鲨鱼将近400种，涵盖软骨鱼纲中的六鳃鲨、棘鲨、异齿鲨、琵琶鲨、锯鲨、须鲨、鼠鲨和白眼鲛等8个目，其中以白眼鲛目和棘鲨目的种类最多。生态习性上则涵盖了大洋洄游、沿岸底栖与深海的种类，这里面有近250种生活在水深超过200m的深海。虽然鲨鱼的杀手形象鲜明，但实际上曾记录过具有攻击性的鲨鱼却不超过50种，其中最知名的大白鲨属于鼠鲨目，而丫髻鲛和白眼鲛则属于白眼鲛目。鲨鱼大多为肉食性，以其他鱼类或海洋哺乳类为食，但也有滤食性的鲸鲨、象鲨，以及吃底栖动物的狗鲨、猫鲨、扁鲨等。鲨鱼的体型悬殊，体长从0.5m到超过20m都有。

观察白眼鲛

白眼鲛又称"真鲨"，是鲨鱼中种数最多的一科。它们是大洋或近海表层中强壮的游泳高手，也是著名的贪婪掠食者，主要以鱼类、乌贼或虾蟹为食。大多是胎生，一胎可生下100尾以上。白眼鲛科具有鲨鱼家族的典型特征，如流线型的身体呈纺锤状；吻尖突；有两枚背鳍，第二枚较小，近尾部和臀鳍相对；胸鳍大，腹鳍小，尾鳍则呈弧状（即上叶远大于下叶）；圆圆的眼睛上具有瞬膜等。沙拉白眼鲛是白眼鲛科中比较常见的种类。

- 第一背鳍
- 眼圆，具瞬膜
- 口裂
- 鳃裂
- 胸鳍

Carcharhinidae
白眼鲛科小档案
分类： 白眼鲛目真鲨科
种类： 全世界共有13属58种
生态： 水中表层，胎生，肉食

主图：沙拉白眼鲛（*Carcharhinus sorrah*），♂，最大体长160cm

◆ 鲨鱼是大洋表层的游泳高手

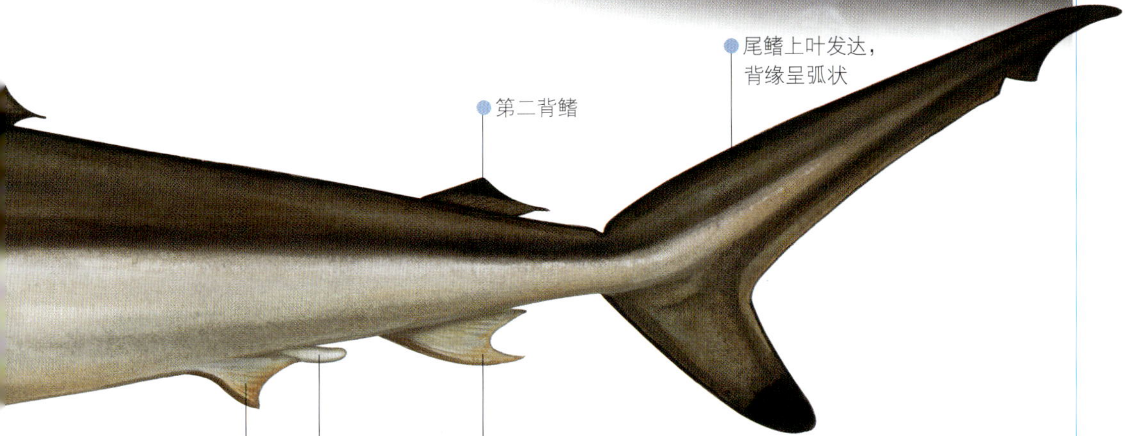

◆ 尾鳍上叶发达，背缘呈弧状

◆ 第二背鳍

◆ 腹鳍

◆ 交接脚

◆ 臀鳍

观察篇

鲨鱼的家族

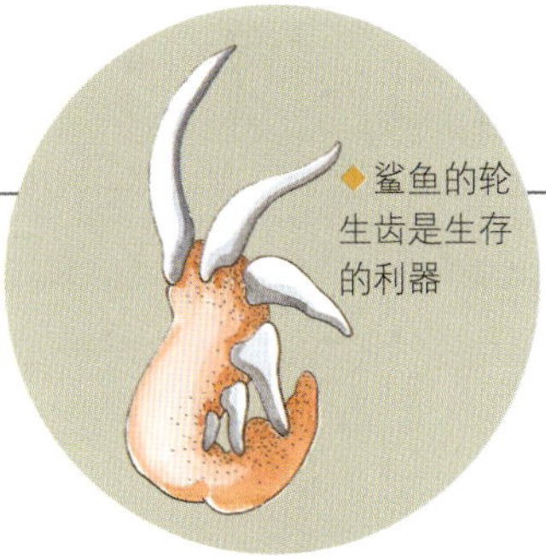

◆ 鲨鱼的轮生齿是生存的利器

鲨鱼活存至今的秘诀

鲨鱼从4.5亿年前的志留纪演化至今，依然存活在地球上，而且外形改变不大，自然有其特别的本领，像是体型大、少有天敌、与众不同的繁殖方式、孵化成长快速、胎儿活存率高、体内免疫或抗癌力强、具备灵敏的嗅觉、发达的大脑与极佳的视力等。最有趣的是，所有的鲨鱼，一旦外侧的牙齿磨损了，内侧的牙齿便会依序往前替换，所以其掠食工具可常保如新，成为海洋食物链中最凶悍的掠食者。

因为鲨鱼是软骨鱼，死后分解快，不易形成化石，所以专家们多半得靠牙齿、鳍棘、鳞皮的化石，或是依活存到今天的种类进行研究。目前仅知最老的鲨鱼化石是裂口鲨，在2.5亿年前已灭绝。现生的鲨鱼中，最接近原始鲨鱼形态的应是生活在深海的拟鳗鲛。

87

鲨的感觉

鲨鱼为了便于侦测猎物，其感觉器官特别敏锐，白天的感知范围达数十米，而夜间除了靠视觉外，还可以靠"光神经纤维层（tapetum lucidum）"来感觉弱光；它们的嗅觉更是灵敏，可闻到百米外的血腥味。此外，鲨鱼身上的侧线系统很发达，头部还有称为"洛仑兹壶腹（Ampullae of Lorenzini）"的器官可以感受到相距30~50m的低频震动。鲨鱼具有电场的侦测能力，在数米范围内，纵使是夜间处于睡眠状态下或隐身在沙泥底中的鱼类都无所遁形，因此有不少鲨鱼具夜间捕猎的习性。

鲨的生殖

鲨鱼的生殖方式和硬骨鱼类不同，大都进行体内受精，也就是和哺乳动物一样，有实际的交配行为，所以鲨鱼的公鱼在成熟后，会从臀鳍衍生出交接脚（或称鳍脚），用来将精液送入母鱼的泄殖腔内。鲨鱼的生殖方式可分为卵生、卵胎生及胎生三大类。卵胎生较特别，胚胎与母体间没有脐带相连，但可以在母体内自行

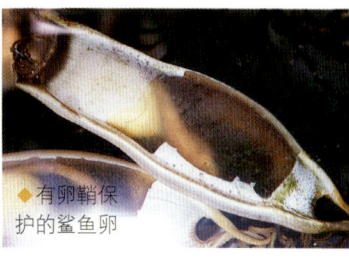

◆有卵鞘保护的鲨鱼卵

鲨的利用

鲨鱼很早就被人利用，它们的肉、皮、鳍（鱼翅）、内脏（肠及胃）都常被拿来烹食，做鱼皮冻、鱼翅羹，制成鱼丸、海鲜天妇罗等。鲨的表皮十分粗糙，过去也曾被作为砂纸或制成皮革。鲨鱼的肝是鱼肝油的主要来源，其肝油中富含的鲨烯（squalene），不仅是很好的抗冻剂，可防止汽油结冰，也是一种不错的保湿剂，可以运用在保养品和化妆品上。鲨鱼软骨中的软骨素更被人们加以萃取，制作健康食品呢！因此，鲨鱼可说是全身都可利用的海洋生物资源。

鲨的保护

鲨鱼比一般硬骨鱼类寿命长、成熟晚、子代数目少，族群一旦受到过度捕捞的伤害，很难迅速恢复，需要严格的经营管理，资源才能永续利用。如果只是为了吃高价的鱼翅，而在捕捞时活生生割下鱼鳍，再把遭受残害的鱼体扔回海中，不但残忍、不道德，而且也是浪费资源的行为。

之前人们很少食用和捕捉鲨鱼，所以鲨鱼资源原来相当丰盛，但是后来由于人们对鱼翅的需求日益增加，使得鲨鱼的数量急速下降。因为鱼翅的价格不断提高，吸引着各地渔民争相在海中捕杀鲨鱼，致使部分鲨鱼濒危，海中生态出现不平衡。

◆鱼翅的制作：鲨鱼鳍先日晒，然后晾干，再冷藏

发育，例如鲸鲨；胎生的则胚胎以结缔组织和母体相连，例如白眼鲛；卵生的卵则有卵鞘保护，直接产出体外，孵化后之幼鱼即具有成鱼的形态，不久便可独立掠食，例如猫鲛等。不论何种方式，它们所繁殖的个体数均很少，胎生的从每胎只产两尾的长尾鲨，到产10尾至100多尾，俗称水鲨的锯锋齿鲛；卵胎生的鲸鲨最多1胎产300尾；卵生的鲨鱼多半只产个位数的卵。

◆鲨鱼肝脏比例示意图

鲨为什么要不停地游泳

鲨鱼身体的比重大于海水，又没有鳔，为了避免下沉，必须靠持续不断游泳来维持浮力。它们的肝脏大且富含油脂，有助于漂浮；而且当摆动尾巴时，弧状的尾鳍搭配上有如机翼的胸鳍，可以使鲨鱼在游动时，身体向上抬升，这也是大洋洄游性鲨鱼即使在休息时，尾部仍不时缓慢摆动的原因。

保护鲸鲨

鲸鲨是世界上最大的鱼，体长可达20m，体重达40t，虽是鱼类中的巨无霸，但个性却很温和。它们属于须鲨目的鲸鲛科，只有1种，主要分布在南、北纬30°间的暖水域。鲸鲨的头部和腹部都较扁，身体呈蓝灰色，有一些淡色圆斑，眼睛小，位于头部前端的口却很大，以大量吞入海水，滤食其中的小鱼、小虾。由于它们体型大，行动迟缓，常浮游水面，所以容易被渔民所捕杀。然而它们寿命长（可达百岁），成熟晚（20岁左右），生下的幼鱼数目也少，故禁不起过度的捕捞，目前全球数量已迅速减少。《濒危野生动植物种国际贸易公约（CITES）》将鲸鲨和象鲛两种最大的鲨鱼正式列入保护类动物名录，进行数量的监控。其实不少国家，包括美国、澳大利亚、菲律宾、马来西亚、印度等早已将鲸鲨列入禁捕名单，并发展观赏鲸鲨的生态旅游活动。

◆行动迟缓的鲸鲨

鳐目的家族

鳐目鱼类就是我们一般所通称的"鳐",它们和银鲛、鲨鱼一样,都属于较原始的软骨鱼。鳐的长相很特别,身体扁平,眼睛和喷水孔长在背面,口却在腹面,退化的背鳍移到尾部,尾鳍则退化或消失。除了体型大的特征,鳐有许多构造特征几乎都和鲨鱼一样,因此有些专家认为鳐是从鲨鱼演化而来。不过,由于身体扁平,鳐在游泳

◆锯鳐亚目锯鳐

◆鳐亚目的犁头鳐

观察土魟

土魟是鳐的家族中种类最多的一科,它们的身体呈圆盘形、角形或菱形,体宽通常为体长的1~2倍,尾部如长鞭,整个看起来就像是在海里漂动的风筝,令人一见难忘。大多数的土魟都出现在沿岸、河口、沙泥底的海底,只有少数种类会出没于珊瑚礁附近。古氏土魟是潜水者在珊瑚礁外围沙地唯一可见到的软骨鱼,本种明显易辨识的特征是:它们的菱形体盘上具有一些不规则的蓝色圆斑;尾鞭长超过体盘长,末端有两段白色环纹,上面通常有1~2枚大而有毒的棘刺。它具有高度危险性,潜水者要特别留意。

● 体背淡褐色,有些个体具灰蓝色圆斑

● 喷水孔狭小,呈 S 形

● 吻部短钝

● 眼在体背

● 背部中央具一列小棘

● 人工鱼礁旁游动的古氏土魟

● 胸鳍向两侧扩张

主图:古氏土魟(*Dasyatis kuhlii*),最大体长70cm

时，特别是鲼，靠向两侧扩张的胸鳍，如波浪般向前游动，而不是像鲨鱼那样，依赖尾部向左右两侧摆动来前进。鳐的脑部比例相当大，应是相当聪明的海洋动物。本目分成锯鳐、电鳐、鳐和鲼4个亚目，全世界共有12科62属约456种。

◆鲼亚目的蝠鲼

◆电鳐亚目的电鳐

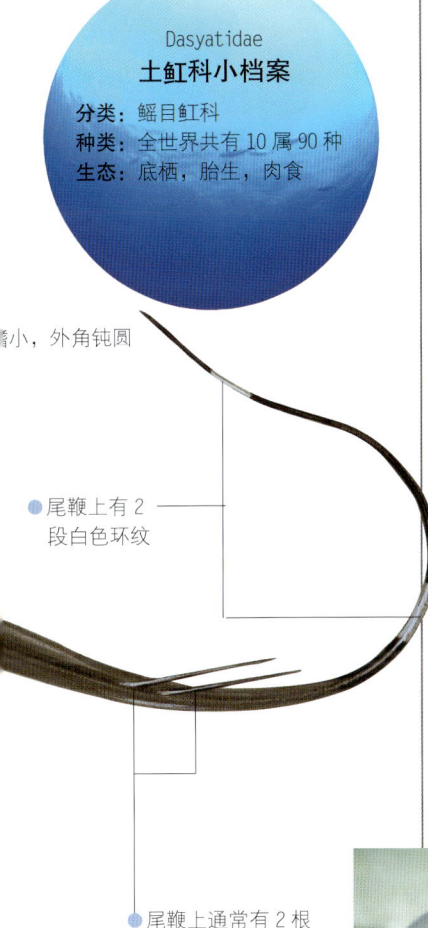

Dasyatidae
土魟科小档案
分类：鳐目魟科
种类：全世界共有10属90种
生态：底栖，胎生，肉食

鳍小，外角钝圆

● 尾鞭上有2段白色环纹

● 尾鞭上通常有2根大而有毒的棘刺

生态视窗 鳐的掠食、防御与生殖

鳐的家族中，除了体型超大的鬼蝠鲼是在水层中以大口滤食水中浮游动物外，其余的鳐几乎都进行底栖生活，主要以无脊椎动物为食。它们会利用和鲨鱼同样精密的电场感受器来寻找猎物，然后用力摆动胸鳍，把藏身在泥沙地的底栖动物掀起来吃。

鳐的牙齿不像鲨鱼那么锐利，而是较细小平钝或呈石板状，它平时常埋身沙中，或休息或躲避掠食者的攻击。遇到危险时，只能靠尾部有毒的棘刺来保护自己；要不就像电鳐，在体盘两侧各具一椭圆形的发电器官，可以放电来电晕掠食者；只有锯鳐是利用锯齿状的吻部来防御和攻击。

鳐和鲨鱼一样，要到6~7岁才具有繁殖能力，公鱼在腹鳍具有交接脚以便进行体内受精，46%的鳐为卵生，在底床产下具有卵鞘保护的卵；其余则是卵胎生，即在卵黄耗尽后，改以母鱼体内所分泌的物质为生，待成长为幼鱼后再生出来。

◆鬼蝠鲼可借助头鳍滤食

◆中国黄点鯆属于卵胎生，图为幼鱼

海鲢目的家族

海鲢目的体型大，看来像是巨型的鯵钉鱼，但它们却是很原始的硬骨鱼类。其化石可追溯到1.35亿年前的白垩纪，这主要是根据它们的喉板来鉴定的，而目前大多数现生的硬骨鱼类都没有喉板的构造。此外，进化程度较大的硬骨鱼类的腹鳍多在身体前面的胸部，而海鲢的腹鳍则偏后靠近腹部，即腹鳍腹位，这也是它们被归为较原始硬骨鱼的一项特征。海鲢目鱼类通常身体呈向后延长的侧扁形，鳃裂宽，尾鳍则深分叉。目前全世界共有2科2属8种。

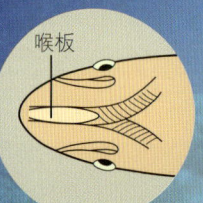
喉板

◆ 海鲢

◆ 大眼海鲢

观察大眼海鲢

大眼海鲢科和海鲢科的鱼类在外观上很像，差别在于前者身体较侧扁而高，眼睛大，鳞片也较大且具金属般的明亮光泽；此外，其背鳍的最后一根鳍条呈丝状延长。大眼海鲢对盐度的适应力很强，成鱼在外海产卵后，孵出的幼鱼会游入河口或潟湖生活成长。它们还可以利用鳔来辅助呼吸，所以在缺氧的水中也能直接到水面呼吸空气。大眼海鲢科全世界只有2种，分布在大西洋的大西洋大海鲢的体型特大，可长达2m，重达160kg，虽然骨刺多，但因肉质鲜美，且上钩时挣扎力大，甚至会跃出水面，所以是海钓者的最爱；分布于印度－太平洋海域的大眼海鲢则体型较小，常被沿岸渔民用流刺网、围网、定置网或拖网捕获。

◆ 大眼海鲢的柳叶形幼鱼

● 体色背部青灰，腹部银白

● 眼大

● 胸鳍基部有腋鳞

◆ 海鲢渔获

主图：大眼海鲢（*Megalops cyprinoides*），最大体长150cm

生态视窗

有趣的狭首幼生

海鲢目鱼类和硬骨鱼中同样较原始的鳗鲡目及囊咽鳗目鱼类一样，均具有身体薄而透明、头小体大，如同一片柳叶的幼生时期，所以又有"狭首幼生"或"柳叶幼生"的说法。生活在海水中的海鲢幼生（即仔稚鱼）以有机物为食，它们会随洋流漂送到河口沿岸地区，然后变态为稚鱼，在大洋中继续成长。

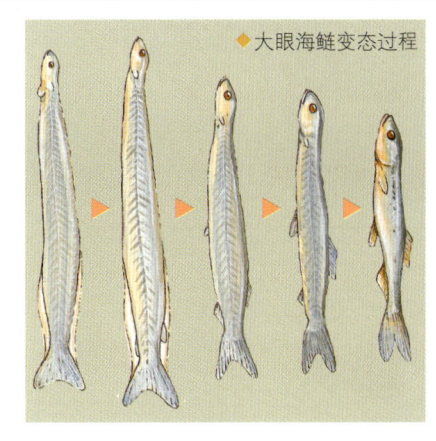

◆ 大眼海鲢变态过程

观察篇

海鲢目的家族

● 鳞片圆大，具金属光泽

● 背鳍最后一根软条呈丝状延长

● 尾鳍深分叉

● 侧线平直

● 腹鳍腹位，基部有腋鳞

Megalopidae
大眼海鲢科小档案
分类：海鲢目大眼海鲢科
种类：全世界共有1属2种
生态：底栖，胎生，肉食

93

◆ 霉身裸胸鳝

鳗鲡目的家族

鳗鲡目可说是鱼类中长得最像蛇的一群，细细长长、圆柱形的身材，细小的鳞片隐藏在皮下，因此外表看起来很光滑，还会分泌黏液来保护自己。鳗鲡没有腹鳍，有的也没有胸鳍，低矮的背鳍、臀鳍与尾鳍相连，且被身体的厚皮所覆盖。它们

观察海鳝

海产店里，俗称"海鳗"的海鳝科鱼类是不少食客的最爱；海洋馆里，蓄养海鳝的水族箱前方，也总吸引着许多人驻足。

长相堪称凶悍的海鳝，正是典型的掠食者，口大，牙齿多而锐利，身材像蛇般滑溜浑圆，而侧扁的尾部则相当有力。白天它们潜伏在礁区的洞穴中，偶尔将头部伸出洞外；晚间则出外猎食，一般以鱼类和头足类为主食，也有少数吃甲壳类生物。海鳝的嗅觉异常灵敏，这点可以从它们呈管状或瓣状的外鼻孔看出来。海鳝分布在热带和亚热带浅海域，少数种类可生活在水深达500m的沙泥地，还有很少的种类可生活在半淡咸水域或河流中。由于被大量捕捞供作活海鲜，如今不管是种类还是数量都已大量锐减。豹纹勾吻鳝是本科鱼类中色彩比较艳丽的种类，它的吻部尖长，上下颚弯曲，而且后鼻孔呈长管状突起，令人印象深刻。

- 前鼻管较短小
- 后鼻孔呈长管状突起
- 吻部尖长，利牙外露
- 鳃孔小
- 体色朱褐，遍布白色褐边之圆斑
- 表皮厚，全身光滑无鳞

◆ 俗称鸡角鳗的豹纹勾吻鳝，价格高，野外已极少见

主图：豹纹勾吻鳝（*Enchelycore pardalis*），最大体长90cm

都进行穴居生活，包括生活在深海的鸭嘴鳗科和宽咽鳗科、浅海珊瑚礁的裸胸鳝科与蛇鳗科、沙泥地的糯鳗科，以及生活在河流但可降海产卵的鳗鲡科等。本目共有15科181属913种，分布于三大洋中。

◆ 出现在潮池岩地的巨斑花蛇鳗

◆ 躲在珊瑚丛中的黄黑斑裸胸鳝

海鳝科小档案
Muraenidae
分类：鳗鲡目海鳝科
种类：全世界共有13属200多种
生态：底栖，卵生，肉食

● 背鳍与臀鳍、尾鳍连合
● 身体呈圆柱形，尾部较侧扁

生态视窗 海鳝的繁殖与生活史

海鳝科的鱼类在繁殖季时，会产上千万粒的卵，孵化后为形似柳叶的"狭首幼生"，随洋流或沿岸漂流长达半年以上，再沉降变态为幼鳗，开始在礁区定栖生活。

海鳝为雌雄同体，同时伴随有性转变，有的种先雌后雄，有的则先雄后雌，但大多数的种类雌雄体色并无明显区别，只有少数种类有雌雄双性的现象。例如体态长扁如带状的管鼻鳝属，它的幼鱼为黑色，长大后体色变成艳蓝，而鳍为黄色的雄鱼性转变为雌鱼后，全身就变成黄色。由于它的体色变化大，色泽艳丽，身姿优雅，因此成为水族店的宠儿。但也因而捕捞过度，如今在海里已极为罕见，甚至有区域性灭绝的现象。

◆ 黑身管鼻鳝雄鱼，住在砂礁交界处的洞穴中

圆鳗的花园

圆鳗属于鳗鲡目中的糯鳗科，它们的身体纤细如铅笔，分布在珊瑚礁外围的沙泥中，白天成群将下半身埋在沙里，只露出上半身，头部略微下弯，啄食海流所带来的浮游动物，样子就像是个"大问号"；远远望去，则像是花园里成排的植物在随风摇曳，非常动人。

鲱形目的家族

鲱形目的鱼类俗称"鲹钉""鳀仔"或"鲥仔",多半是成群在大洋或近沿海巡游到河口的小型鱼类,也是许多大型鱼或海洋哺乳动物的重要饵料生物。

◆ 日本海鲦

鲱的产量占全球渔获的一半,是许多沿海国家重要的渔业资源,而且它们在海洋生态系统的食物链中扮演着相当重要的角色。鲱大多数鱼体侧扁延长或呈长圆形,大多数种类在腹部有一列锐利凸出的鳞片,称为"棱鳞";它们的口小,没有牙齿;身体中央有一枚背鳍,尾鳍则分叉。全世界共有5科103属470种。

观察鲱

鲱科的鱼类有不少身体呈纺锤形,但也有极为侧扁者。

体色背部青蓝,肚腹银白,呈现典型大洋鱼类的特征。此外,鲱具有容易脱落的圆鳞,无侧线,各鳍无硬棘,胸鳍的位置则较一般鱼低,腹鳍在腹位,和高等鱼类位于身体的前部不同,这些特征意味着鲱是较原始的硬骨鱼。一般鲱科鱼类体长均小于20cm,分布在全世界各海域及热带、亚热带地区的河流和湖泊中。黑尾小沙钉是本科鱼类中比较常见的种类,尾鳍上下叶尖端为黑色是其主要的特征,也是名称的由来。

Clupeidae
鲱科小档案

分类:鲱形目鲱科
种类:全世界共有56属181种,其中50种是纯淡水鱼
生态:水表层巡游,卵生,滤食

- 背鳍单一,在体中央,基底有鳞鞘
- 脂眼睑发达
- 胸鳍较低位
- 腹部具棱鳞
- 腹鳍腹位,基部有腋鳞
- 体色呈亮银白色,背部较暗

主图:黑尾小沙钉(*Sardinella melanura*),最大体长12cm

鱼类与人 台湾的鳁鲦渔业

鳁鲦渔业是台湾沿岸的重要产业之一,每年的产量与产值相当可观。渔民多半利用鳁鲦双拖网在西南部或东北部海域,或利用流袋网在西北部及淡水河口外进行捕捞。而俗称"丁香鱼"的银带鲱则盛产于澎湖地区。鲦仔体型较大,以刺公鳀和异叶公鳀为主,偶尔混获的小公鱼和棱鳀出现时间比体型较小的叶鳁仔约晚一个月。由于捕捞鳁鲦时,会同时混获上百种经济性鱼类的仔稚鱼,如石斑、白带鱼、笛鲷、鲷、金梭、狗母,以及其他珊瑚礁鱼类,对鱼类资源伤害很大。因此前些年台湾方面的相关部门已明订每年的6~8月为禁渔期,希望能使鳁鲦渔业资源永续利用。

生态视窗 鲦钉的摄食

在大洋成群洄游的鱼类,多半都是一边游一边张开大口,利用鳃耙来滤食海水中的浮游生物。为了摄食,鲦钉也会作日夜的垂直洄游,白天随着饵料生物浮上水面,晚上则沉降到较深处。除了上下洄游外,不少种类也会作数百或上千千米的长距离摄食或产卵洄游。

鲦钉的群游

成群的鲦钉数量往往十分惊人,有时鱼群甚至超过30亿尾,在海上延长数千米,成为许多大型掠食者,如鲔、鲣、鬼头刀、旗鱼,甚至白带鱼的追逐对象。体型小的鱼类如果有群游行为,通常是为了防范掠食者的攻击,一来当大鱼来犯时可壮声势,即便一哄而散,掠食者也很难——锁定攻击目标;二来平时活动时可借同伴的众多耳目侦测有无危险。但也由于它们的群游行为,正好成为人们一网打尽的目标。

- 尾鳍之上下叶末端为黑色
- 臀鳍较长,位于身体后方,基底有鳞鞘
- 被覆薄大圆鳞

◆成群巡游的日本鳁

观察篇 鲱形目的家族

鼠鱚目的家族

鼠鱚目是硬骨鱼类中很原始的一支,包括虱目鱼、鼠鱚、克奈鱼和护喉鱼4个形态各异的科,前两科是海水鱼,分布在印度洋和太平洋,后两科是淡水鱼,只分布在热带非洲。全世界鼠鱚目共4科7属约37种,其中遮目鱼科的虱目鱼是相当重要的经济性鱼类,体型较小的鼠鱚则多半成为沙泥底拖渔获的杂鱼。

观察虱目鱼

虱目鱼是餐桌上十分家常的一道鱼鲜,不管是香煎、煮汤、熬粥,鲜美的滋味都令人大竖拇指。其实俗称"麻虱目仔"的虱目鱼是虱目鱼科中唯一的鱼种,分布在热带和亚热带的温暖水域。它们具有相当完美的纺锤状身体,体背呈青灰色,腹部则呈银白色,是大洋表层洄游鱼类的一种保护色。遮目鱼身上的圆鳞细小,但有银色光泽,头部则无鳞片。眼部被脂状的眼睑所覆盖,高速游泳时可以保护眼睛。口小,以底栖的藻类和其他小生物为食。它们的胸鳍和腹鳍基部都有腋鳞,背鳍和臀鳍的基底则有鳞鞘,尾鳍基部还有两片狭长的大鳞片。

◆虱目鱼

◆鼠鱚

● 侧线平直
● 体背青灰色
● 眼部具脂睑
● 口小,端位,无齿
● 胸鳍基部有腋

Chanidae
虱目鱼科小档案
分类:鼠鱚目虱目鱼科
种类:全世界共有1属1种
生态:洄游,卵生,杂食

主图:虱目鱼(*Chanos chanos*),最大体长180cm

虱目鱼的完全养殖

由于虱目鱼能适应半淡咸水域，且成长快速，因此成为渔民相当重要的养殖鱼种。虱目鱼主要为暖水种，喜高水温，所以在核电厂排水口附近常可钓到它们。但在冬天气温骤降时，浅水渔场中的遮目鱼也常大量冻死。它们以底栖藻类或无脊椎动物为食。目前已有能力将人工孵化出的鱼苗蓄养成亲鱼，再繁殖出下一代，像这样可以在人为环境下成功繁殖下一代的养殖技术称为"完全养殖"。

虱目鱼的利用

虱目鱼因为肉间多细刺，所以欧美国家没有人食用，但在东南亚却很受欢迎，在有些地区甚至是重要的海鲜鱼种，其腹部因有一层油脂堆积，故被认为是最美味的部分。为推广遮目鱼，有心的业者推出虱目鱼的加工产品，如虱目鱼丸，使虱目鱼的产品多元化，不致因供销不平衡，而使渔民遭受损失。

◆虱目鱼的加工产品

观察篇

鼠鱚目的家族

- 背鳍基底有鳞鞘
- 尾鳍基部有 2 片狭长的大鳞
- 腹鳍基部有腋鳞
- 臀鳍基底有鳞鞘
- 腹部银白色

鲤形目的家族

鲤形目鱼类是淡水鱼中最大的家族，种类规模仅次于以海水鱼为主的鲈形目，共有6科443属约3513种，占了现生鱼类的三成，且约八成为鲤科。

鲤形目鱼类在形态、生态和栖地上都呈现丰富的多样性，包括生活在河流中上游的鲴鱼和马口鱼，河流中下游水库或深潭的草鱼、鲢鱼，热带雨林的食人鱼，洞穴中的盲鱼，甚至水族宠物金鱼、孔雀鱼等，全都是"鲤"家的成员。将这些外形各异的鱼儿归成一家人的共同理由是，它们的头部都没有鳞片，无齿，但口常可伸缩，前4块脊椎骨已变形为可传递声音的小骨头，因此具有敏锐的听觉。

观察鲤

鲤科鱼类是鲤形目中分布最广、种类也最多的一群。它们的形态与生态习性富于变化，多数种类只有一个背鳍，腹鳍在腹位，且与臀鳍明显分开，尾鳍分叉；身体披覆圆鳞；口器则分化为各种不同的类型，以便摄取各类的食物。俗称"阔嘴郎"或"溪哥仔"的粗首鱲是中国台湾数量相当丰富的特有种，只分布在河流中上游，喜好在洁净的水域活动，个性活泼且善于跳跃，是当地主要的溪钓鱼种之一。它们小时候为杂食性，成鱼则以昆虫、小鱼、小虾为食。到了春夏的繁殖期，成熟雄鱼形态会产生变化，包括头部出现"星点"，臀鳍鳍条呈游离条状，以及身体出现"婚姻色"。

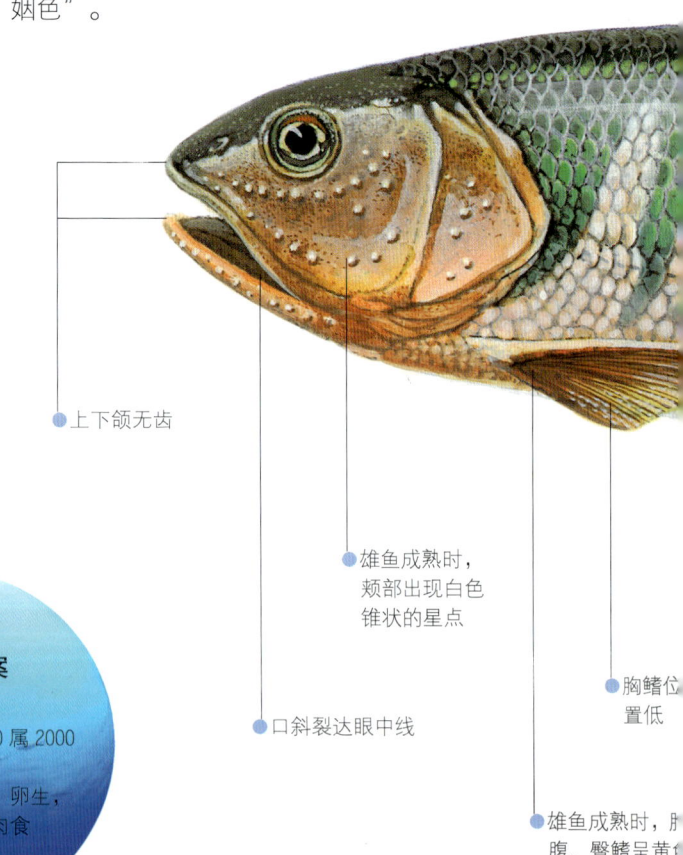

- 上下颌无齿
- 雄鱼成熟时，颊部出现白色锥状的星点
- 口斜裂达眼中线
- 胸鳍位置低
- 雄鱼成熟时，胸、腹、臀鳍呈黄色的婚姻色

Cyprinidae
鲤科小档案
分类：鲤形目鲤科
种类：全世界共有210属2000种以上
生态：水底或水中层，卵生，杂食、草食或肉食

主图：粗首鱲（*Zacco pachycephalus*），成熟♂，最大体长28cm

分辨粗首鱲和平颌鱲

一般人通称"溪哥仔"的淡水鱼除了粗首鱲外,还有平颌鱲,两者长得很像,差别在于后者体型较小,头部的比例也比较小,口裂也没有被称为"阔嘴郎"的粗首鱲那么大。还有,平颌鱲以素食为主,与肉食性的粗首鱲可说是"井水不犯河水"。

◆ 粗首鱲

◆ 平颌鱲

观察篇

鲤形目的家族

● 背鳍单一

● 体背灰绿色,有约10条具蓝绿光泽的横带

● 成熟雄鱼的臀鳍末端呈游离条状

● 腹鳍腹位

◆ 水族箱中的粗首鱲

生态视窗 会听声音的鱼

鲤科鱼类在鳔和内耳之间以可活动的小骨骼"魏氏小骨"相连接，作用是传递声音。魏氏小骨与脊椎骨相连的构造又被称为"韦伯氏器"，可以将鱼鳔所放大的声音传递到内耳，再由脑部来判读。因此水中的任何声音（水中传播速度较空气快4倍）被鱼鳔接受到后，即会迅速被放大并传到内耳。因为具有较好的听觉，即使在较混浊、视线不佳的水域，鲤科鱼类也能适应生存。

恐怖的食人鱼

想象不到吧！令人闻之丧胆的食人鱼也是鲤形目的一员。食人鱼会成群地以

◆ 食人鱼

利牙攻击猎物，有些种类在遭遇威胁时，身上还会分泌出具特殊化学物质的黏液，以告知同伴快速逃生。

鱼类与人 中国四大家鱼

草鱼、青鱼、鲢鱼和鳙4种鲤科鱼类，是中国自古以来农家鱼塘中主要的养殖鱼种，故有"中国四大家鱼"之称。由于它们的食性不同，如草鱼吃底藻或水草，鲢鱼滤食浮游植物，青鱼吃螺蛳，鳙吃浮游动物，所以可以混养在一起。这4种鱼都可以长得很大，因此成为各水库风景区餐厅"河鲜"的主要鱼种。至于一般人熟悉的鲤鱼、鲫鱼反倒不是四大家鱼的成员。

◆ 青鱼

◆ 白鲢

◆ 草鱼

◆ 鳙

游动的宝石—锦鲤

一般人熟悉的金鱼和锦鲤也属鲤科，它们是长期利用人工育种的方式，特别挑选体型及体色佳，又耐低温的鲤、鲫、鳅等种类交配而来。它们是中国及日本等地常见的庭园水池观赏鱼类。尤其是锦鲤，体型大、个性温顺、易于饲养、寿命长、体态优雅、体色变化多样，所以常常有锦鲤鉴赏大赛，得奖鱼只身价往往不凡，因此赢得"游动的宝石"的美称。

◆ 美丽的锦鲤

特殊的产卵法

大多数鲤科鱼类将卵产在底床，也有一些种类产卵的方式很特殊，像鳑鲏会将卵产在淡水蚌壳内，其母鱼具有长长的产卵管，可以伸入蚌的鳃腔中，公鱼则在蚌的出入水管中排精，以便精子进入受精。

◆ 鳑鲏把产卵管伸入蚌中产卵

鲤鱼为何跃龙门

中国有"鲤跃龙门"传说，主角就是一般家庭餐桌上所熟悉的鲤鱼。传说鲤鱼跳过龙门即能化身为龙，古人常用来形容中举、升官等飞黄腾达之事。事实上，除非受到惊吓，自然界中鲤鱼跃出水面的画面并不易见。

观察篇

鲤形目的家族

中国台湾原生种鲤科鱼类

台湾石鲋、粗首鱲和平颌鱲、台湾马口鱼、短吻小鳔鮈、台湾银鮈、陈氏鰍鮀、台湾铲颌鱼、高身鲴鱼、罗汉鱼、高体鳑鲏、台湾细鯿、何氏棘鲃、条纹二须鲃等，都是台湾原生种鲤科鱼类。多年来由于山坡地滥垦、滥伐、河床水泥化、筑拦沙坝、建水库、过度捕捞、非法毒鱼电鱼，污水排放，以及外来生物入侵等因素，已使不少台湾原生种的族群量锐减，甚至濒临灭绝，亟待大家努力来保护。

◆ 何氏棘鲃

◆ 台湾细鯿

◆ 台湾石鲋

◆ 条纹二须鲃

◆ 台湾马口鱼

观察爬鳅

爬鳅科鱼类俗称"石贴仔",看名字就知道,此科鱼类的生活习性必然与石头紧密相关。没错!石贴仔主要生活在高海拔地区的河流中上游,喜欢水流湍急且高溶氧的环境,常见它们栖息在急流的岩面上,为了抵抗强劲的水流,不仅身体和头部前端变得扁平,连腹部也很平坦,而且它们的胸鳍和腹鳍扩展成扇形,鳍条下方还有"趾垫"的构造,可以像吸盘一样牢牢吸附在石头表面。爬鳅的体色、斑纹变化大,也会随栖息环境而调整身上色泽的明暗度。它们主要以石头上的附着性藻类为食,也会吃有机碎屑和水生昆虫等无脊椎动物。本科鱼类仅分布在印度、中国等地。其中,属于中国台湾特有种的台湾间爬岩鳅,主要分布在台湾北部和中央山脉以西河流的中上游水域。

◆台湾间爬岩鳅(背面)

- 头部及腹部无鳞
- 眼小
- 具3对须,吻端2对,口旁1对
- 胸鳍极宽大,平展几达腹鳍前缘
- 口在下位(腹面)

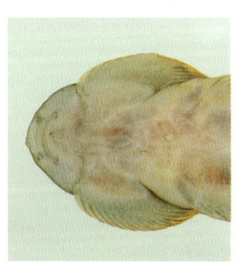

Balitoridae
爬鳅科小档案

分类: 鲤形目爬鳅科
种类: 全世界共有27属110种
生态: 底栖,卵生,藻食或杂食

主图:台湾间爬岩鳅(*Hemimyzon formosanus*),最大体长11cm

- 体色变异大,一般为浅橄榄绿至黑绿色,具不规则深色斑
- 体被小圆鳞

◆ 台湾间爬岩鳅喜好高溶氧的流水环境

- 尾鳍凹形,具3~4条深色横带

观察篇 鲤形目的家族

生态视窗 珍惜台湾特有的爬鳅

台湾共有80余种纯淡水鱼,其中有37种,即超过三分之一都是特有种。主要是因为许多不同河系的高山溪流鱼类,在河流袭夺或板块运动后,易受地形或地理阻隔而分化出特有鱼种。像是台湾的4种爬鳅:台湾缨口鳅、台湾间爬岩鳅、台东间爬岩鳅和埔里中华爬岩鳅,均为台湾特有种或固有种,也就是只有台湾才有分布,不见于其他地区,因此对它们的保护也就更显重要。除了台湾间爬岩鳅分布在台湾北部和中央山脉以西河流的中上游外,台东间爬岩鳅只见于东部河流中,埔里中华爬岩鳅只分布于大甲溪以南的水域,而台湾缨口鳅则分布于浊水溪以北的水域。

◆ 埔里中华爬岩鳅
◆ 台东间爬岩鳅
◆ 台湾缨口鳅

鲶形目的家族

鲶形目鱼类最大的共同特征是，它们的吻部明显具有一到多对的长须。此外，其头部大多略呈三角形或平扁状，尾部则侧扁且略延长；表皮厚，但光滑无鳞，死后多会分泌黏液；它们的胸鳍上方有一根硬棘，有的带有毒腺，是主要的防御器官。

鲶形目也是淡水鱼中的大家族，只有海鲶和鳗鲶两科是海水鱼，全世界共34科428属

观察须鲶

俗名"塘虱"的须鲶科鱼类，乍看之下就像是一只长了长胡须的鱼。它的身体长，全身光滑无鳞，头部平扁，身体后部则稍侧扁，眼小口大，吻短宽圆，具有4对长须。须鲶科鱼类和鲶科鱼类有点像，主要不同处在鲶科鱼类的背鳍较小，有的甚至没有背鳍，而须鲶科鱼类的背鳍基底则很长。须鲶鱼类全部是初级淡水鱼，生性凶猛，多半在夜间进行猎食，猎物包括昆虫在内的各类小生物。其中，须鲶科的胡子鲶分布在河流、水库及池塘，特别是水藻茂盛的沟渠内，或是稻田、沼泽的暗处，它的生命力很强，可以在离水后仍存活一段相当长的时间。

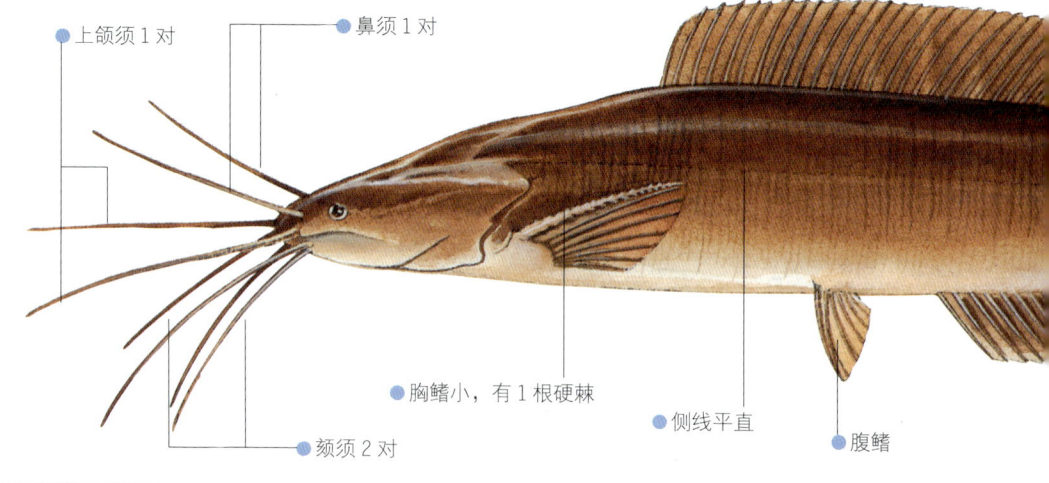

- 上颌须1对
- 鼻须1对
- 胸鳍小，有1根硬棘
- 侧线平直
- 腹鳍
- 颌须2对

鱼类与人

鱼缸清道夫——琵琶鼠

棘甲鲶科的鱼类俗称"琵琶鼠"或"老鼠鱼"，由于品种多，体色变化大，耐活，且喜食有机碎屑，素有"鱼缸清道夫"之称，是水族店中颇受欢迎的观赏鱼类。不过也因为它的生命力强，中国台湾从中南美洲等地引进后，被不当放生，成为近20年来当地河流、湖泊中主要的入侵种，野生的体长可达20cm以上，目前已威胁到下游鱼类的生存。

◆ 溪流岸边干死的琵琶鼠

主图：胡子鲶（*Clarias fuscus*），最大体长24.5cm

2545种。它们主要栖息在河川或湖泊底部,以底栖无脊椎动物为主食,兼吃其他小鱼;有专吃浮游动物或草食性的种类,甚至还有吸血的寄生性种类。多半喜欢夜间独游,也有少数在白天成群活动。

◆属于鲶科的鲶鱼背鳍比胡子鲶短得多

● 体色黑褐或红褐色
● 背鳍基底长
● 尾鳍圆
● 臀鳍
● 身体光滑无鳞,多黏液

Clariidae
须鲶科小档案
分类:鲶形目须鲶科
种类:全世界共有15属100种以上
生态:底栖,卵生,肉食

生态视窗 以口育儿的海鲶

海鲶科属于海水鱼,是鲶形目中少数会口孵的鱼类。它们的卵是沉性卵,产在沿岸沙底的浅水域。雄鱼有护卵的习性,会把受精卵含在口中,含卵期间不进食,直到小鱼孵化为止。海鲶全世界有15属100种以上。台湾海峡有一种叫做"斑海鲶"的,一般体长可达70~80cm,常被渔民以底拖、流刺或延绳钓所捕获。

◆斑海鲶

聚集成球的鳗鲶

鳗鲶俗名"沙毛",它们生活在珊瑚礁区的洞穴中,常成群出没,遇到危险时会紧密地靠在一起群游,远远望去,就好像是一团黑色的云或球体缓缓移动,这就是有名的"鲶球",其作用是迷惑敌人、保护自己。鳗鲶的背鳍和胸鳍各有一个毒棘,不小心被刺到会异常疼痛。

◆鳗鲶

◆成群鳗鲶集聚成鲶球

鲑形目的家族

鲑形目鱼类起源早,算是相当原始的硬骨鱼。它们除了腹鳍位于鱼体中央而不在胸部外,仅有的一枚背鳍也在身体中央或偏后,大多数种类的背鳍后方还有一枚脂鳍,而各鳍都没有硬棘。

鲑形目全世界仅有鲑一科,有21属约213种,多数种类分布在淡水,某些海水种有著名的溯河洄游产卵习性。它们是温、寒带地区重要的食用和野钓鱼类,但由于过度捕捞、栖

观察鲑

提起鲑科鱼类,大家应该不会陌生,因为被保护的台湾鳟就是鲑科鱼类中的珍贵鱼种。一般而言,鲑的身体呈纺锤形,稍侧扁,口大,眼睛有脂性眼睑,身体披覆小型圆鳞,头部则无鳞片,具一枚脂鳍,尾鳍分叉。它们主要栖息在温带水域,适合较低水温。有些是陆封型,即终生生活在河流、湖泊中;有些则会降海洄游,成熟时再回到河口处产卵。大西洋的鲑属和太平洋的鳟属鱼类中,有不少种类的成鱼体长可达1m,是重要的经济性食用鱼类,鲑鱼橙色鱼肉十分醒目,易于辨认,是生鱼片的主要材料之一。

台湾鳟属于陆封型鲑鱼,目前只存活于海拔1500m左右的溪流上游,族群量甚少,一般以小型水生动物、昆虫为食。台湾鳟过去曾是台湾当地泰雅族人的蛋白质来源,但因数量稀少,相关部门早已将其列入保护类动物,禁止捕捞。

● 口裂大,上颌骨延至眼后方

◆ 台湾鳟(♀)

主图:台湾鳟(*Oncorhynchus masou formosanus*),最大体长57cm

息地破坏及河流污染等原因，数量逐渐减少，目前已有 30 余种列入保护类名单中，如知名的台湾鳟及原产北美洲水域的虹鳟。虹鳟于 1957 年由日本引进，以冷水养殖。

◆虹鳟

Salmonidae
鲑科小档案
分类：鲑形目鲑科
种类：全世界共有 11 属 67 种
生态：底栖，卵生，肉食

- 各鳍均只有软条没有硬棘
- 背部及侧线间具有许多小黑点
- 脂鳍
- 叉形尾，但稍呈圆形
- 体色黄铜色至暗灰褐色
- 腹鳍腹位
- 侧线上有 8～12 个黑褐色椭圆形横斑

◆台湾鳟（♂）

109

孑遗的台湾鳟

台湾鳟又称樱花钩吻鲑、梨山鳟、石田氏鲑鱼，泰雅族人则称为"Bunban"，它是冰河期孑遗下来的生物，也是台湾唯一幸存的寒温带淡水鱼，属于台湾特有亚种，也是本种鱼在世界分布的最南界。

根据专家研究，台湾鳟原来与一般鲑鱼一样具有洄游性，在冰河时期，由于海水温度降低，水位下降，使得原在北方活动的鲑鱼族群洄游到更南方的海域，进而进入台湾的大甲溪流域。等到冰期结束后，河口水温上升或河谷地形改变，溯游至大甲溪的台湾鳟族群就逐渐被隔绝在上游一带，形成陆封型种类。

台湾鳟对栖息环境的品质要求相当严苛，必须在水温低（低于16℃）、水量充沛且清净无污染的水质中才能顺利成长。台湾鳟被列为"天然纪念物"加以保护，当初在大甲溪上游的各个支流中皆有分布，但后来由于开垦、河流富营养化、筑拦沙坝等原因，使之数量锐减，目前只剩七家湾溪可发现鱼踪。地方政府将其列为珍稀物种，积极研究人工繁育及保护，但目前仍处于濒危状态。

台湾鳟的生活史

台湾鳟的生殖季在每年秋季10月上旬展开，11月下旬结束。这段时期性成熟的雄鱼体色会变深，身上的斑点则变得较不明显，更特别的是，雄鱼的上下颌会伸长、增厚，形成钩状弯曲，也就是所谓的"钩吻"。

台湾鳟偏好在砾石底床的缓流处产卵。开始时，雄鱼会互相追逐，争夺领域，获得雌鱼青睐之后，仍继续负责巡逻的工作，驱逐其他尝试入侵的雄鱼。至于雌鱼，则忙着用尾巴搧扬细小的碎石、泥沙和藻类，形成凹陷的产卵场。一旦时机成熟，雌鱼便会排卵，等受精之后，再搧扬石砾覆盖在卵上方。

台湾鳟通常可以存活3~4年，它们不像降海溯河的鲑鱼，产卵之后便会力竭而亡。不过，部分雄鱼、雌鱼会因争斗和搧巢而受伤，如果伤口又感染，便容易导致死亡。通常经过一个多月的溪水洗礼，仔鱼便会破卵而出，开始它们的一生。

▲ 繁殖季雌鱼（右）负责搧巢，雄鱼（左）则驱逐入侵者

观察篇 ｜ 鲑形目的家族

◆台湾鳟及其栖息环境

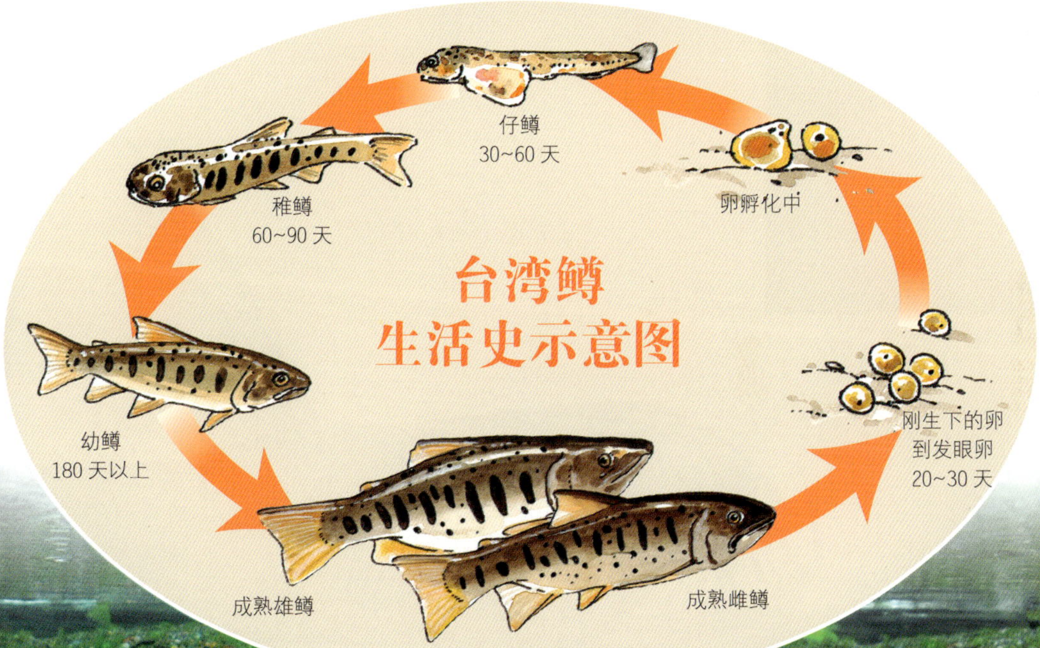

台湾鳟生活史示意图

- 仔鳟 30~60天
- 卵孵化中
- 刚生下的卵到发眼卵 20~30天
- 成熟雌鳟
- 成熟雄鳟
- 幼鳟 180天以上
- 稚鳟 60~90天

◆雄鱼（左）靠近雌鱼（右），等待受精的好时机　　◆雌鱼（右）排卵时，身体贴近河床砾石

巨口鱼目的家族

巨口鱼目属于典型的深海鱼类，分布在大洋深海的中层或底层。它们的体色多半黝黑或银亮，体侧具有两排发光器，夸张的大口里露出细长的尖牙，有些在下颌还有会发光的颌须，整体形态宛如海里的"异形"，是令人望而生畏的海中掠食者。巨口鱼的形态变化多端，故分类系统尚不一致。根据Nelson（1994），本目全世界共有4科65属约332种。

观察巨口鱼

巨口鱼科的鱼类可算是巨口鱼目家族的典型代表。它们的头部较大，身体向后延长，大嘴里排列尖锐的毒牙，某些种类还长了一根短颌须。黝暗的体表上有一层胶膜，被捕获时常会脱落。背鳍靠近头部，其中第一背鳍条较长；除了腹鳍和臀鳍外，在尾柄前还有背脂鳍和腹脂鳍。巨口鱼目中个性凶猛的蝰鱼，具有下颌能向前极度伸出的大口，而腹侧的发光器则是用于鉴别的重要依据。

◆黑巨口鱼下颌须会发光

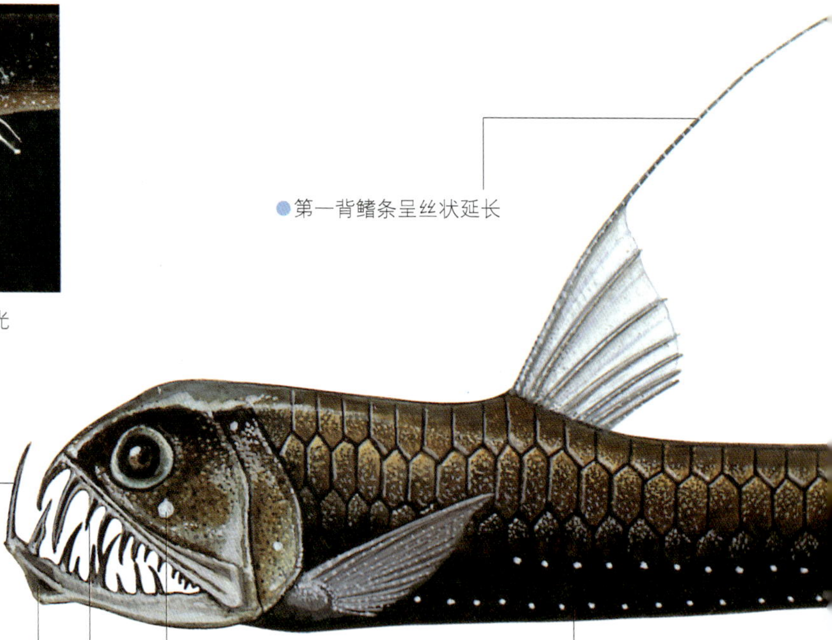

- 第一背鳍条呈丝状延长
- 口裂大，上下颌皆具长犬齿
- 眼眶下具圆形发光器
- 上颌第3颗牙齿比第4颗短
- 体侧具上下两列发光器
- 下颌须随成长消失或退化

主图：蝰鱼（*Chauliodus sloani*），最大体长35cm

◆ 褶胸鱼
◆ 蝰鱼
◆ 钻光鱼

● 身上有六角形色素斑

Stomiidae
巨口鱼科小档案
分类：巨口鱼目巨口鱼科
种类：全世界共有27属228种
生态：深海底栖或中层，卵生，肉食

● 背脂鳍
● 臀鳍
● 腹脂鳍
● 腹鳍

生态视窗 巨口里的机关

为了能大口吞食难得从上层沉降下来的动物尸体，巨口鱼的口部和一般鱼类不同，它们的上下颌骨有如铰链一般，可极力托出，形成巨大的开口，而其颌骨上密布许多向内弯的尖锐长牙，更是让猎物无脱逃的可能。

巨口鱼的垂直洄游

部分种类巨口鱼具有日夜垂直洄游的行为，即在夜间会随着小鱼虾等饵料生物上浮到中表水层捕食，天亮时再随小鱼虾等沉降回到深海中层。这些垂直洄游的鱼类可能是靠着视觉来感受光线的明暗，当它们在一定亮度的水层时，自然就会随着日落日出而改变栖息的深度。体型较大的巨口鱼则多半停留在下水层，伺机捕食天亮后从上水层沉降回来的小型巨口鱼及其他科的鱼类或无脊椎动物。

◆ 大口吞食是蝰鱼的招牌动作

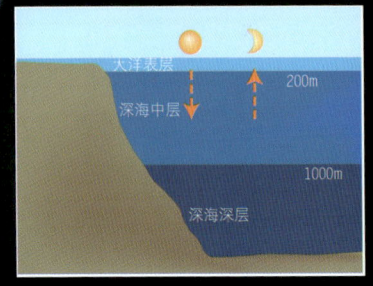

演化舞台 趋同演化

深海的环境和浅海完全不同，它的压力巨大（每10m增加1个大气压），温度低（1000m以下只有2~5℃），没有光线（鱼的感光能力可到水深700~1300m），食物特别少。因此许多不同科的鱼类为了要在这样极端的环境下求生存并繁衍后代，往往会演化出一些共同的特征，像是具有发光器、口大、牙锐、有颌须或吻触手、身体延长、尾部细尖（背鳍、臀鳍及尾鳍愈合）、骨骼薄、眼睛大（少数呈管状，但栖息在较深的无光区的种类则眼睛较小甚至退化），体色偏黑、褐或银，组织密度低、油脂多，而且不少种类具有日夜垂直迁移的习性。像这样血缘关系及形态原本差别很远的鱼类，

◆ 灯笼鱼，体型小，数量大

◆ 奇棘鱼大多有明显的下颌须，会发光

发光器的秘密

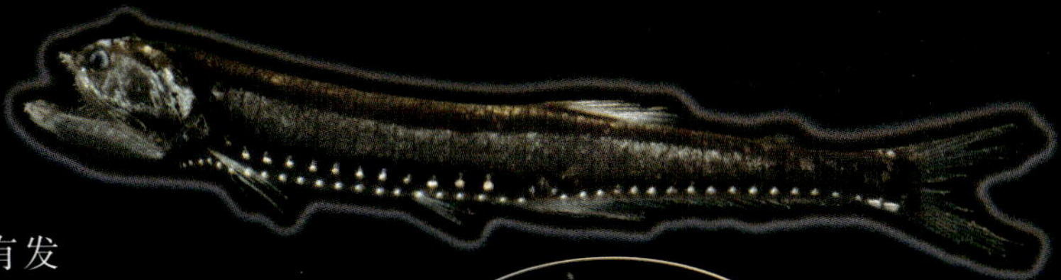

许多深海鱼都具有发光器的构造，随着种类不同，分布在身体上的位置也不一样，这是深海鱼分类鉴种的主要依据之一。

发光器的发光方式大致可分成两类：一种是靠发光菌来发光，这些细菌与寄主鱼类有共生关系，如长尾鳕、松毬鱼、发光鲷、鳂、萤石鳂和鮟鱇；另一种则是发光器本身具有发光腺体、晶状体、反射器和色素罩等几个部分，构造相当复杂，就好像是手电筒一样，可以聚焦和调整亮度，例如巨口鱼、灯笼鱼、软骨鱼、囊咽鳗等。

鱼类发光的目的不外乎辨识同类、求偶繁殖、引诱猎物，甚至迷惑敌人等。巨口鱼一般发出蓝绿色光，少数种类可以发出橙红色或红色光，红色光的穿透力虽不及蓝绿色光，却能在近距离内让红色的猎物无所遁形。蝰鱼、巨口鱼及奇鳍鱼在尾部、头部或颊须具有发光器，可以引诱猎物靠近；黑巨口鱼眼睛下方具有一对发光器，能像探照灯般在黑暗环境中搜索猎物；而当褶胸鱼腹部的发光器作用时，甚至能够模拟光线进入水面时的粼粼波光，让从下方往上看的捕食者视觉混乱，达到自我保护与迷惑敌人的目的。

◆钻光鱼腹部具有2排像纽扣般的发光器

为了适应深海巨压、低温及无光等环境，而逐渐演化为相同的形态和生理，此称为"趋同演化"。

◆巨口鱼的牙齿均长而尖锐

◆桥燧鲷较不像深海鱼，但眼睛很大

◆贡氏深海狗母，即俗称"三角架鱼"，以其腹鳍及尾鳍延长丝站立在软泥底的海床上

仙女鱼目的家族

观察狗母鱼

狗母鱼科鱼类的俗名叫做"蜥蜴鱼",由此可知,这是一类长得有点像爬行动物的鱼。它们通常吻部稍尖、近三角形;口裂大,口中(甚至连舌头上)布满毛刷状、可以倒伏的牙齿。修长的身体一般呈圆筒状,背鳍在身体中央,后方有脂鳍,腹鳍则在背鳍起点的略前方,胸鳍小,尾鳍分叉,各鳍都没有硬棘。大头花杆狗母鱼则是出现在珊瑚礁区外缘沙泥地上的一种狗母鱼,其主要特征是在淡黄的体侧上具有数列淡蓝色的纵纹。

仙女鱼的鱼类分布范围很广,从浅海珊瑚礁、沙泥地到大洋的中上层,甚至深达4500m的深海底都有它们的成员。由于栖地多变,因此形态变化也很大。但大体而言,它们的身体大都呈圆柱形,口裂大,略朝上,且具有利齿,多为典型潜伏在沙地上伺机跃起吞食的鱼类。此外,它们也具有一些原始鱼类的特征,像是体被圆鳞、腹鳍腹位、有脂鳍、无硬棘等。

◆仙女鱼

◆红斑狗母

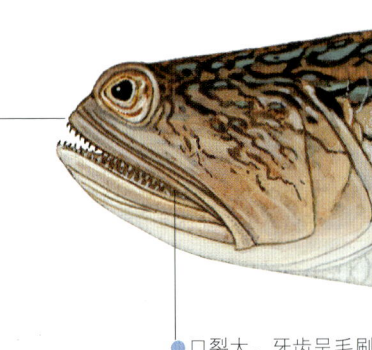

◆口裂大,牙齿呈毛刷状

◆吻部特别短,小于眼眶直径

◆革狗母鱼

仙女鱼目还有两个著名的特性是,若干科为雌雄同体,具有自体受精的本领,而且有些科的仔鱼形态相当特别,很容易辨认。本目鱼类的体长差异悬殊,最小的珠目鱼仅7cm,而最大的帆蜥鱼则长达2m。

仙女鱼目全世界有13科51属约240种,还有更多深海种尚待发现。

生态视窗 鱼卵与仔鱼

狗母鱼的卵因为卵膜具有独特的网状构造,因此是少数可以直接在光学显微镜下辨认的浮性鱼卵。它的大小约1mm,胚体没有油球。受精卵孵化后的仔鱼形态也很特别,不但细长、透明、没有鳞片,而且从外面可以看到里面的肠道,由胸鳍至肛门间有一列深黑色的半圆形色素斑,很容易辨别,但这些色素斑的功能目前仍不详。

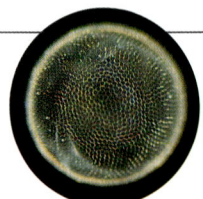

◆狗母鱼的鱼卵

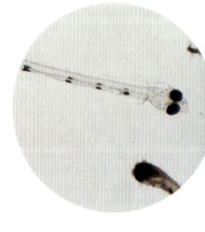

◆刚孵化的狗母仔鱼

主图:大头花杆狗母(*Trachinocephalus myops*),最大体长约70cm

观察篇

仙女鱼目的家族

Synodontidae 狗母鱼科档案
- **分类**：仙女鱼目狗母鱼科
- **种类**：全世界共有5属55种
- **生态**：底栖，卵生，肉食

标注：
- 背鳍单一，在体背中央
- 体色淡黄，体侧具有数列淡蓝色纵带，腹部白色
- 脂鳍
- 尾鳍前缘被鳞片
- 尾鳍叉形
- 臀鳍
- 腹鳍腹位

拟态与猎食

狗母鱼俗称"蜥蜴鱼"，除了源自外形的联想外，也因为它平时栖息在沙泥地上时，不但体色可模拟环境的色泽，而且会抬起头部，以腹鳍支撑身体，姿态极像蜥蜴。狗母鱼也会将全身埋在沙泥地中，只露出眼睛和口部，伺机窜起，吞食游经的小鱼或甲壳类小生物。

后半身埋藏在沙中的狗母鱼；停栖在珊瑚礁的狗母鱼（右上）

灯笼鱼目的家族

灯笼鱼应是深海鱼中数量最庞大的一群，它们体长大多仅5~6cm，外形有点像生活在近沿海表层的鲹鲱鱼（见96页），只是头较大，吻部较圆钝；因为它们分布于大洋中层的深水域，所以通常眼睛较大，体色呈银色、黑色或暗褐色，头上和身上还有许多的发光器，这也是它们名称的由来。

▲ 灯笼鱼卵

灯笼鱼分布甚广，从极地到赤道的三大洋均有分布，其种类的分布和海流、地形和生物因素有关，有明显日夜垂直洄游的习性，白天生活在水深300~1200m处，夜晚则上浮至水深10~100m处，甚至浮在海面下。但其垂直洄游的类型在同一种内也可能因纬度、季节、性别及不同生活史时期而有所差异。灯笼鱼的鱼卵和仔鱼常在沿岸水域出现，可说是此环境中数量最多者。

本目只有灯笼鱼及新灯鱼2科，全世界共39属约268种。

观察灯笼鱼

灯笼鱼是深海鱼中运用本身的发光器或发光腺体来发光的代表鱼类，其腹部，甚至头部都有成群、成行或单独的小发光器。灯笼鱼科和同目的新灯鱼科相比，灯笼鱼科鱼类的头部较圆且大，臀鳍起点在背鳍基下方或略后方，而新灯鱼的头较小而尖，臀鳍起点在背鳍基之后。灯笼鱼又区分成灯笼鱼及珍灯鱼两个亚科，瓦氏角灯鱼属于灯笼鱼亚科，它们与同属其他种灯笼鱼主要的不同在于发光器的位置，以及尾上与尾下的发光器没有黑缘。

Myctophidae
灯笼鱼科小档案

分类：灯笼鱼目灯笼鱼科
种类：全世界共有39属268种
生态：大洋中层，卵生，浮游动物食性

● 胸鳍大，后端超过臀鳍起点
● 有侧线
● 背鼻发光器
● 腹发光器

▲ 新灯鱼科

▲ 灯笼鱼科

主图：瓦氏角灯鱼（*Ceratoscopelus warmingii*），最大体长8.1cm

生态视窗 大洋食物链中的要角

灯笼鱼体型小、寿命短、数量多，因而成为许多大洋中掠食者主要的摄食对象，如鲔、鲣、鲭、鲹、鳍、鳎、飞鱼及乌贼，甚至不少海鸟、鲸豚和海豹也以灯笼鱼为主要食物。从海豚的胃内含物中可以找到许多灯笼鱼科鱼类的耳石，由此可知有不少海豚都是以捕食灯笼鱼为生。灯笼鱼则以甲壳类为主的浮游生物为主食，在温带地区食物量会产生季节性变化，灯笼鱼会在食物量多的季节尽量在体内储存脂肪，累积的能量可供冬末春初产卵时使用。

◆ 灯笼鱼的菜单——各种浮游动物

鱼类与人 灯笼鱼的商业价值

灯笼鱼是深海中层（水深200~1000m）生物中，种类和数量最大的一群，占65%左右，全球的资源量高达6亿t以上，因此未来可供开发利用的潜力甚大。目前只有南非进行商业性捕捞，多半用来制作鱼浆或鱼油。不过底拖网作业，特别是在捕捞樱花虾时，也常会捕获大量的灯笼鱼，成为最常见的杂鱼类，目前多被加工制成饲料。

观察篇

灯笼鱼目的家族

- 背鳍单一，无硬棘
- 脂鳍
- 尾上发光腺及尾下发光腺由一系列鳞状组织所构成，边缘没有色素
- 具有2个以上的尾前发光器
- 胸发光器
- 臀发光器

月鱼目的家族

月鱼目鱼类可说是硬骨鱼类中体型变化最大，分类地位也较难确定的家族。依外观，它们大致可分成体高侧扁和体长如带状两类，前者包括月鱼和旗月鱼两科，以体型硕大的月鱼较为闻名；后者则有冠带鱼、粗鳍鱼、皇带鱼、鞭尾鱼及辐头鱼等5个科，以身体可长达7.2m的皇带鱼最为人所知。

由于月鱼目的鱼类十分罕见，除了形态可从标本解剖得知一二外，我们对它们的生活习性和行为几乎是一无所知，也因为如此神秘，使得月鱼有不少传说。目前把这些长相不同的鱼类归类在一起的主要依据是，它们的上颌骨和前上颌骨结合在一起，可向前方突出，使口腔扩大许多倍，以便迅速吸食或吞食猎物。

月鱼目家族一般都只出现在深海，很少会出现在沿岸地区。目前全世界共记录7科15属约39种。

观察月鱼

月鱼科的鱼类体型硕大，身体侧扁，呈卵圆形，就像是个色彩缤纷的海中圆月一般。此外，它们的背鳍和臀鳍的基底很长，背鳍前方的鳍条高起呈镰刀状，而延长的胸鳍还可像桨般用来上下划水。本科仅有两种，其中斑点月鱼又称"灰月鱼"，身上有白色圆斑，分布在各大洋的中上层，体色从粉红、蓝色到紫色都有，各鳍则为鲜艳的红色，外形十分醒目，主要以小鱼和乌贼为食。另一种无斑月鱼的体色和斑点月鱼相似，但体型比较小，身上也没有圆斑，只出现在南纬45°以南的大洋中。

- 眼大
- 口小，成鱼无齿
- 粗鳍鱼
- 鳞片细小
- 月鱼

主图：斑点月鱼（*Lampris guttatus*），最大体长 200cm

月鱼的演化推论

据专家研究，月鱼目鱼类的祖先可能是中生代时期（约6500万年到2亿2500万年前）生活在浅海的种类。此推论认为，当时深海生态系中存在着许多尚未被充分利用的小型中水层鱼类，因而致使月鱼爆炸性地往深海演化，形成今日如此多样的种类。

观察篇

月鱼目的家族

- 背鳍基底长，前端呈镰刀状
- 侧线前端呈弓形
- 胸鳍前方鳍条延长呈镰刀状
- 体色呈蓝色或粉红色或紫色，满布白色圆斑
- 尾鳍呈新月形
- 臀鳍基底长
- 各鳍鲜红色
- 腹鳍与胸鳍略对称

Lamprididae
月鱼科档案
分类：月鱼目月鱼科
种类：全世界共有1属2种
生态：大洋中层，卵生，肉食

生态视窗 特殊本领多

月鱼目的各科鱼类都有一些特殊的本领，像月鱼那呈镰刀状的胸鳍基部，有一块强壮的骨骼支撑着，让胸鳍可以有力地划水；鞭尾鱼的眼睛向前突出呈管状，可以像望远镜一般前后伸缩，而其前段的脊椎骨也已特化，使整个头部和口部都能伸缩自如；粗鳍鱼吻部可向前延长伸出；冠带鱼在肠道上方有一个墨囊的构造，和

◆ 粗鳍鱼的吻部可向前延长伸出

乌贼、章鱼一样，可以在危急时喷放墨汁，躲避掠食者的攻击。

奇特的卵和仔鱼

月鱼目鱼类的鱼卵很大，直径达2~6mm，而且色彩缤纷，有粉红色、红色或琥珀色等，有人推论，或许这可使它们在海面上漂浮时具有防晒的作用。月鱼目的卵胚胎发育较一般的硬骨鱼类快，也就是说新生命在此时期对卵黄的营养需求较少，仔鱼很快便孵化出来，而且体型大，游泳力强。它们的背鳍和腹鳍都具有延长的丝状部分，明显易认，其口部也和成鱼一样，刚孵化后即可突出，以吸食浮游动物。

识别锦囊 月鱼目中的长带支系

月鱼目中的另一大类，体态不似满月，而是呈长带状，粗鳍鱼与皇带鱼两科是其中的代表。

龙宫使者——粗鳍鱼： 粗鳍鱼的身体侧扁、较长，前部较高，尤其是头背高陡隆起，尾端则逐渐尖狭。侧线发达，呈弧形下弯，沿体腹线延伸至尾鳍基。腹鳍长又大，尾鳍上叶上翘，呈明显扇形，下叶则微小或退化。粗鳍鱼的身体无鳞片，但皮肤上有骨质或软骨的瘤突。

◆ 皇带鱼的幼鱼，体长可达1m

它们广泛分布在各大洋，全世界共约10种，偶尔在海岸被发现，有时被钓获；有时被定置网所困；也可能是因鱼体受伤、生病或游泳能力不足，被海潮流或台风大浪冲打而搁浅上岸。可能因长相奇特吧！渔民常称呼它为"海龙王""龙宫使者"或"白鱼龙"。

最长的硬骨鱼——皇带鱼： 皇带鱼科鱼类是身体最长的硬骨鱼，最长纪录为7.2m，全球共有2属2~3种，主要栖息在深200~500m的中水层水域，也可分布深至1000m的水域。它偶尔会游到表水层，却不幸被渔民的定置网所捕获，而淡水河口的网中也曾捕获其幼鱼。皇带鱼身上没有鳞，没有臀鳍，但背鳍很长，从头部一直延伸到尾部，前端的数根鳍条细长且呈艳红色，仿佛头戴皇冠，大概这就是其名称的由来吧！皇带鱼又称为"桨鱼"，因其腹鳍有1~5根鳍条呈丝状延长，可像桨一样转动，但实际上它具有嗅觉的功能。

◆ 粗鳍鱼科的一种

鼬鳚目的家族

鼬鳚目家族虽有不少是深海鱼类，但可能它们从浅海演化到深海的年代较晚，所以并没有一般深海鱼为了适应环境而衍生的体色黑、牙齿尖利、具发光器等形态特征。一般而言，它们的头部钝圆，口裂大，鱼体向后延长并渐趋尖细，背鳍与臀鳍的基底长，一直延伸到最后与尾鳍相连。有些种类具有腹鳍，但大多只有1~2根呈丝状延长的软条，位于鳃盖骨的下方或更前面。体长则从5cm到2m，卵生或胎生均有。本目全世界共有鼬鳚、隐鱼（潜鱼）、深蛇鳚、胶胎鳚4科93属约367种。

◆黄巨身隐鱼由梅花参体内所采获

◆纤细隐鱼是较常见的一种

◆纤尾椎齿隐鱼是体型较大的隐鱼

◆斑新鳚背鳍及臀鳍上的黑斑明显易认

◆多须鳚鱼是珊瑚礁区常见的种类

◆常栖息在馒头海星体内，身体透明细长的纤细隐鱼

观察鼬鳚

鼬鳚是鼬鳚目中种数最多的一科，在渔港鱼市的杂鱼堆里也较常见。可能是它们的身体如蛇类般修长尖细，而且体表看似光滑却具有小圆鳞，所以又称为"蛇鳚"。鼬鳚都是海水鱼，分布在三大洋，主要生活在热带的大陆架区域，大多为底栖，少数活跃在中水层。它们的背鳍一般较其臀鳍来得长，大多数种类有腹鳍，有的还成丝状，某些种类的鳃盖骨有1根或多根棘。鼬鳚科中较易辨识的是新鳚，黄棕色的鱼体上有数列淡色圆斑，具有2个呈丝状的腹鳍。

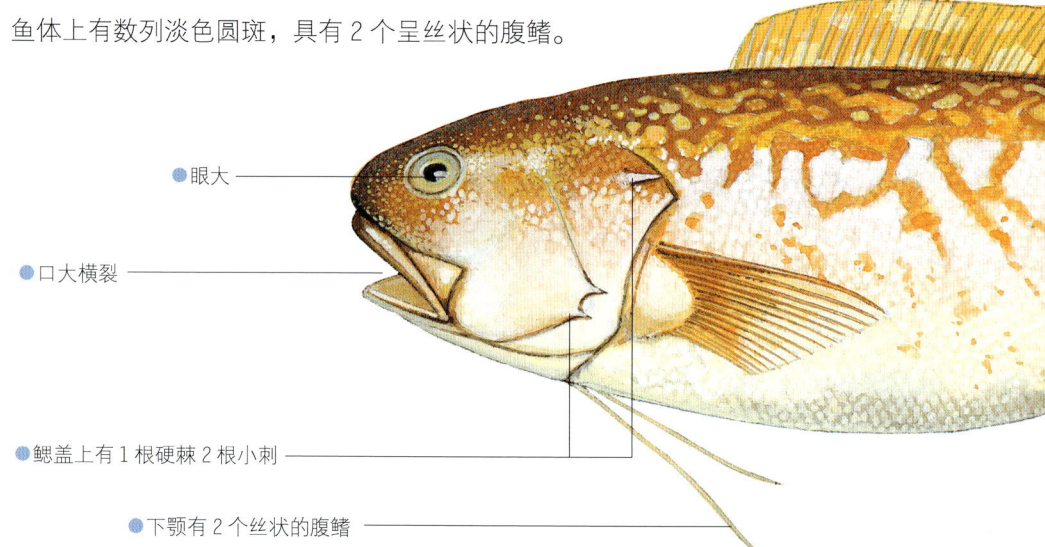

- 眼大
- 口大横裂
- 鳃盖上有1根硬棘2根小刺
- 下颚有2个丝状的腹鳍

生态视窗

住在无脊椎动物体内的隐鱼

鼬鳚目中的隐鱼科鱼类除少数种类行自由生活外，大多具有隐居在无脊椎动物体腔内的习性，如海星（以馒头海星最多）、海参（以梅花参较多）、二枚贝（以蝶贝类较多）或海鞘等。人们对隐鱼生态习性的研究不多，据说有些种类是以吃内脏的方式寄生在海参的体内，但专家推断许多种可能并非寄生性，因为当这些隐鱼以吻部触碰它们所寄居的海参泄殖口时，海参会很听话地打开泄殖口，让隐鱼由尾部钻入，若隐鱼为寄生性会对海参不利的话，相信海参应不会如此顺从才对。

▶ 隐鱼正在进出海参

▶ 隐鱼较喜欢住在大型的梅花参（左）或鳗头海星（右）体内

主图：新鳚（*Neobythites sivicola*），最大体长25cm

- 体背黄棕色，上有淡色斑块，腹部白色
- 背鳍长
- 尾鳍明显，与背鳍、臀鳍结合
- 臀鳍较背鳍短

Ophidiidae
鼬鳚科小档案
分类：鼬鳚目鼬鳚科
种类：全世界共有 46 属 209 种
生态：成鱼底栖，卵生，肉食

观察篇

鼬鳚目的家族

奇特的仔鱼

鼬鳚目中某些种类的仔鱼有着相当奇特的外形特征，像是深蛇鳚科中的新胎鼬鳚属鱼类，也许是为了蒙骗掠食者，其仔鱼的肠子竟跑到身体的外面，甚至上面还长出一些片状须瓣，使其漂浮在水表层时看不出仔鱼的模样，这种仔鱼称为"外肠仔鱼"（Exterilium larvae），等到变态为稚鱼时，则恢复正常鱼形。

而隐鱼亚科的仔鱼则有两个不同的仔鱼阶段，第一阶段进行浮游生活，在胸鳍后上方的背部会长出一根细长的肉突，或有色素斑，称为"羽状突"（vexillum），此时期称为"羽突期"（vexillifer stage）；沉降后进入第二阶段，称"纤弱期"（tenuis stage），行底栖生活，此时羽突消失，但头小，仍需进入寄主体内生活。其他鼬鳚科的幼鱼则没有羽突的构造。

胶胎鳚的精子银行：2000~6000m 的深海中，由于食物短缺，所以鱼类数量少，且各自分散，求偶十分不易。为达到传宗接代的目的，胶胎鳚科鱼类和部分胎生的鼬鳚便演化出一套本领，即一旦雌雄鱼相遇，雄鱼会先把具有成束精子的精荚，生产在雌鱼的卵巢内预存起来，等到母鱼的卵成熟后，再释出受精。

◆ 外肠仔鱼

鮟鱇目的家族

鮟鱇在鱼类家族中颇负盛名，也许是因为它们的奇特长相令人印象深刻吧！其实多数的种类还有拟态的本领呢！最有趣的是，它们头顶上具有由第一背鳍棘特化而来的"吻触手"，其顶端还有"饵球"，有如钓竿和鱼饵，可诱骗其他小鱼靠近，它们再跃起并大口吞食，所以鮟鱇又被称为"钓鱼的鱼"（anglerfishes）。

鮟鱇目鱼类的形态变化很大，从卵圆形、球形到平扁，甚至侧扁的都有。其共同的特征除了具有吻触手外，身体都光滑无鳞，鳃

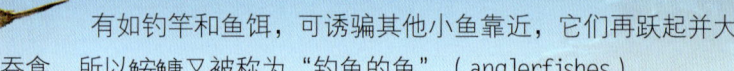
◆ 蝙蝠鱼亚目

◆ 蝙蝠鱼亚目

观察躄鱼

躄鱼科鱼类有个有趣的别名叫"青蛙鱼"（Frogfish），这是因为它们的胸鳍延长具柄，前端呈趾状，就像是青蛙的脚一样，可以支撑身体。一般来说，它们的身体短，大致呈球形，身体表面光滑无鳞，有些有小棘和突起；口大并布满绒毛状细齿；第一背鳍棘特化成吻触手，顶端的饵球部分很发达。躄鱼分布在温带及热带三大洋的珊瑚礁区。其中，以条纹躄鱼的分布较广，其体色多变，拟态功夫一流，而且是"钓鱼"高手。

● 吻触手上仍具斑纹，顶端饵球有2~7根分叉

● 腹鳍呈足状

Antennariidae
躄鱼科小档案

分类：鮟鱇目躄鱼亚目躄鱼科
种类：全世界共有14属43种
生态：多底栖，卵生（有卵荚），肉食

主图：条纹躄鱼（Antennarius striatus），最大体长22cm

盖骨也退化了，仅剩一管状的鳃孔，位于胸鳍基底处。鮟鱇是进行底栖生活的种类，胸鳍甚至特化形成臂状，可以在海底爬行，所以过去曾被称为"柄鳍鱼类"。

鮟鱇目共分成5个亚目，全部都是海水鱼，其中的躄鱼亚目多生活在浅海、珊瑚礁区，体色丰富多变化，是一般水族馆中常见的观赏鱼类；而蝙蝠鱼、单棘躄鱼、鮟鱇和角鮟鱇4个亚目则为沙泥底栖或中水层栖性，分布可至深海，体色较深，一般为暗褐色或灰黑色。全世界鮟鱇目鱼类共有18科83属约317种。

◆躄鱼亚目

◆鮟鱇亚目

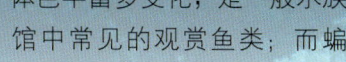
◆角鮟鱇亚目

●体色多为黄褐色，体侧有不规则断续之深褐色条纹

●胸鳍下有管状开口的鳃孔

●胸鳍特化似臂状，位置偏后

生态视窗 神乎其技的钓术

当躄鱼看到可以一口吞下的鱼儿游过时，就会开始展现高超的钓技。它会把像钓竿一般的"吻触手"（illicium）竖直不动，只舞动"饵球"（esca），舞动的方式则随着饵球所模拟的生物游泳姿势而有所不同，像多毛类的蠕虫、海藻或小鱼等。躄鱼也可以把"钓竿"正好甩在口部上方，让饵球静止不动，静待猎物上门；或把钓竿前后不断地快速挥动，好像人们在河流里钓鳟鱼所常用的抽竿法一样。更有趣的是，它们挥竿的速度和饵球舞动的频率各有不同，甚至在夜间也有不同的钓法。条纹躄鱼的饵球会膨大，甚至会释出特殊的化学物质来引诱猎物；角鮟鱇的饵球则是靠发光来引诱猎物；而长角鮟鱇最近则被发现竟是倒着游，原来它将饵球置于底床上，推测可能是为了探测或引诱躲在泥沙地中的猎物。

◆角鮟鱇（深海鮟鱇）的饵球会发光

◆躄鱼头顶上的吻触手很发达

伪装高手

想要钓鱼成功，除了考验钓术，还得搭配天衣无缝的拟态功夫才行！躄鱼惯于模仿珊瑚礁区的海绵、水生植物、珊瑚礁石或碎砾等，不论是颜色、斑块、须瓣或表面粗糙的程度都与其栖息的环境或生物的形态一模一样，难以分辨。像唯一的非底栖性躄鱼——斑纹光躄鱼

◆拟态成海绵的两种躄鱼

（裸躄鱼），平常即随着马尾藻在海面上四处漂流，它们的体色形态就和马尾藻殊无二致！躄鱼的这套易容术，比起石狗公、比目鱼等鱼类的拟态更见高明之处，在于它们并非只单纯静止不动、守株待兔，而是利用胸鳍缓慢爬行，潜近猎物身旁再快速地吞食（只需0.6s）。当然除了掠食之外，它们的伪装本领也可以减少被其他掠食者吞食的概率，增加自身的存活率。

有趣的繁殖行为

躄鱼在繁殖前的8小时到数天，母鱼的腹部会明显膨大，此时公鱼开始有张鳍、触碰和轻咬母鱼的求偶动作，母鱼一旦接受，即会竖鳍，剧烈抖动身体，然后与公鱼双双进入水层中排精、排卵。母鱼所生产的卵并非一般常见分散的卵粒，部分种类会生产像海蛞蝓一样的卵块，被一层像蛋卷的卵鞘包覆起来，其大小因种类而异，展开的卵块大多不长，但也有长达2.7m、宽达16cm的纪录。卵块会漂浮在水层中，孵化期2~5天，仔鱼经1~2个月的离岸漂流，再回到岸边，变态为稚鱼后，即在珊瑚礁区沉降并定居下来。也有部分种类会将卵附着在鱼背上，有类似孵卵的亲鱼保卵行为。此类卵数极少，但卵径较大。

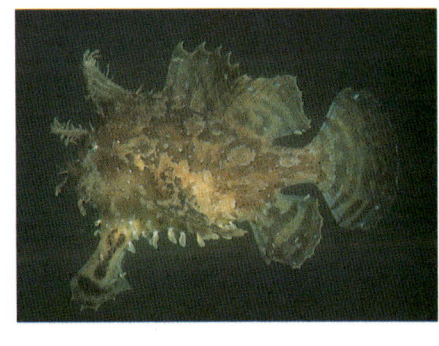

◆ 常藏身在马尾藻丛中的斑纹光躄鱼

大女人和小男人的社会

角鮟鱇亚目的雌、雄鱼不仅体型悬殊，大小相差达50倍之多，而且形态差异也很大。有许多科的雄鱼体型甚小，被称为"矮雄鱼"，会寄生在雌鱼身上，例如角鮟鱇、树须鮟鱇的"矮雄鱼"一旦寄生后，只有生殖腺会发育成熟，其他器官则逐渐退化，而此时雌鱼的卵巢也会发育成熟，这种形式称为"义务性寄生"。但也有些科如长角鮟鱇，就不一定需要这样的寄生关系，雄鱼及雌鱼均可达到性成熟，只有在产卵期可能会有暂时性的寄生，但不需要组织上的结合，此则称为"兼性寄生"。

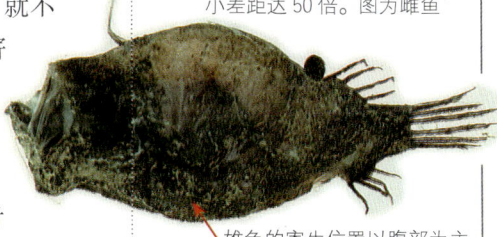

◆ 角鮟鱇的雌、雄鱼体型大小差距达50倍。图为雌鱼
雄鱼的寄生位置以腹部为主

鱼类与人 | 美味的鹅鱼

鮟鱇目鱼类大多数种类因为体型小、数量少，且栖息于深海，被捕捞上岸即刻死亡，所以多半缺乏食用与观赏价值，偶尔只会在杂鱼堆里发现它们的身影。不过鮟鱇科中却有一些栖息在温带的种类，如黄鮟鱇，其体长可达1m，重30kg，不但肉质味美，肝脏有如鹅肝酱般美味，据说还有消炎和解毒的功效呢！所以在法国和日本是十分受欢迎的海鲜，被称为"鹅鱼"（goosefish）或"和尚鱼"（monkfish）。近年来，由于被大量捕捞（每年渔获达10万t），已有过度捕捞的现象。

鲻目的家族

鲻目就是一般俗称的"乌鱼",小型种类或其幼鱼亦可称为"豆仔鱼",目前全世界只有1科24属114种。分布在温带和热带的沿岸海域及河口的浅水域,少数种为淡水鱼,但仍须回到海中产卵,以底藻及有机碎屑为食。体长最大可达1m,体重可达7kg以上。

观察鲻

餐桌上的佳肴,俗称"正乌"或"乌鱼"的鲻,其实就是鲻科中极具代表性的成员。鲻科鱼类的身体呈纺锤形,但头顶宽扁,从正前方看去,呈"V"形,眼睛多有脂睑覆盖,体色常为银白色或乳白色,多半被覆着大圆鳞。两个背鳍分开较远,基底短;胸鳍则位置较高;尾鳍形状从截平到分叉均有。它们的侧线与一般鱼类的情形不同,是由体侧13~15条鳞片上的纵沟组成。此外,它们的鳃耙密,肠道长,管状胃有嗉囊的构造,显示出藻食和底泥食性鱼类的特征。鲻科鱼类由于产量多,所以是亚热带和热带地区重要的沿岸经济性鱼类。它们通常成群出现,因为适应力强,耐寒,耐不同盐度,又以底藻和有机碎屑为食,所以成为河口、红树林、浅湾,甚至在富营养化水域常见的小型鱼类。

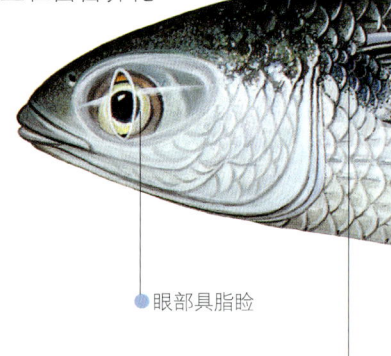

- 头顶宽广而平
- 眼部具脂睑
- 胸鳍上方有一腋鳞,基部上半有时有蓝斑

◆ 鲻

◆ 大鳞鲛

◆ 截尾鲻

◆ 长鳍凡鲻

Mugilidae
鲻科小档案

分类: 鲻目鲻科
种数: 全世界共有24属114种
生态: 洄游、卵生、底食(以藻、有机碎屑为主)

主图:鲻(*Mugil cephalus*),最大体长120cm

◆ 正乌的卵（右）和仔鱼（上）

- 背鳍2个，基底皆短
- 第一背鳍有4根硬棘
- 侧线鳞多列，13~15条
- 第二背鳍有1根硬棘，8根软条
- 尾鳍叉形
- 臀鳍有3根硬棘，8根软条
- 腹鳍基底有腋鳞

◆ 正乌渔获

◆ 捕乌鱼的流刺网渔船

观察篇　鲻目的家族

▲ 游近礁区的乌鱼

生态视窗 岸边觅食的豆仔鱼

河口和红树林水域、礁岩区的潮间带、港口内，乃至沿岸半淡咸水交会处，常会看到成群的小鱼在觅食，它们大多是俗称"豆仔鱼"的鲻科幼鱼。其中有些体型小，长到成鱼也不过十几厘米，但有些则可到达1m。鲻科鱼类长大后就较少靠岸。

每年冬至来报到的"信鱼"

乌鱼在每年冬季11月下旬至来年1月下旬，尤其集中在冬至前后10天，会自闽浙沿岸随大陆冷水流游至台湾西部沿岸产卵，十分守时，所以称为"信鱼"。这些南下产卵的乌鱼，产后可能便会死亡。近年来由于气候变化，少数乌鱼也会游到台湾东北角一带。此外，也可能有一批在台湾沿岸土生土长的族群，身体较肥短，10~12月产卵，和自闽浙沿岸南下产卵的族群不同。

畸形的"秘雕鱼"

曾在核电站出水口附近，发现了脊椎骨弯曲、背部隆起的畸形鱼，包括属于鲻科的大鳞鲛豆仔鱼及花身鸡鱼，后经研究证实，这是因为出水口一带水温高，使这些鱼苗的体内及食物中缺乏维生素C而导致畸形，与核辐射及重金属无关。由于每年的7~8月，核电站出水口水温常会高达37~38℃，使每年5~6月游入出水口内，耐高温的豆仔鱼在此滞留，形成畸形。到10月水温下降后，畸形的症状随即减轻，部分鱼甚至可恢复正常。

▲ 脊椎骨弯曲、背部隆起的畸形大鳞鲛豆仔鱼（下）与其X光照片（上）

海上"乌金"——乌鱼子

乌鱼的卵囊大，干制后为著名的"乌鱼子"，由于价格昂贵，所以又称为"乌金"，每年为渔民带来可观的财富。乌鱼雄鱼的精巢也可供食用。除去生殖腺的乌鱼，俗称"乌鱼壳"，价格也不错。过去每年的乌鱼季，渔民大量进行捕捞，以致最近每年捕获量大大减少，渔源枯竭的问题亟待重视与解决。

乌鱼的完全养殖

乌鱼体型大，成长快，因此深受养殖业者的欢迎。30年前人工养殖成功后，乌鱼即成为重要的浅海养殖鱼种，其第二代在养殖环境下又可再成功繁殖，称为"完全养殖"。近年来，由于野生的乌鱼产量锐减，因此养殖业者乃应用养殖技术，成功地培养出全雌及抱卵的乌鱼，以满足市场的需求。

◆ 乌鱼子

颌针鱼目的家族

颌针鱼目分成两群。阿德里鳉亚目只有青鳉一科，外形长得很像大肚鱼。飞鱼亚目则有飞鱼、鹤鱵、鱵及竹刀鱼4个科，这4科的形态和习性比较相近：它们的身体为长圆柱形；背鳍和臀鳍都在体后方，且相对称；胸鳍高位，腹鳍腹位；尾鳍则下叶比上叶长；所有鳍均无硬棘；侧线在体中线的下方；鼻孔每侧有一个。比较特别的是，鹤鱵的上下颌与鱵的下颌还会延长成针状，这可能是颌针鱼目的名称由来。

颌针鱼目多数是在水表层游泳的鱼类，有时会跳出水面，它们尾鳍下叶比上叶长，其实就是有助于跃出水面的一种演化结果。全世界共有5科45属约370种，包含生活在淡水、河口、红树林水域或沿近海表层的种类。体长最小的是3cm的小颌针鱼，最大的是95cm的一种鹤鱵。

◆青鳉鱼长得像大肚鱼，属于初级淡水鱼，目前在台湾已濒临绝迹

识别锦囊　分辨飞鱼、鹤鱵与鱵

飞鱼亚目的4科中，竹刀鱼科的秋刀鱼是人们所熟悉的桌上佳肴，属于季节洄游性鱼种；另外的鹤鱵、鱵与飞鱼3科，则同属大洋表层游泳的鱼类。飞鱼胸鳍明显，很容易分辨。鱵和鹤鱵则像亲兄弟，一般而言，它们的身体都比飞鱼细长，其中鹤鱵最长，最大可达100cm以上，口大，且上下颌一样长，而鱵的身体较鹤鱵短些，其下颌比上颌长得多，所以鱵又称"半喙鱼"。它们各鳍的位置都差不多，尾鳍也都是下叶较上叶长。有少数上下颌并不突出的鱵科鱼类，看起来和飞鱼很像，其中有两个属的胸鳍比较长，可以和飞鱼一样飞行一小段的距离，所以又称为"飞鱵"。

◆鱵　◆鹤鱵　◆秋刀鱼　◆飞鱼

观察飞鱼

几乎所有的鱼儿都不会轻易地离开水里,偶尔为了抢夺食物或逃命跃出水面,也只是一下子而已,真正会跃出水面作较长时间、长距离飞翔的鱼类,就只有飞鱼了。飞鱼科鱼类的身体较长或呈长椭圆形,其胸鳍特别大,有些种类的腹鳍很发达,因此可分为双翼型的"飞鱼属"及四翼型的"燕鳐鱼属"。飞鱼的尾鳍深分叉,下叶比上叶长,适于跃出水面后在空中滑翔;体长大多小于 30cm,但加州小头须唇飞鱼可长达 50cm,最小的是长颌拟飞鱼只有 14cm 长。不论体型,飞鱼的寿命似乎都只有 1~2 年,也就是说,在它们繁殖过后大概就都死亡了。飞鱼通常以捕食浮游动物为生,但它们也是鬼头刀、鲔、旗鱼、鲭、鸟类和海豚最爱吃的一种鱼,所以在大洋生态系统的食物链中,它们扮演着相当重要的角色。白鳍飞鱼,俗名"飞鸟",是常见的一种飞鱼。

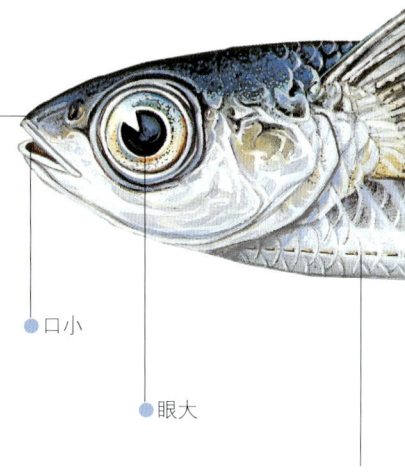

- 吻短,上下颌均不延长
- 口小
- 眼大
- 侧线在下方

Exocoetidae
飞鱼科小档案

分类: 颌针鱼目飞鱼科
种类: 全世界共有 7~8 属 52 种
生态: 表层,卵生,浮游动物食性

▲ 飞鱼飞跃出海面

 生态视窗 飞鱼如何"飞"

飞鱼的尾鳍在起飞前,每秒可以进行 50 次以上的快速摆动,在加足马力以后,一跃而起,飞向空中,再张开胸鳍乘风飞翔。它飞行的距离和胸鳍大小、当时的风速、海浪的大小有关,四翼飞鱼比一般飞鱼飞得远,最久可以飞行 30s,到达 140m 远的地方。而只有双翼的飞鱼,一般飞行的距离较短,只能飞行 20~25m。

主图:白鳍飞鱼(*Cypselurus unicolor*),最大体长 38cm

◆ 白鳍飞鱼成鱼

● 胸鳍位置高，极度扩大

● 体被圆鳞

◆ 飞鱼幼鱼

● 尾鳍下叶较上叶长

● 腹鳍腹位，扩大

观察篇

颌针鱼目的家族

鱼类与人　热带的重要渔获

飞鱼是许多热带海域重要的渔获物之一。渔民多半用定置网、流刺网或围网来捕获，而夜间有趋光性的则可用灯火诱鱼法捕获。每年春夏季是飞鱼渔期，产量较多。

飞鱼卵也是许多老食客喜爱的美食。飞鱼的产卵习性很特别，它们生下来的卵块，需要附着在海面的飘浮物上，例如马尾藻的下面，甚至连飘浮的竹竿或杂物也可以利用。所以每年一到春夏飞鱼产卵的季节，渔民就到它们的产卵场布放很多草席，让飞鱼在草席下面产卵。由于飞鱼卵售价高，且常外销，因此渔民争相捕捞，导致飞鱼的数量越来越少。

◆ 采飞鱼卵的渔船

◆ 采收的飞鱼与飞鱼卵

135

观察鹤鱵

鹤鱵俗称"颌仔",可想而知其最大的特色就是那上下颌延长如针状的吻部。鹤鱵科鱼类的身体长而纤细,呈圆柱形,鳞片细小。鹤嘴般的长尖嘴里头有带状排列的细齿,还有上下各一行、排列稀疏的大犬牙。其侧线在下侧位,背、臀鳍位于身体后方,胸鳍小,上侧位,腹鳍在腹尾,尾鳍多半分叉。鹤鱵是肉食性的鱼类,以其他小鱼为食。也会趋光,常出现在珊瑚礁区的沿岸。潜水爱好者在夜间潜水时可能要特别注意,最好不要用手电筒往水面乱照,因为曾有鹤鱵因看见光线,胡冲乱撞,而戳伤潜水人的事例。鳄叉尾鹤鱵是本科中体型最大的一种,长度可达1m。

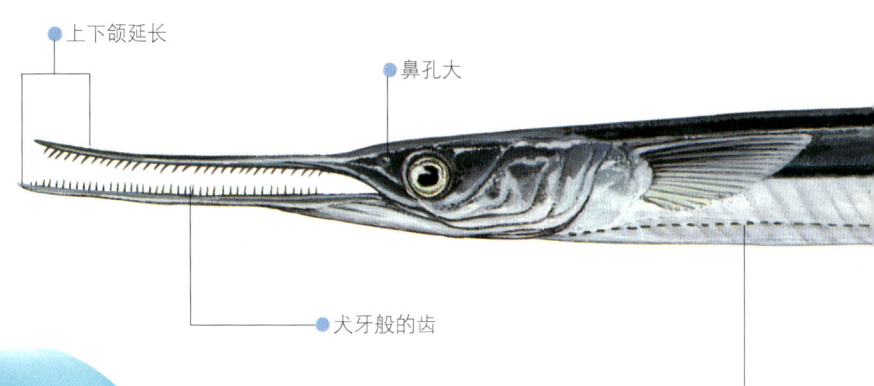

- 上下颌延长
- 鼻孔大
- 犬牙般的齿
- 侧线在下侧位

Belonidae
鹤鱵科小档案

分类:颌针鱼目鹤鱵科
种类:全世界共有10属32种
生态:表层,卵生,肉食

鱼类与人 绿骨头的"颌仔"鱼

鹤鱵和它的近亲——鱵,在许多热带地区都是常见的食用鱼类。台湾地区每年的春夏季产量较多,可以利用流刺网、定置网、手抛网和钓具捕获。礁岸可见钓友以充气的塑料袋为浮标,钓这些俗称"颌仔"的鹤鱵科鱼类。鹤鱵的肉细白,但刺多,不易食用,有趣的是其骨骼是绿色的哩!

◆捕获的鹤鱵

主图:鳄叉尾鹤鱵(*Tylosurus crocodilus*),最大体长150cm

◆ 在沿岸水面群游的鹤鱵

◆ 体侧中央有1条明显的黑色纵带

◆ 体背蓝黑色，腹面银白色

◆ 体被细小圆鳞

◆ 尾柄有1条隆起的棱

◆ 尾鳍下叶较延长

观察篇

颌针鱼目的家族

识别锦囊

鹤鱵的亲兄弟——鱵

鱵和鹤鱵很像，差别主要在鱵仅下颌延长。大多数的鱵科鱼类都住在海里，但是，也有4个属是生活在淡水和河口的半淡咸水交界处。其中一种体型较小的"董氏异鳍鱵"，生活在河口或红树林的潮沟中。但令人遗憾的是，一种全球只有在台湾淡水河口发现的台湾特有种"台湾下鱵"，由于河流污染、栖息地破坏，近30年来已消失无踪，应该也是全球性的灭绝了。

除了异鳍鱵是卵生以外，其余生活在淡水或河口的鱵都是胎生，而且它们的臀鳍都和大肚鱼一样，已经变形成鳍脚（交接脚），在繁殖后代时用来进行体内受精的交配。大部分的鱵是草食性鱼类，它们主要的食物是漂浮在水面的海藻，少部分的种类是肉食性，会吃小鱼或甲壳类，而在淡水中生活的鱵，则是吃水面的昆虫。全世界的鱵科有12属85种。

◆ 董氏异鳍鱵

◆ 贴在水面游的鱵

金眼鲷目的家族

金眼鲷目鱼类的鱼体侧扁，略呈卵圆形。因均为夜行性或深海鱼类，所以体色大多为红色、黑色或褐色。大眼睛是它们的主要共同特征，鱼体则常被覆强栉鳞或骨板，腹鳍软条通常在 5 根以上。全世界共有 7 科 28 属 184 种，包括浅海珊瑚礁区常见的金鳞鱼科，长得像凤梨的松球鱼科，眼下有

观察 金鳞鱼

金鳞鱼是金眼鲷家族中种类最多的一科鱼类。它们的身体呈红色，鳞片大而粗糙，背鳍上有一个凹痕，将前端的硬棘和后端的软条分开，还具有分叉的尾鳍。金鳞鱼是"夜猫子"，白天常和天竺鲷、大眼鲷和拟金眼鲷一起成群躲在洞穴或礁岩下，夜晚再外出各自分散活动。它们分布在大西洋、印度洋、太平洋深度 100m 以内的礁区，主要以底栖的甲壳类、多毛类动物和小鱼、大型浮游动物为食。一般体长 17~27cm，最大体长则可达 61cm。

- 眼大
- 1 条白斑纹从吻端沿眼睛下缘延伸至鳃盖骨下方
- 鳃盖骨上有棘
- 金鳞鱼科的松毯鱼白天躲在礁盘之下

大型发光器的灯眼鱼科、体型大、食用价值高的金眼鲷科，以及分布深海的高体金眼鲷、黑银眼鲷和棘鲷科鱼类。

◆黑背鳍棘金鳞鱼白天常栖息在断崖或珊瑚生长丰盛地区的洞穴中

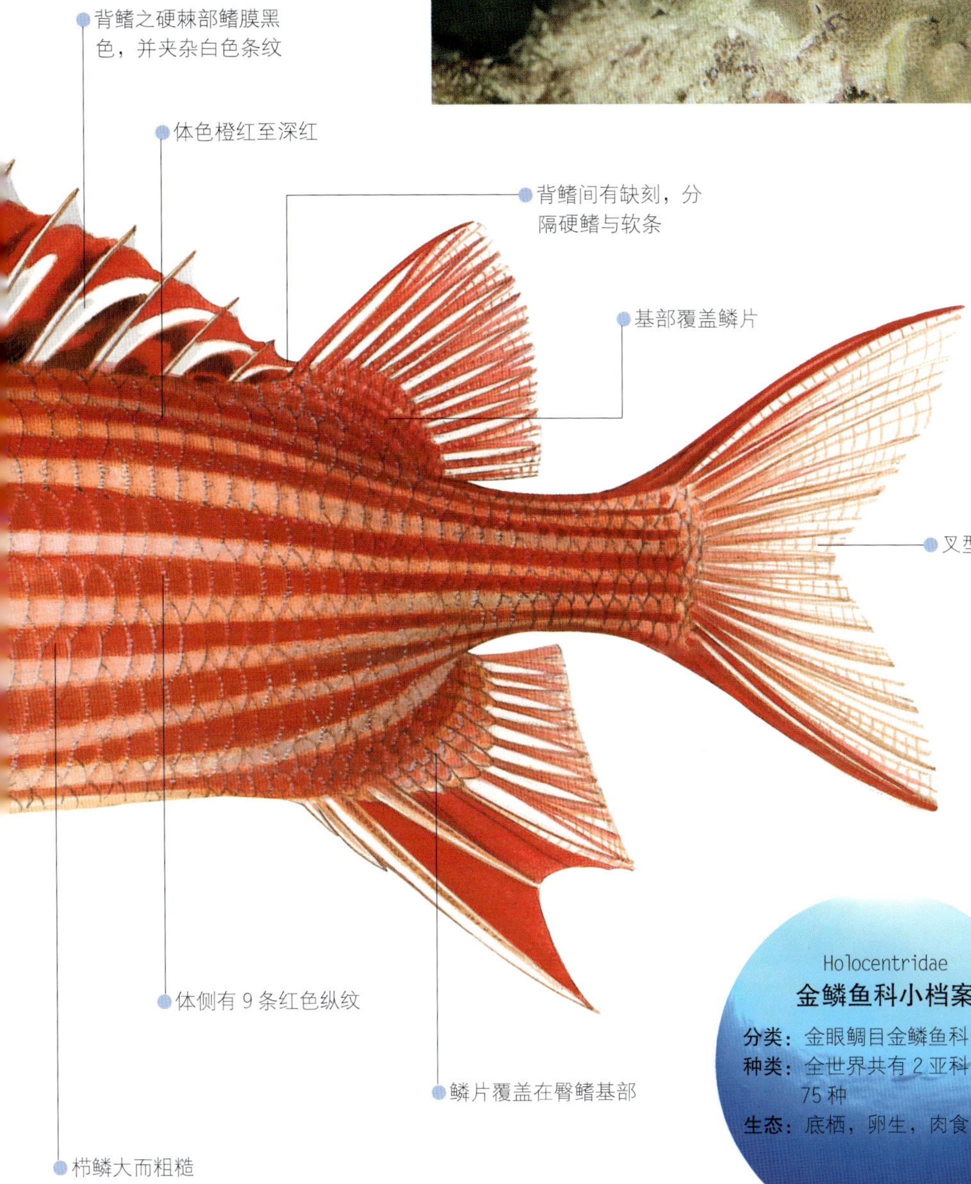

- 背鳍之硬棘部鳍膜黑色，并夹杂白色条纹
- 体色橙红至深红
- 背鳍间有缺刻，分隔硬鳍与软条
- 基部覆盖鳞片
- 叉型尾
- 体侧有9条红色纵纹
- 鳞片覆盖在臀鳍基部
- 栉鳞大而粗糙

Holocentridae
金鳞鱼科小档案

分类：金眼鲷目金鳞鱼科
种类：全世界共有2亚科8属75种
生态：底栖，卵生，肉食

主图：黑背鳍棘金鳞鱼（*Sargocentron diadema*），最大体长25cm

生态视窗 红色的奥妙

金鳞鱼的艳红体色在水族箱的灯光照射下显得格外亮丽，但实际上，对喜欢夜间活动的野生金鳞鱼而言，红色却是最佳的保护色，因为当光线通过水层时，红色光谱在浅水处很快就会被吸收，所以金鳞鱼的体色在自然环境下并不明显，呈现的是灰色而不是红色。

◆棘金鳞鱼红色鱼体上具有9～10条银白纵带

◆一身红衣的赤松球

长相奇特的松球鱼

金眼鲷目的松球鱼科鱼类全身被覆着骨板状的大鳞片，彼此相接形成骨甲，而且鳞片中央有一骨质的锐脊，相连成列。由于身体为淡黄色，鳞片边缘则是黑色，乍看之下像一颗松球，也很像菠萝，因此又称为"菠萝鱼"（pineapplefishes）。在澳大利亚，因其鳞片像骑士的铠甲，身上又有像剑般的刺，所以称为"骑士鱼"。松球鱼的腹鳍有一根很粗壮的硬棘，其底部呈平板状，竖起时即与两边夹角形成简单的卡榫，可以锁住而不易推倒，若要再将其推倒，只需向外拉起再折下，就可绕过夹角而将棘收下。松球鱼下颌前端还有一卵圆形的发光器，外部呈黑色，可用来引诱猎物或辨识同类。松球鱼因模样可爱，因此常被水族馆当做夜行性发光鱼类的展示。它们只分布在印度洋、太平洋，全球仅有3种。一般体长8~10cm，澳大利亚海域种类可长达30cm。

◆松球鱼

可控制开关的灯眼鱼

灯眼鱼科鱼类也是金眼鲷家族中奇妙的一员，它们的眼下具有一大型的发光器，里头共生发光细菌，因此可以一直发光。更有趣的是，灯眼鱼能够控制该发光器，就好像手电筒一般自行开关。它们全身呈暗褐色，栖息在印度、太平洋珊瑚礁或深海区。在有月光的夜晚，会上浮到较浅的水层。体长最大可达28~29cm。全球共有6属7种。

◆灯眼鱼

会发声的金鳞鱼

当金鳞鱼与其他鱼类相遇时，会发出"咯哒"或"隆隆"等类似低吼的声音。它们主要是靠鳔与肌肉的配合作用发声。金鳞鱼亚科中有些种类的鳔和头骨接触，研究结果显示这种构造与其听觉有关。

◆ 莎姆金鳞鱼能借鱼鳔发声

识别锦囊 分辨金眼鲷与金鳞鱼

同属金眼鲷目的金眼鲷科和金鳞鱼科鱼类一样，大眼、大口、全身红色，乍看下很相像。但仔细观察，金眼鲷的身体比较侧扁，腹部后缘更薄；背鳍基部较短，而且硬棘与软条相连接，之间无缺刻；臀鳍基则较长。此外，金眼鲷的鳞片比较小，摸起来不像金鳞鱼那般粗糙。金眼鲷科分布在水深200~600m的大陆架斜坡处，体长可达60cm，食用价值高。全球有2属9种。

◆ 金眼鲷科

◆ 金鳞鱼科

◆ 属于金鳞鱼科的康德松毬

观察篇　金眼鲷目的家族

刺鱼目的家族

◆海马

本目包括海龙、海蛾鱼、剃刀鱼、管口鱼、马鞭鱼、虾鱼等不同科的鱼类，形态变化很大，有延长呈枪形、棍棒形的，也有侧扁形及纵扁形的。主要的共同特征是：吻呈管状，口小不能伸缩，多以吸食的方式进食，1个背鳍，如果有腹鳍则在腹位。

◆剃刀鱼

观察海马

到水族馆参观时，许多人都会被长相奇特的海马所吸引，其实它们可是如假包换的鱼类呢！海马属于刺鱼目海龙科中的海马亚科，和一般鱼类最大的不同是，它们立着游泳，头部像马一般具有长长的吻部，身体则又硬又扁，由一段段体节连接起来，尾部如羊角般向内侧弯卷，最特别的是雄鱼腹部具有孵卵囊，可是鱼类世界中少见的大肚奶爸呢！库达海马是海马亚科中最常见的种类，其最主要的特征是，头部顶冠后方的枕脊处没有一般海马尖锐的棘，而以粗糙的脊取代，常出现在浅海的马尾藻丛、海蛎架，以及消波块区，只要环境中有可以让它们用尾巴攀附的东西，就可能发现它们的芳踪。

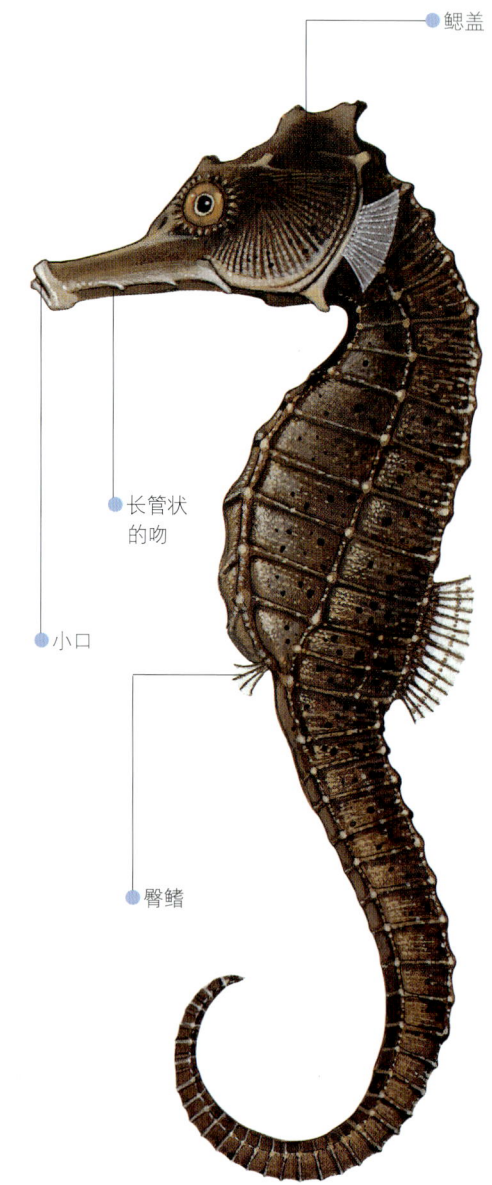

- 鳃盖
- 长管状的吻
- 小口
- 臀鳍

Hippocampinae
海马亚科档案

分类：刺鱼目海龙科海马亚科
种类：全世界共有1属32种
生态：底栖，卵生，小型浮游动物食性

主图：库达海马（hippocampus kuda），♀（左）、♂（右），最大体长30cm

全世界共有 11 科 97 属约 403 种，其中大多数为海水鱼。

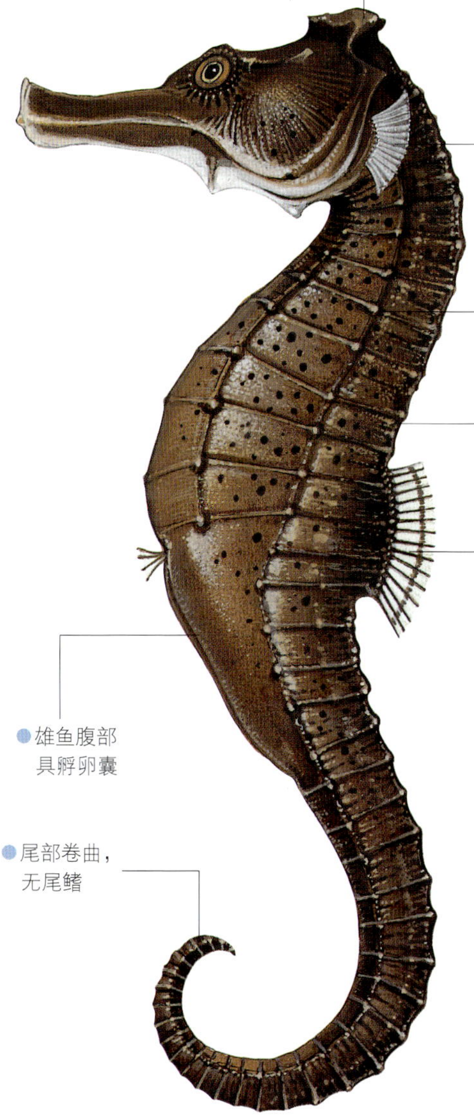

◆虾鱼　◆海蛾鱼　◆马鞭鱼　◆管口鱼　◆海龙

- 顶冠后方枕脊处有棱脊
- 胸鳍
- 身体棱脊上突出的结节较不发达
- 体色浅褐，有时会出现斑驳
- 背鳍
- 雄鱼腹部具孵卵囊
- 尾部卷曲，无尾鳍

识别锦囊

海龙、海马比一比

　　除了我们所熟悉的海马，海龙科家族的另一群成员就是海龙亚科。两者同样具有长管状的吻部，小小的口位于吻端；全身被覆密接的骨板。两亚科不同之处则为：海龙身体细长，通常具有小尾鳍；而海马则呈直立状，且头部和躯干几成直角，尾部卷曲，无尾鳍。海龙和海马一般生活在热带及亚热带的浅水中，主要为海水鱼，属于日行性鱼类，通常在白天觅食，但曾出现因人为捕捉的压力，造成它们黄昏才出来觅食的现象。

◆栖息于海藻丛中的海龙

◆礁洞中的黑环海龙

143

鱼类与人 SOS！抢救海马

在中药里，海马被认为是有助于平安分娩与改善虚弱体质的良药，而奇特的长相也让它们成为极受欢迎的观赏性鱼类，因为需求量大，使得野生的海马族群数量正快速减少中，有些种类甚至已濒临灭绝！因此，在"国际自然保护联盟"及学界的共同努力奔走与呼吁下，《濒危野生动植物种国际贸易公约》（CITES）将10余种海马与鲸鲨、象鲛一起列入保护类动物名录，管制其贸易。

◆干海马（中药材）

生态视窗 伪装高手

海马长得不像一般鱼类，游泳的方式也与众不同。它们采取"立泳"，身体微微前倾，移动时主要靠小小的背鳍快速摇动，胸鳍则负责平衡和转弯。由于海马的身体受骨板限制，运动不方便，只能做短距离游动，所以它们的避敌绝招可不是"三十六计走为上策"，而是靠"伪装术"。

通常海马的体色和尾部所攀附的藻类或无脊椎动物（海鞘、海鞭、珊瑚枝）的颜色很接近，而它们又可以自行改变体色，因此在野外不容易被发现，通常是在移动时才会泄露行踪。正因为它们身上的骨板，所以不算是可口的食物，主要的天敌是螃蟹、鲔鱼、海龟和人类。

此外，同属于海龙亚目家族的马鞭鱼、虾鱼和管口鱼也是海洋世界里的伪装高手喔！当细长灰褐色的马鞭鱼静停于水中、管口鱼倒立贴在海扇或海树旁，或是薄如刀片的虾鱼倒立水中不动时，均很难发现。

◆体色与环境相似的库达海马

◆伪装的马鞭鱼

◆成群头下尾上、倒立水中，模仿枝状珊瑚的虾鱼群。

◆从幼鱼到成鱼都能改变体色的管口鱼

海马爱情物语

目前所知，海马通常都会维持长期的配对关系，也就是说，它们会与同一对象进行交配。海马还有一套非常特别、维持配对关系的行为。在雄海马孵卵期间，每天清晨，雌海马会游向雄海马，并跳上6~10分钟的舞，这时候海马的体色会改变，接着就像跳钢管舞一样，勾住攀附物，或是雌雄互相勾住尾巴一起游。最后雌鱼离开，雌、雄各自展开一天的生活。推测这种行为应有助于雌鱼的产卵频率配合雄鱼的孵卵频率。雄海马一旦产出小海马，雌海马立刻就可以再产卵。

海马如何沟通？

海马可以利用改变体色来表达它们的情绪，而这也是它们健康状况的最佳指标，譬如当环境不好、光线太差或身体不佳时，海马的体色就会变得较暗沉，反之，则显得较明亮。此外，海马的两眼和其他某些鱼类一样可以分开转动，似乎可借此表情达意。最有趣的是，海马还会利用头骨的移动发出小小的"咯哒"声，尤其是当它们在找寻食物或被带离水的时候，不过真正的目的不明。

负责尽职的鱼爸爸

海龙科的鱼类，不管是海龙或海马，都由雄海马负责孵卵。雄海马的腹部有个孵卵囊；海龙虽然没有，但是在躯干或尾部下方也会发育成囊或是类似的孵卵器。雄海马因为负责孵卵的关系，所以活动范围较小，而雌海马的活动范围则相对较大。

海马繁殖时，雌、雄的行为同步很重要，因为雌海马的卵成熟后会吸水，因此必须在24小时之内把卵放到雄海马的孵卵囊里，否则就得放弃

◆雄海马孵卵（上），刚孵化的小海马（右）

所排出的卵。产卵时，雌海马要把输卵管对准雄海马的孵卵囊产卵，卵粒进入孵卵囊后，雄海马的精子才会使卵受精。在产卵季节，雌海马可以产多次卵。

虽然胚胎发育的营养来源主要是卵黄，但是雄海马会分泌荷尔蒙，使卵的外层分解变成胎盘液，以提供钙质来帮助海马宝宝的骨骼发育，当然胎盘液可能还含有其他成分。在海马宝宝孵出前，雄海马会调整囊中的溶液，使盐分提高，钙含量下降，让小海马出生后的第一个繁殖季（通常6~12个月）就会成熟。当然也有些种类3个月就可以成熟。一般海马宝宝雌、雄比约为一比一，目前还不知道性别是由基因还是由环境决定。雄海马除了有育儿袋这项法宝外，许多种类雄海马的尾部都比躯干长，可能为了交配时可以用来勾住雌海马尾部的缘故。

鲉形目的家族

鲉形目的分类系统尚未稳定,目前包含鲉、裸盖鱼、飞角鱼、诺曼鱼、牛尾鱼、六线鱼及杜父鱼7个亚目,全世界共有25科332属,超过1600种,其中绝大多数为海水鱼。鲉形目鱼类大多身体侧扁,胸鳍发达,头部大,前鳃盖与鳃盖上常具有发达的硬棘,口大,牙齿

◆ 窄眶牛尾鱼

观察鲉

狮子鱼可说是长得最嚣张的鱼了,它们那色彩斑斓、张牙舞爪的模样,活像京剧里背着大旗的花脸武生,神气极了!其实,狮子鱼就是鲉形目鲉科中簑鲉亚科鱼类的通称。鲉科鱼类是温带、热带近沿岸的肉食性鱼类,喜欢栖息在岩礁或珊瑚礁之间。它们的头大,有突起的棘或棱,口也不小,牙齿锐利,体表覆盖着小至中型的栉鳞或圆鳞。胸鳍很发达,在每一个鳍的硬棘基底都有毒腺。体色更是变化多端,各种不规则的斑点花纹遍及头部及体侧,此是分类时的重要依据。轴纹簑鲉则是本科鱼类中常见于岩礁或珊瑚礁之间的种类,常单独或两三尾一起出现。晚上出来觅食,以甲壳类动物为主。

● 单一背鳍高耸

● 身体被栉鳞

● 眼上方有暗褐色触须,末端呈白色

◆ 轴纹簑鲉

● 胸鳍发达,最长者甚至达臀鳍后缘

锐利，是肉食性鱼类。全球各大洋均有分布，大多数生活在近海的底部；少数生活在深海。鲉形目大多为隐蔽性物种，更有不少种类具有毒腺，人触及会中毒。

◆ 隐棘杜父鱼

◆ 斑马纹多臂簑鲉

- 体侧有5条深色宽横带，横带间具白色细条
- 尾柄具2条水平白色条纹
- 体色红色至褐色
- 腹鳍

Scorpaenidae
鲉科小档案

分类：鲉形目鲉亚目鲉科
种类：全世界共有56属388种
生态：底栖，卵生或卵胎生，肉食

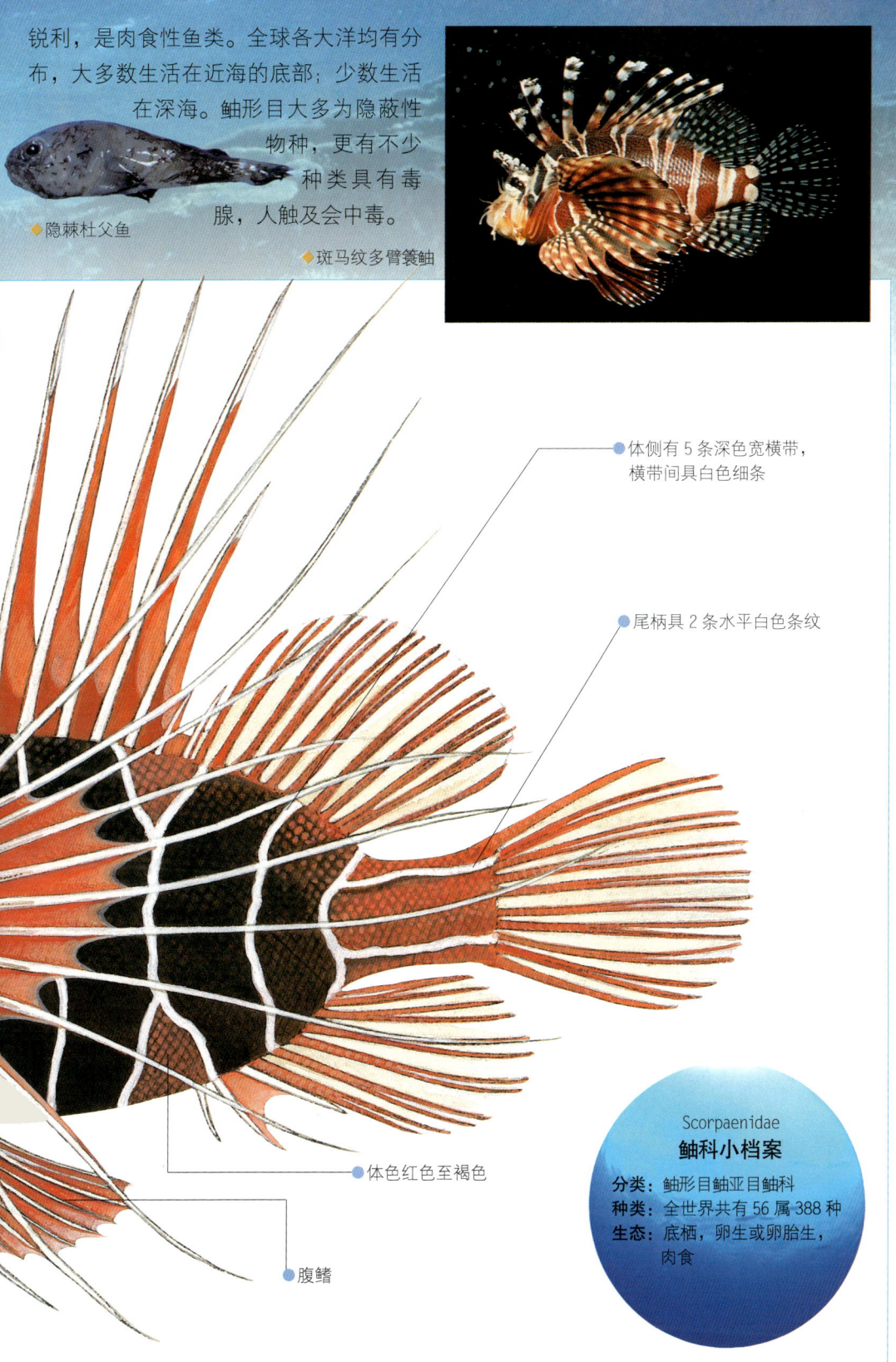

147

主图：轴纹簑鲉（*Pterois radiata*），最大体长24cm

狮子鱼的防身之道

虽然狮子鱼全身的硬棘都具有毒腺,少有其他鱼类敢接近,不过腹部却是它们的罩门,所以狮子鱼在礁区移动时,绝对不敢让腹部离开礁石片刻,而在行进至洞穴上方时,还会做出头向下、肚子向上的奇怪姿势呢!

◆魔鬼簑鲉头上发达的硬棘与皮瓣,有防身作用

胸鳍的妙用

狮子鱼的胸鳍特别大,有些种类展开来,就像火鸡展尾一般可观,因此又有"火鸡鱼"的别称。根据研究,狮子鱼靠近猎物时,会利用此大片胸鳍遮住身体和尾鳍,然后缓慢运动,使猎物察觉不出狮子鱼已逐渐迫近。另有人发现狮子鱼利用胸鳍的下缘在藻床上扫过,推断可能是为了将栖身其中的甲壳类动物赶出来,以便大吃一顿。

◆触角簑鲉展鳍

◆正在礁砂混合区间贴地巡游的魔鬼簑鲉

会移动的礁石

"石头鱼"或"石头公",是除了狮子鱼以外,体色与形态都长得像石头的鲉科鱼类的通称。当它们栖息在岩礁或碎礁海床上时,

◆ 莫桑比克圆鳞鲉

◆ 鬼石狗公

小心毒鲉

毒鲉亚科的肿瘤毒鲉(又称为"玫瑰毒鲉"),身上虽然没有像其他石头鱼

◆ 三棘高身鲉体色多变,有模仿叶片随流摇摆的行为

会模仿四周的环境颜色,而且一动也不动,许多种类在粗糙斑驳的体表上延长着许多须瓣,看起来和礁石殊无二致,使得掠食者与被掠食者都难以辨识。由于石头鱼的伪装功夫一流,自信十足,因此潜水者即使用手去触碰,它们也顶多慢慢地游开,然后在不远处再度停栖不动。身体侧扁的三棘高身鲉全身颜色还会随环境变成白色、绿色、褐色、紫红色等各种颜色,当它们横躺在海底时,很难被发现。

般的须须瓣瓣,但皮肤上有许多瘤状突起,是刺毒鱼类中毒性最强的种类之一。它们的皮很厚,但因肉质鲜美,所以还是常常被人做成海鲜

◆ 肿瘤毒鲉成鱼

大餐。肿瘤毒鲉的体色和周围环境相似,不容易被发觉,平时躲在隐蔽处,伺机猎食小鱼。毒鲉和其他鲉科鱼类主要不同在于其胸鳍没有游离的鳍条,体表皮肤则有毒腺,潜水者常不小心误触而中毒,所以要特别注意。

◆ 肿瘤毒鲉幼鱼

观察篇 鲉形目的家族

149

观察角鱼

◆ 黑角鱼

生活在温带及热带大陆架多泥沙海底的角鱼科鱼类，和鲉科一样也是属于鲉亚目。它们最引人注目的一个特征就是具有如翅膀般宽大的胸鳍，而且胸鳍最下方还有2~3条长指状的鳍条，能让它们在海底"行走"。角鱼的最大体长可达1m，头部被覆骨质硬甲，框前骨具有向前突出称为"吻突"的角，这是它们为什么叫做"角鱼"的原因。我们所称的"绿鳍鱼"常见于台湾东北角海域，台湾当地称其为"黑角鱼"，它们宽大的胸鳍内面呈深绿色，张开时十分醒目。它们分布在印度－西太平洋，栖息在水深30~40m沙泥底海域，以虾类、软体动物和小鱼为食。

- 头部中大，近方形
- 后颈棘
- 吻突较钝圆，上有小棘
- 胸鳍下方有3条指状游离鳍条
- 鳃盖棘
- 肩胛棘
- 胸鳍大，内面深绿色，具白色小圆斑，基部具1块青黑色斑，鳍缘蓝色

Triglidae
角鱼科小档案
分类：鲉形目鲉亚目角鱼科
种类：全世界共有14属120种以上
生态：底栖，卵生，肉食

 **角鱼的特异功能**

角鱼科鱼类能利用鳔的推动来发出"咕噜咕噜"的声音，因此其俗名叫做"海中知更鸟"（sea robins）。此外，角鱼的胸鳍下方有2~3条分离的鳍条，不仅可以弯曲在海底"爬行"，还能侦测出藏在海床底下的猎物，并挖出食之。有时为了便于掠食或者逃避掠食者的攻击，它们会埋身于沙地中。当受到威胁时，则会张开胸鳍，某些种类还会露出内侧鲜艳的"假眼"，以吓退敌人。

主图：黑角鱼（*Chelidonichthy kumu*），最大体长60cm

- 具二背鳍，基底两侧有小棘盾板
- 身体较长，稍侧扁，向后渐细
- 臀鳍

◆ 市场里的角鱼

观察篇

鲉形目的家族

识别锦囊 身披盔甲的黄鲂鮄

角鱼科鱼类包括角鱼和黄鲂鮄两个亚科。主要的差别是黄鲂鮄的身体被覆骨板状鳞片，下颌有须，胸鳍的鳍基较宽，下部游离的软条只有2根。黄鲂鮄头部的骨板特别发达，且有各种不同的造型，十分有趣，这也是分辨它们的依据之一。此外，黄鲂鮄栖息的水域较角鱼深。

◆ 黑带黄鲂鮄

◆ 波面黄鲂鮄

角鱼的远亲——飞角鱼

飞角鱼（Dactylopteroidei）称为"豹鲂鮄"，乍看下会误认为是角鱼。因它们不但外形似角鱼，也和角鱼一样会发声（用舌颌骨发出"轧轧"的声音），也可以在海底"爬行"（用腹鳍交替移动的方法）。它们的胸鳍比角鱼更大更长，张开来就像飞机的翅膀一样，宛如在海底滑翔，所以称为"飞角鱼"。飞角鱼的头部也有骨质硬甲盾状覆盖，体被棱鳞状鳞，但它们第一背鳍前方的2根鳍棘呈游离状，且鳃盖上有1根水平向后的长棘，不难和角鱼分辨。飞角鱼过去被认为和角鱼是近亲，但后来才发现它们和海龙目鱼类关系较近，所以将其从鲉亚目中的一个科提升到鲉形目下一个独立的亚目。

◆ 飞角鱼（侧视）

◆ 飞角鱼（俯视）

观察鲬

鲬就是一般所称的牛尾鱼,俗名为"扁头鱼"(flatheads),这是鲬形目中少数头部平扁的鱼类。其和鲉科相似处是,头部通常具棘刺或锯齿。牛尾鱼的身体长,头部平扁,眼睛突出在上方,口大,下颌突出,巨口一张可以吞下很大的猎物,是典型的捕猎者。它们属于底栖性鱼类,以螃蟹、虾、小鱼等为食。眼眶牛尾鱼则是本科鱼类中体型较大,且常可在渔市中见到的食用鱼种。其全身布满暗棕色斑点,背部横列8条明显的暗色直斑。

◆眼眶牛尾鱼(俯视)

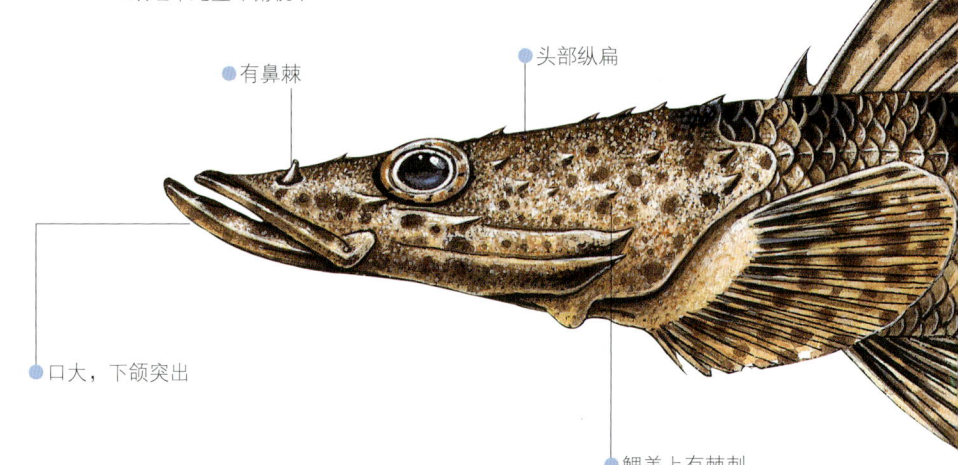

- 有鼻棘
- 头部纵扁
- 口大,下颌突出
- 鳃盖上有棘刺

生态视窗 沙地隐身法

牛尾鱼不仅体色与灰褐色的沙地很接近,生态习性也和生活在沙泥地的狗母鱼、比目鱼一样,常用土遁的方式,把自己埋身在沙中,只露出眼睛来侦查猎物。它们惯常以守株待兔的方式,静待不知情的小鱼小虾蟹通过,然后纵身跃起,予以吞食。

◆将身体埋藏在沙中的牛尾鱼,只露出两眼观察四周

主图:眼眶牛尾鱼(*Inegocia guttata*),最大体长38.5cm

观察篇

鲉形目的家族

- 2个背鳍分离但接近
- 身体较长，纵剖面呈圆柱形
- 背部横列8条暗色直斑

◆ 眼眶牛尾鱼灰褐斑驳的体色，仿如沙地上礁石的颜色

- 身体被覆栉鳞

Platycephalidae
鲬科小档案（牛尾鱼科）

分类：鲉形目牛尾鱼亚目鲬科
种类：全世界共有18属60种
生态：底栖、卵生、肉食

扁头一族

牛尾鱼亚目除鲬科外，还有红鲬科和棘鲬科，全都属于"扁头一族"。一般分布在温带与热带的印度－太平洋，从岸边水深10~300m水域均有，其中有些种只生活在礁区，有些种则只生活在沙泥地。

比较这三科鱼类：鲬科的头部非常平扁，腹鳍位于胸鳍之后；红鲬科的头部中等平扁，腹鳍位于胸鳍基底之下，生长在较深的水域；而棘鲬科头部最平扁，棘棱发达、粗糙，但体无鳞，而且体侧有一行棘突，胸鳍下有3~4根游离鳍条，下腹部则完全裸露。

◆ 红鲬科

◆ 鲬科

◆ 棘鲬科

153

鲈形目的家族

鲈形目不仅是硬骨鱼类中最大的一个目，也是脊椎动物中最大的一个目，包括了18个亚目148科2004属约10741种。但目前它们的分类系统仍不稳定，加上成员的外形、大小都极具变化，因此只能用大多数符合的一些共同特征来定义，如多为2个背鳍，背鳍、臀鳍和腹鳍一般均有硬棘，腹鳍在胸鳍下方或喉部，无脂鳍，鳔无鳔管等。而它们的栖息地也可说是无所不在，从高山溪流到深海都有。但除了少数生活在淡水外，大部分均为海水鱼，在海洋脊椎动物中占主导地位。事实上，目前常见的经济性或观赏性鱼类大多属于这个目，例如鲈、隆头鱼、鳚、刺尾鲷、鲭或鲳等亚目鱼类。其中鲈亚目是种类最多的亚目，超过2500种，若再加上隆头鱼及鰕虎两个亚目，即占所有种数的四分之三。

观察鮨

说到餐桌上常见的美味佳肴——石斑鱼，相信大家都不陌生，它们也是鮨科鱼类的成员。

鮨科是鲈亚目最典型的鱼族，包含的种类多且形态复杂，最主要的有两群，其一是经济价值甚高的"石斑"，另一群则是体色斑斓的"花鲈"。鮨科鱼类的共同特征为身体较长，呈长卵圆形，背鳍连续，只有少数中间有缺刻；鳃盖骨上通常有3根扁平棘，以中间1根较大；侧线完整。属于"石斑"类的青星九刺鮨，一般又称为"红鲙"或"七星斑"，鲜艳的橘红色鱼体上散布着蓝色小点，是本科中兼具观赏与食用价值的代表种之一。

◆ 属于花鲈类的侧带拟花鮨数量甚为稀少

Serranidae
鮨科小档案

分类：鲈形目鲈亚目鮨科
种类：全世界共有62属449种
生态：底栖，卵生，肉食

● 体色为橘红色至红褐色，全身密布蓝色小点

● 鳃盖上有3根扁

主图：青星九刺鮨（*Cephalopholis miniata*），最大体长45cm

- 背鳍单一连续，具9根硬棘，15根软条
- 侧线完整
- 身体呈长卵圆形

生态视窗　食物链的最顶层

◆鞍斑石斑鱼（又称龙胆石斑鱼）的成鱼

石斑鱼是鮨科中石斑鱼亚科鱼类的通称，头部比一般鱼类大，且大部分种类属于大型种，性情凶猛，白天常在礁区猎食其他鱼类，是热带珊瑚礁食物链的最顶层。由于热带地区草食性鱼类所摄食的藻类中，许多具有毒素，这些毒素会在鱼体内慢慢累积，形成俗称为"热带海鱼毒"的"雪卡毒素"（Ciguatoxin），并通过食物链，层层往上累积到肉食性鱼类体内，如石斑鱼，因而造成人们食用肉食性鱼类而中毒的事件，所以在澳大利亚等热带地区大家都不吃重达2kg以上的石斑鱼。

观察篇
鲈形目的家族

- 尾鳍圆形
- 臀鳍具3根硬棘，9根软条

◆青星九刺鮨身上的蓝点十分鲜艳夺目

生态视窗 石斑鱼繁殖行为

平常石斑鱼多半独来独往，只有繁殖季才看得到它们成对出现。求偶时雄鱼会出现短暂的婚姻色，并颤动身体以侧面吸引雌鱼的注意，如果雌鱼愿意，它们则会靠着游，再一起往水面冲，就在接近水面的一刹那间，雄鱼和雌鱼同时排出精子和卵子。受精卵孵化出来的仔鱼，有一段时期在海洋表层漂流，此时头上会有延长突出的棘，以增加漂浮能力。一般而言，石斑鱼往往聚集在特定的地点产卵，这些产卵场在繁殖季都应该严禁人为捕捞并予以保护。

◆ 石斑鱼仔鱼

会变性的鱼

鲈形目中的鲐、鲷、隆头鱼、鹦哥鱼等科鱼类都具有"变性"的本领，有些是雄变雌，有些是雌变雄。它们也可称为"雌雄同体"，但多半不会同时成熟，也就是说不会同时兼具两性的功能。鲐科鱼类起初全都是雌鱼，等到性成熟后（4～5岁），群体中的某些个体才变性为雄鱼。雌、雄鱼的外形、体色并无明显差异，主要判断依据是生殖季时雌鱼的腹部会膨大，而雄鱼的身体则会比雌鱼明显大很多。

一夫多妻的金花鲈

属于"花鲈"一族的金花鲈（金拟花鲐），身上色彩亮丽，第一背鳍明显延长，胸鳍上还有明显的紫圆斑。它们常成群聚集在独立礁或大礁斜坡的上层水域，少数的粉紫色雄鱼盘踞的位置最高，而橙黄色的雌鱼及其他未成年鱼栖息的位置较低，

◆ 金花鲈雌鱼

◆ 金花鲈雄鱼

◆ 在独立礁或断崖旁成群游动的金花鲈

也较靠近礁盘。金花鲈为一夫多妻制，社会阶层明显，万一"一家之主"的雄鱼被掠食或死亡，几天之内，排行大房的雌鱼就会摇身变性为雄鱼，继续为家族传宗接代。

分泌毒素的皂鲈

鮨科鱼类中，还有另外一类鱼叫做"线纹鲈"。线纹鲈的鳞片很小，身体看来很光滑，但是受到惊吓时，体表会分泌一种有毒的黏液来自卫。由于这些黏液能产生类似肥皂泡沫的效果，所以它们的俗名就叫"肥皂鱼"或"皂鲈"。也因为线纹鲈分泌的黏液具有毒素，一般养鱼的人都知道不能把它们和其他的鱼一起饲养，否则会把其他的鱼都毒死。

◆ 六线黑鲈

◆ 六线黑鲈常见于台湾南部海域

◆ 双带鲈常见于台湾北部海域

台湾有两种常见的线纹鲈，就是六线黑鲈和双带鲈。在台湾南、北珊瑚礁的潮池或沿岸的洞穴中有时可以看到六线黑鲈，它们幼时身上的条纹很少，长大后才渐渐增多。双带鲈俗称"黄三"，黄色的鱼体上有两道黑褐色的宽横带，以台湾北部海域较多，南部非常少见。

石斑鱼的利用

石斑鱼（也称"过仔鱼"）是美味的海鲜菜肴，近年来已成功研究出几种石斑鱼的人工繁殖技术，例如老鼠斑、玛拉巴石斑等。除了老鼠斑的幼鱼乳白色的身体上散布着黑圆点，模样可爱，深受水族馆的喜爱外，大多数的还是局限在食用上。不过在国外，大石斑鱼已被当成生态旅游的明星、潜水观光的卖点，它们的价值远胜过拿来当海鲜吃，非常值得效法。

◆ 俗名"老鼠斑"的驼背鲈

观察大眼鲷

在春、夏两季的鱼市上，不难看见身着红服、杏眼圆睁，俗称为"红目鲢"或"大目鲢"的鱼鲜，它们都是大眼鲷科的成员。鲜红的体色与醒目的大眼正是本科鱼类外观上最突出的特征，也是"大眼鲷"一名的由来。大眼鲷的身体大致呈长椭圆形，侧扁而高。身体被覆坚实的小栉鳞，触感犹如砂纸一般；由于表皮很坚韧，在烹调前通常连皮带鳞一起剥除，因此大家习称它们为"剥皮鱼"。大眼鲷分布于印度－太平洋的热带及亚热带海域，生活在礁区，昼伏夜出，主要以小鱼及甲壳类动物为食。宝石大眼鲷是大眼鲷中体型较大的一种，主要特征是尾鳍呈双凹形，且上下叶延长突出，腹鳍基部的内侧有一黑斑。略偏深红色的体色，可在夜间迅速变换成银色或长出斑块。

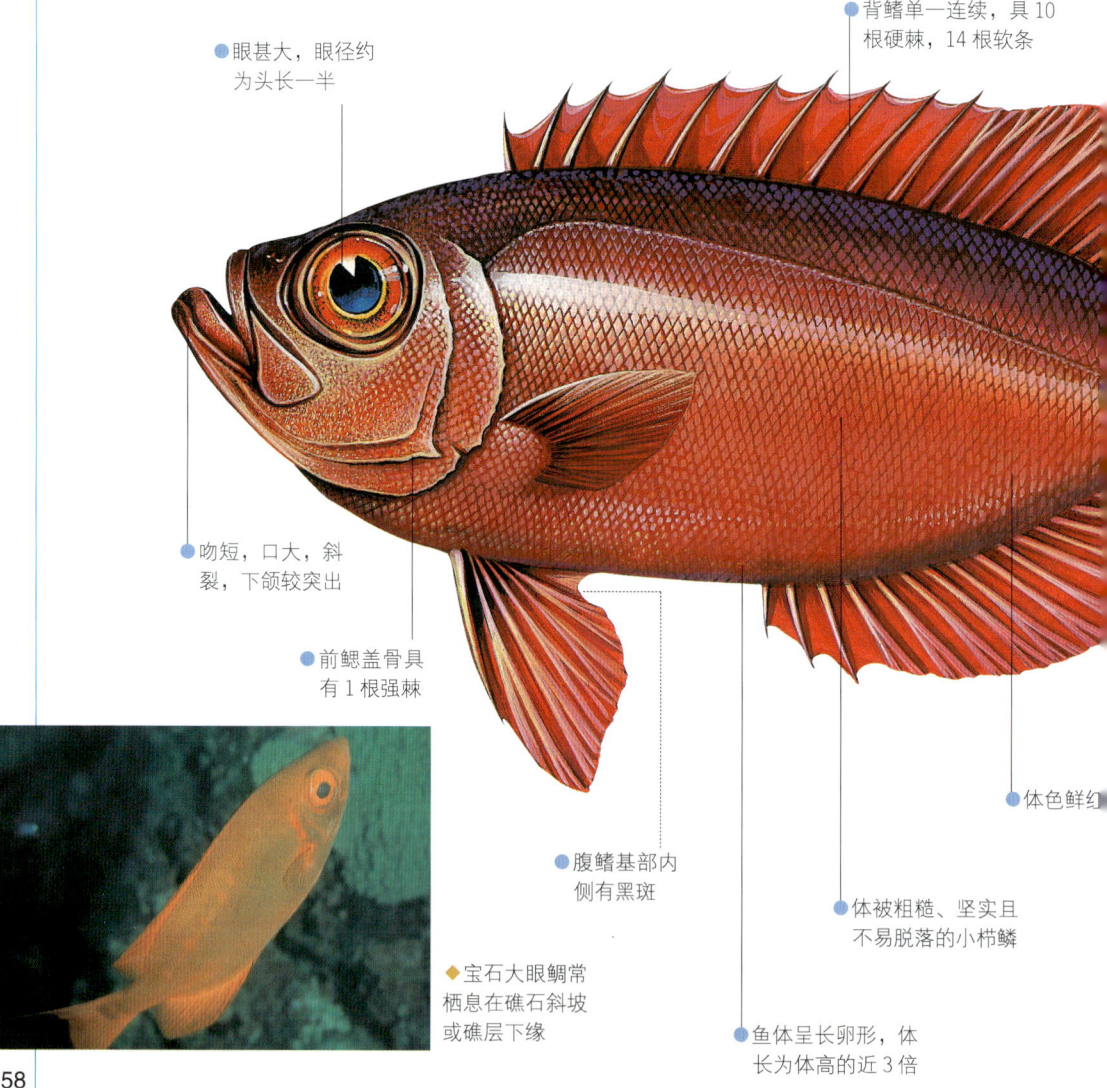

- 眼甚大，眼径约为头长一半
- 背鳍单一连续，具10根硬棘，14根软条
- 吻短，口大，斜裂，下颌较突出
- 前鳃盖骨具有1根强棘
- 腹鳍基部内侧有黑斑
- 体色鲜红
- 体被粗糙、坚实且不易脱落的小栉鳞
- 鱼体呈长卵形，体长为体高的近3倍

◆ 宝石大眼鲷常栖息在礁石斜坡或礁层下缘

主图：宝石大眼鲷（*Priacanthus hamrur*），最大体长 45cm

大小通吃的肉食者

大眼鲷拥有一张大口，但牙齿却很小。由于口大，可吞食不小的猎物，而细小的牙齿，则能在夜间捕食由海底较深处垂直洄游到浅水域的浮游动物。换言之，大眼鲷的摄食对象从微小的浮游动物、幼鱼，到体型较大的虾、蟹等甲壳类动物及头足类的乌贼等，食物来源十分多样。

◆大口与大眼是大眼鲷的共同特征

Priacanthidae
大眼鲷科小档案

分类：鲈形目鲈亚目大眼鲷科
种类：全世界共有4属18种
生态：底栖，卵生，肉食

● 侧线完整

● 尾鳍呈双凹形，上下叶尖突

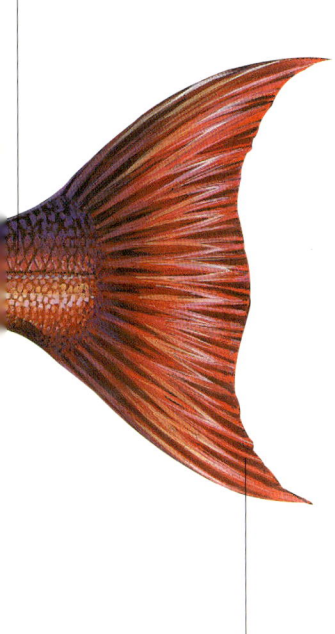

观察篇

鲈形目的家族

典型的夜行客

大眼鲷、天竺鲷（见第160页）及金鳞鱼（见第138页）堪称礁区夜行性鱼类的三大家族。它们多数具有眼睛大，以及红色或褐色的体色等夜行性鱼类的典型特征。这些夜间游侠的大眼睛，能帮助它们在漆黑的晚上感受海中微弱的光线，方便觅食和辨识天敌。体色虽呈红色或褐色，但夜间光线微弱，纵使五颜六色也无法显现。

大眼鲷除了眼大外，它们的瞳孔也很大，所以当夜间潜水者用手电筒照射时，光线透过瞳孔照射到巩膜和视网膜间会反射光线，就像用闪光灯拍照一样显示出"亮眼"。白天它们躲在礁盘下或礁洞中，体色几乎呈一致的红色调，黄昏后则出外觅食。本科有些鱼种会在夜晚上演快速变装秀，片刻间由一身红衣换成银灰色调的猎装。大眼鲷在礁区休息时常是独行侠，但在礁缘外较深处则会结队出没，因而常被渔民成群捕获。

◆白天躲藏在礁盘阴暗处的血斑大眼鲷

观察天竺鲷

天竺鲷科鱼类是珊瑚礁区最大的夜猫族,和大眼鲷(见第158页)一样,它们也拥有一双适于夜间活动的大眼,因此有"大目侧仔"的俗称。天竺鲷的行踪隐秘,体型袖珍,体长通常小于10cm,却长着一张大嘴,稍侧扁的长椭圆形鱼体上,有两个分离且直立的背鳍。天竺鲷广泛分布于全球热带和亚热带海域,大多集中在珊瑚礁浅海区,少数在深海、沙泥底或河口水域,在巴布亚新几内亚或澳大利亚也有一些纯淡水或可进入河流下游的种类。它们以浮游动物、小型底栖动物或小鱼为食。大部分的种类均有"口孵行为",是海水鱼中极少见的例子。此外,不少天竺鲷还有发光器的构造。

- 背鳍两枚
- 眼大,靠近吻端
- 口大,斜裂,颌齿细小
- 体侧具有3~4条褐色窄纵带
- 前鳃盖骨具微锯齿缘
- 腹鳍胸位,在胸鳍下方

生态视窗 早晚"换班"的珊瑚礁住客

在珊瑚礁区潜水,白天最常看到的是日行性的雀鲷(见第196页)的地方,晚上则换成夜行性的天竺鲷。每到黄昏及清晨,可以看到它们很有次序的"换班"行为,即白天单独或成群躲藏在礁洞内、礁盘下或礁石旁的天竺鲷,日落后开始纷纷出外觅食,空出来的栖所刚好让日行性鱼类休息;天亮后,睡了一宿的日行性鱼类正蓄势待发,活动了一整夜的天竺鲷则返回原栖所休息。这种早晚"换班"、日夜交替的行为,是珊瑚礁鱼类为了充分利用有限的空间资源,而发展出来的独特生活方式,再加上它们对食物和栖所的喜好各有不同,于是彼此间得以避免竞争,相互和平共存,也因此造就了形形色色、高歧异度的珊瑚礁生物。

◆ 白天躲藏在礁石阴暗处的黄带天竺鲷

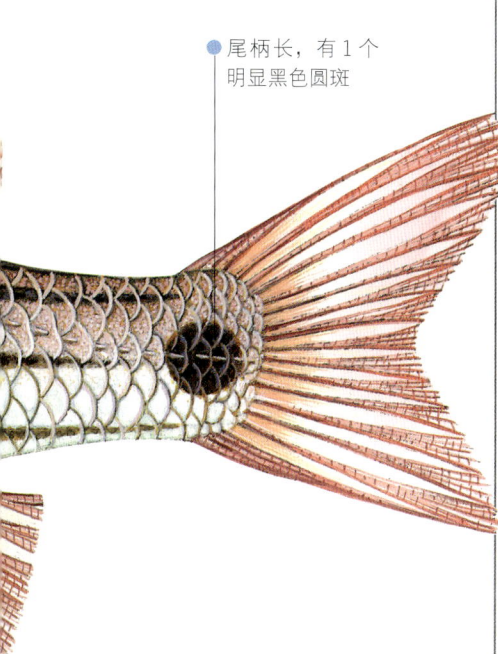

Apogonidae
天竺鲷科小档案
分类：鲈形目鲈亚目天竺鲷科
种类：全世界共有 21 属 200 种以上
生态：底栖，卵生（口孵），肉食

● 尾柄长，有 1 个明显黑色圆斑

生态视窗 口孵的海水鱼

大部分的天竺鲷和若干淡水的罗非鱼（见第 194 页）一样，有"口孵"的行为，不同的是：罗非鱼的口孵是由雄鱼或雌鱼负责，天竺鲷则几乎均由雄鱼担任。所谓"口孵"，就是雄天竺鲷将已受精的卵块衔入口中进行孵化，此时可见口孵鱼的下颌会些微隆起有如斗，且因满口含卵，无法摄食，开始过"绝食"的生活。如此约经数天到一周，卵在雄鱼口中孵化成为仔鱼后，才被释放出来，这样可以大大减少被掠食，并提高繁殖成功率及增加下一代存活概率。仔鱼经过一段随波逐流的漂浮期，变态为稚鱼，然后再回到沿岸的礁区寻找适当的栖所，并沉降下来成为真正的底栖鱼类。

◆ 正在口孵中的稻氏天竺鲷雄鱼下颌鼓突

两种不同的发光方法

海洋生物的发光通常有两种方式，一是靠发光器本身具有的荧光素和荧光素酶进行生化反应来发光，另一则是靠发光器中共生的发光细菌来发光。天竺鲷科鱼类两者兼具，前者如长鳍天竺鲷属、箭天竺鲷属及若干天竺鲷属的种类，像黑天竺鲷（*Apogon ellioti*）即进行生化反应发光，它们的胸部胃下方有一个埋于胸肌内的前腹发光器，在直肠两侧则有一对梨状的"后腹发光器"；而后者如银腹天竺鲷属（又称"管天竺鲷"属）鱼类，它们利用细菌发光，发光器是位于胸鳍基部下方和沿体腹侧由峡部至尾柄的黑色条状物。

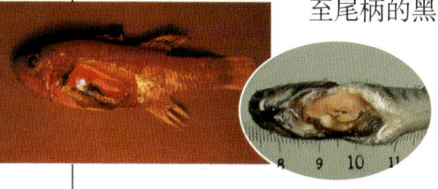

◆ 天竺鲷的腹部发光器

观察篇

鲈形目的家族

主图：稻氏天竺鲷（*Apogon doederleini*），最大体长 14cm

观察沙鲛

沙鲛多半属于在浅海沙岸活动的小型鱼,它们不甚起眼,与沙滩颜色相近的体色正好形成极佳的保护色,而且个个身怀"钻沙"的绝技,一受到惊吓,就会迅速潜入沙中躲藏,"沙肠仔"的俗称十分传神。

沙鲛只出现在印度-西太平洋区域,体长一般为15~20cm,短小的身体呈细长圆柱形,锥形的头部有一张小口,具2个背鳍,臀鳍和第二背鳍相对,腹鳍在胸位。它们是沙岸、海湾或河口水域最常钓获的鱼种,由于肉质鲜白甜美,成为常见的海鲜料理。多鳞鲛在本科鱼类中分布最广,从日本、韩国到澳大利亚北部、南非及红海的沙质沿岸均可见其踪迹。

- 第一背鳍具11根硬棘
- 头部锥形,吻部钝尖,口小
- 腹鳍在胸位

生态视窗

钻沙高手

沙鲛锥形的头部和钝尖的吻部,配合坚实有力的身体,让它们在遇到危险时,能快速施展"沙遁"的本领,即潜入沙中,躲避掠食者和渔网的捕捞。渔民在沙地上用曳网拖过时,脚底会感觉到沙鲛在沙地里逃窜,所以称它们为"钻沙者"(Sandborers)或"沙肠仔"。

沙地上的掠食者

属于底栖性鱼类的沙鲛,以埋藏在沙泥中的小型多毛类动物(如沙蚕)、虾蟹、端脚类动物、小鱼或丝状藻为食,所以其头部和吻部腹面的感觉器官特别敏锐。而且,它们的鳔和石首鱼(见第182页)一样,具有相当复杂的构造。它们的鳔位于腹椎下方,较靠近地面,因此躲藏在沙地中的猎物所发出的任何声音或振动,它们都能侦测到,此就好比鱼的另一双内耳,有助于搜寻食物。

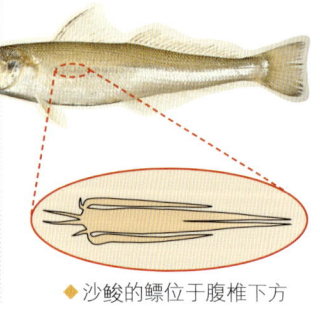

◆ 沙鲛的鳔位于腹椎下方

主图:多鳞鲛(*Sillago sihama*),最大体长30cm

- 侧线上方鳞 5~6 列
- 鱼体呈细长圆柱形，稍侧扁
- 第二背鳍基底和臀鳍相对且等长

Sillaginidae
沙鮻科小档案
分类：鲈形目鲈亚目沙鮻科
种类：全世界共有 3 属 25 种
生态：浅海沙泥底栖，卵生，肉食为主

观察篇

鲈形目的家族

- 体被小栉鳞，但鳞片易脱落

鱼类与人 受欢迎的滩钓鱼种

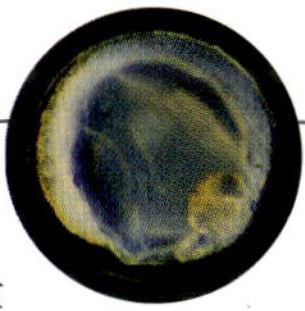

沙鮻的体型虽不很大，但因数量多，味美价昂，所以是颇受欢迎的鱼种，在印度－西太平洋沿岸常被渔民利用拖网、底刺网或地曳网所捕获，是巴基斯坦、马来西亚、菲律宾、新加坡、泰国和韩国的重要食用鱼类，每年可产 20000t 以上。在澳大利亚，沙鮻是主要的滩钓鱼种。

◆ 沙鮻受精卵。沙鮻每次产约 2000 个卵，一年可多次产卵

印度、日本和中国台湾等地区曾试图人工繁育，但目前仍以野外捕获为主。

◆ 台湾西海岸的滩钓常可钓到沙鮻

◆ 地曳网已演变成一种生态观光旅游的休闲活动

观察海鲡

在澎湖与小琉球近海,可看到一个个大型网箱里面养着不少高经济价值的鱼种,形成"海洋牧场"的特殊景观。而俗称"海鲸仔"的海鲡,因体型大、成长快、环境的适应力强,近年来成为"海洋牧场"中最炙手可热的主角。海鲡科全世界仅此 1 属 1 种,它们广泛分布在大西洋和印度-太平洋的温暖水域,只有东太平洋不见其踪迹,是大洋和近海区中、表层的巡游鱼种,游泳能力强。当大型海鲡在海洋表层游动时,它们那高耸露出的背鳍,有时乍看下会让人误以为是鲨鱼来袭呢!除了人为养殖外,沿海地区也可捕获野生海鲡,但数量不多。

- 头部略平扁,鱼体近圆柱状
- 背鳍前方具 7~9 根短小且相互分离的硬棘
- 口大,前位,牙齿发达,下颌稍突出
- 腹鳍胸位
- 侧线完整,略呈波状

Rachycentridae
海鲡科小档案

分类:鲈形目鲈亚目海鲡科
种类:全世界仅 1 属 1 种
生态:中表层,卵生,肉食

箱网养殖的宠儿

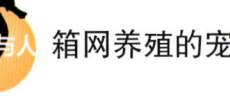

过去的水产养殖,主要依赖在海岸湿地开挖的渔场(半淡咸水),但由于发展过于迅速,超量抽取地下水,导致沿海地区的地层严重下陷,引起海水倒灌与海堤溃决。之后开始推广浅海的网箱养殖,即把海洋当成牧场,将水产生物直接放养在海上的网具中,投喂人工饲料。养殖的鱼种包括海鲡、黑鲷、石斑鱼、嘉鱲、鲔等各种海水鱼。由于海鲡成长迅速、生命力强、肉质佳、体型大,成为网箱养殖的宠儿,再加上精致饲料的喂养,使其肉质益发美味可口,因此这种鱼也就成为时下生鱼片的主要材料了。

◆ 东港大鹏湾箱网养殖海鲡

主图:海鲡(*Rachycentron canadum*),最大体长 200cm

观察篇 / 鲈形目的家族

◆ 海鲡幼鱼体侧之黑带仍明显

● 体侧有3条黑色纵带，色泽随成长由黑逐渐变淡

● 尾鳍深叉或呈新月形，上叶较下叶略长

● 臀鳍基底短于背鳍

◆ 印鱼靠着头顶上的吸盘搭乘大型鱼的便车

识别锦囊

海鲡的近亲——鬼头刀与印鱼

鲯科和印鱼科鱼类都算是海鲡的亲戚。鲯就是一般人熟知的鬼头刀，海鲡和鬼头刀皆属于在大洋表层快速游泳的鱼类，也都是重要的拖钓鱼种，但在体型、体色上差异颇大。后来它们被发现有亲戚关系，是因为两者的仔鱼形态十分类似，它们身体和头部均被冠状小棘所覆盖，这是其他科鱼类的仔鱼所没有的特征。

而海鲡的仔鱼变态为稚鱼及未成年鱼时，其形态则酷似印鱼科中的长印鱼（*Echeneis naucrates*），尤其两种鱼类身上皆具有明显的黑色纵带；唯一的不同仅在于印鱼背鳍的第一枚硬棘会变形成头顶上的吸盘，以便吸附在鲨、魟等大型鱼类的身上，一方面搭便车，一方面则可捡拾大鱼吃剩的碎屑残渣。

◆ 长印鱼

观察鲹

一看到鲹流线型的身体,背部蓝绿色、腹部银白色,就知道它们是属于海洋表层洄游性的鱼类。

鲹科鱼类遍布世界三大洋的热带及亚热带海域,由于种类多、数量大、肉质鲜美且少刺,而且许多鱼种体长可达60cm,甚至超过1m,因此是很重要的经济性食用鱼。鲹具有瘦长的尾柄、深分叉的尾鳍,可形成强劲的尾力,帮助它们快速游泳。此外,大部分种类的眼部具脂性眼睑,侧线后段的鳞片变形为骨质的棱鳞,都具有减少游泳阻力的作用。

六带鲹是很典型的鲹科鱼类,因其幼鱼体侧有5~6条明显黑色横带而得名;成鱼时体侧横带消失,鳃盖上方末端则出现一黑圆点。

◆ 胸鳍长,成镰刀状

◆ 鳃盖上方末端具一黑圆点

◆ 脂眼睑发达

◆ 六带鲹幼鱼

◆ 各种鲹科鱼类

◆ 真鲹属

◆ 叶鲹属

◆ 鲳鲹属

◆ 逆钩鲹属

◆ 无齿鲹属

◆ 平鲹属

主图：六带鲹（*Caranx sexfasciatus*），最大体长120cm

游技高超的掠食者

鲹在中体型的海水鱼中可说是泳速最快的一群。它们有时成群，有时三两或单独出现；在礁区外缘活动时，会因应不同的情况而有不同的游泳方式，例如平时通常悠闲缓慢地巡游，遭遇威胁时则呈四角或曲折形快速游窜；当它们在海中进行掠食时，如果遇到的是单尾猎物就穷追不舍，若是一群猎物则先冲散它们，再锁定目标展开攻击。此外，六带鲹成鱼性喜大群群游于断崖处，形成壮观的圆柱形"鱼群风暴"。其可能原因有二，一为摄食，因该处有局部上升水流，浮游动物的饵料丰富；二是在休息状态，特别是当它们绕游的速度很缓慢时。

产卵洄游与孵育成长

每到繁殖期（一般为春夏季），鲹科鱼类如日本的青甘鲹和中国台湾的红甘鲹，会群游到某一特定海域产卵，这些地点通常是较大洋，即它们原本出生的故乡，此种行为称为"产卵洄游"。

例如，青甘鲹在繁殖开始时，雄鱼与雌鱼会相互摩擦身体，雄鱼甚至会以倒立的姿态来碰撞对方，然后雌鱼可产下约10万粒的卵，雄鱼则在卵群中发狂般地到

◆ 壮观的六带鲹鱼群风暴

◆ 真鲹的仔鱼（下）与受精卵（上）

乌鲳与白鲳

乌鲳和白鲳是市场上常见的两种食用鱼，虽然都取名为"鲳"，乍看之下甚至像孪生兄弟，但根据鱼类专家的研究，此鲳非彼鲳，它们其实分属两个不同的科，之间并无直接的血缘关系。

乌鲳就是乌鲹，属于鲹科，但由于它们的背鳍和臀鳍的鳍棘都已退化，所以看起来不像典型的鲹，反而比较像鲳科的银鲳（俗称"白鲳"）。若是仔细观察，还是能辨识出其中差异，因为白鲳全身的鳞片较乌鲳更为细小，尾柄两侧无隆起的棱脊，吻部较圆钝，胸鳍也不呈镰刀状。

◆ 白鲳

◆ 乌鲳

◆红甘鲹

处游动,并且不断排放精子,从而达到受精的目的。而随波逐流的受精卵,只需一整天的时间即可孵化,仔鱼在吸收完腹部"卵黄囊"中贮存的养分后,开始以浮游生物为食,并随着海面漂流的海藻成长。等长到约15cm大时,便准备离开孵育场,在浩瀚大洋中初试身手,进行较长距离的洄游;大约一年后可长到30cm,三年后长到65cm,成为一尾尾饱满出色的鲹鱼。

重要的经济性鱼类

鲹的渔获量很大,全球每年的产量逾500万t,是相当重要的经济性鱼类。其中红甘鲹、圆鲹、脂眼凹肩鲹等,常可由拖网、围网、定置网及一支钓或延绳钓等所捕获。真鲹等产量多,常被用作钓饵去拖钓鲔、鬼头刀、鲯等大型鱼类。而中国台湾附近海域常见的红甘鲹和主要分布在日本及韩国的青甘鲹,均是箱网养殖的重要鱼种,也是生鱼片料理中极受欢迎的美味食材。

◆长身圆鲹俗称"四破鱼",是家常餐桌上的鱼鲜

◆真鲹又叫日本竹筴鱼,除了食用,也用来作钓饵

◆红甘鲹俗称"红甘",属于高级食用鱼(图为幼鱼)

最侧扁的鱼
——丝鲹和眼眶鱼

俗称"皮刀鱼"的眼眶鱼科(*Menidae*)号称最侧扁的鱼,其实鲹科中的丝鲹属(*Alectis*)鱼类身体侧扁的程度可是不遑多让!不过,两者的外观倒不难分辨,丝鲹的身体呈菱形,随年龄的增长,鱼体会逐渐向后延长,侧线后半部有棱鳞;幼鱼时,背鳍和臀鳍前方的数根鳍条会延长如丝状,随成长而变短。眼眶鱼的体态则如一把半月形的刀,背部较平直而腹部弯度特别大,体

◆眼眶鱼

◆印度丝鲹

背为蓝色,背鳍及臀鳍均无硬棘,成鱼的腹鳍会延长为丝状。

观察笛鲷

听过"赤笔仔"吗？这是不少笛鲷科鱼类的俗称。笛鲷是极具经济价值的底栖性食用鱼，它们的共同特征是外形像鲷（见第176页），但腹部平直，身体较厚，体色也比较丰富。一般分布在热带或亚热带的浅水域，水深可达550m；少数种类，特别是幼鱼会进入河口或淡水生活。俗名"乌点仔"的黑星笛鲷是笛鲷科中较常见的种类，但外形和黑斑笛鲷（*L. johnii*）及火斑笛鲷（*L. fulviflamma*）不易区分。这3种鱼在幼年时身上都会有明显的4条纵带，其中分布在西南太平洋区的族群，第三条纵带后段还有一椭圆形圆斑，成长后纵带逐渐消失。

● 体粉红色带银光

● 口端位，上下颌具大型犬状齿

Lutjanidae
笛鲷科小档案

分类：鲈形目鲈亚目笛鲷科
种类：全世界共有5亚科21属125种
生态：多底栖，卵生，多肉食

◆ 火斑笛鲷

◆ 黑斑笛鲷

主图：黑星笛鲷（*Lutjanus russelli*），最大体长50cm

观察篇

鲈形目的家族

● 体背具椭圆形黑色斑，跨在侧线上方

● 背鳍单一连续，硬棘与软条部间有浅凹

◆ 黑星笛鲷

● 尾鳍截形，稍内凹

乌尾冬是笛鲷的后裔

◆ 笛鲷仔鱼

乌尾冬是笛鲷科中的一亚科，由于体型小（体长不超过60cm），呈圆筒流线型，与体型大、体高侧扁的其他笛鲷相比较，不仅在形态上有所差别，连生态习性都差异很大，例如多数笛鲷为底栖肉食性鱼类，而乌尾冬则为中层水域巡游，并以浮游动物为食，因此原本分成两个不同的科。但后来的研究发现，两者的仔鱼形态十分相似，例如鳍棘上的小刺，再加上一些其他相似的特征，因此推断觅食浮游动物的乌尾冬应是由底栖肉食性的笛鲷演化而来。

◆ 蓝黄梅鲷，俗称"乌尾冬"，常在礁区附近成群活动

生态视窗

笛鲷的一生

笛鲷虽是雌雄异体，但雌雄体色相同，只是雄鱼的体型略小于雌鱼。当鱼体生长到约该种最大体长的一半时，即开始成熟，通常一季可产卵多次，产卵时会成群，且雄鱼会去摩擦或碰撞雌鱼的腹部，然后呈螺旋形上升到海面排精、排卵。受精卵随海流飘送1天左右，即孵化为仔鱼，此时卵黄囊尚未被完全吸收，仔鱼营养仍靠卵黄囊，称为"早期仔鱼"或"卵黄囊期仔鱼"；但当卵黄囊消失，鳍条形成，形态均明显改变（变态），且可自行觅食浮游生物时，称为"后期仔鱼"，此时期进行漂流生活，可长达25~47天，待鳞片开始出现，形态似成鱼时，进入所谓的稚鱼期，便开始沉降回礁区成长，寿命可达4~21年。

◆ 银纹笛鲷的受精卵

体型不同食性不同

笛鲷是夜行性鱼类，大多数具有群游及底栖穴居的习性，白天都群聚在独立礁四周交界处休息，夜间则分散外出到沙泥地上觅食甲壳类、头足类动物或小鱼，所以它们是人工鱼礁最常聚集的鱼种。体型较大较高、尾鳍较平、有较大犬齿的笛鲷鱼类，多半在礁区或泥地觅食；而在礁区水层中快速成群穿梭的乌尾冬，身体呈纺锤状、尾鳍分叉深、犬齿小，完全以浮游动物为食。

◆ 青紫体色的蒂尔乌尾鲛常成群活动

◆ 难得一见的笛鲷群——五线笛鲷

鱼类与人

炸鱼的牺牲者

由于笛鲷和乌尾冬多半有成群活动的习性,白天在礁区四周盘旋,因此过去常成为渔民炸鱼的对象,以致于壮观的笛鲷群游景观如今较为罕见。炸鱼的结果不但会让四周的海洋生物不论大小悉数死亡,而且经年累月才孕育出来的珍贵珊瑚礁栖地也会受到严重破坏,甚至数十年后都很难恢复旧观。

◆令人不忍卒睹的炸鱼景象

传统渔业的最爱

笛鲷由于习惯在礁区附近活动,并具有领域性,因此体型大的笛鲷常无法以底拖网或围网捕获,多半只能在沿岸利用传统的渔具,如一支钓、笼具、刺网、小型网具或潜水镖射等捕捞。其肉多、味美、数量少,所以在所有笛鲷分布的地区都是十分重要的经济性鱼种。根据FAO(联合国粮农组织)的估计,全球每年渔获中大多属于笛鲷属的鱼类。如今银纹笛鲷及川纹笛鲷等已可以人工繁殖,并成为海钓池或水族馆的蓄养对象。

◆川纹笛鲷目前已养殖成功

水族新宠
——羽鳃笛鲷幼鱼

羽鳃笛鲷的幼鱼或未成年鱼体背上具有明显的白圆斑,胸鳍旁的白色条纹直达尾鳍,因黑色腹鳍大,身体黑白分明,当它们停留在海百合柄端的羽状触手附近时具有拟态作用,不易被发现。因幼年时模样可爱,常被当做观赏鱼。但随着鱼体成长,黑白对比的颜色会逐渐调和成一致的暗银灰色,因而失去观赏价值。

◆可爱讨喜的羽鳃笛鲷幼鱼

观察篇

鲈形目的家族

观察仿石鲈

仿石鲈是生活在珊瑚礁区的中小型鱼类,此科分成两种类型,其中外形似鲷、背鳍较高者,是俗称"鸡鱼"的仿石鲈亚科鱼类;外形似鲈、背鳍较低、体色较鲜艳者,则是俗称"厚唇鱼"的石鲈亚科鱼类。它们均为海水鱼,偶尔会游入河口,和笛鲷一样是颇受欢迎的底栖性经济食用鱼类。而相当著名的矶钓鱼种——三线鸡鱼属于仿石鲈亚科,在沿海礁区外围或人工鱼礁区常见到大群巡游的鱼群。它们和其他鸡鱼一样,会用咽喉齿摩擦发出声音,再借助鳔予以放大。推断它们发声的目的可能是为了求偶繁殖,或为了防御警告,甚至驱退敌人。

● 体被小栉鳞

● 眼大

仿石鲈科小档案
Haemulidae

分类: 鲈形目鲈亚目仿石鲈科
种类: 全世界共有 2 亚科 17 属 150 种
生态: 底栖,卵生,肉食

生态视窗

可爱又可怜的厚唇鱼

石鲈亚科的鱼类俗称"厚唇鱼",可想而知"厚唇"是它们外观的一大特点。其中石鲈属(*Plectorhynchus*)的稚鱼,不但体色丰富多变,而且游泳习性特殊,它们会在所栖身的洞中,无目的地、头尾不停摇摆地游动,模样十分可爱,因此成为水族观赏的宠物,只是它们一旦长大变色后,就失去观赏价值。厚唇鱼由于不机警,体型大,游速缓慢,白天又在礁洞或礁盘下休息,所以也是潜水镖渔者最容易,也最喜欢镖射的对象。目前,厚唇鱼不管是种类还是数量均已大量减少。

◆ 以左右扭动方式游泳的暗点石鲈幼鱼

◆ 暗点石鲈长大后,体色花纹改变,且形成厚唇

观察篇 — 鲈形目的家族

- 背鳍硬棘部与软条部相连,中间无缺刻
- 体背暗绿褐色,幼鱼时有3条明显暗色纵带,成鱼则渐不显著
- 体腹银白色
- 鱼体侧扁较长

▶ 三线鸡鱼幼鱼

礁沙交错地带的常客

　　石鲈亚科鱼类属于夜行性鱼类,白天在礁区单独或成群休息,夜晚则出外在沙泥地上觅食。某些种类对居住的栖所和觅食的路径较固定,所以多半栖息在岩礁或珊瑚礁与沙泥地交错地带。但仿石鲈科中,例如鸡鱼则属日行性,白天在礁区上层水域盘旋觅食,晚上则分散躲在礁区内休息。由于人工鱼礁多半投放在空旷的沙泥地上,所以成为仿石鲈科鱼类最现成的栖所。

▶ 栖息在礁沙混合区的仿石鲈(下),栖息在人工鱼礁的细鳞石鲈(上)

主图:三线鸡鱼(*Parapristipoma trilineatum*),成鱼,最大体长40cm

观察鲷

鲷是大家熟悉的最典型鱼类，与笛鲷（见第170页）相较，则身体较扁，腹部较圆，体表也更具光泽。鲷科在全球各海域温带及热带区均有分布，以南非的种类最多，占全球三分之一。它们常成群在沙泥地出现，以底栖性植物为食，仅少数种类生活在淡水或半淡咸水中。鲷的肉质鲜美，是相当受欢迎的食用鱼，因此是许多国家重要的经济性鱼类。而俗称"加腊"的嘉鱲鱼，又称为"真鲷"或"正鲷"，因大小适宜（指盛盘上桌时完整好看）、体色漂亮，因此成为中国台湾民间逢年过节时最受欢迎的用鱼。

● 背鳍单一连续，硬棘强壮尖锐

● 体侧扁而高

识别锦囊 鲷的家族

一般统称为"鲷"（Sparoids）的鱼类，除了鲷科外，还包括只产于东大西洋及南非的中棘鲷科（Centracanthidae）、印度－西太平洋为主的龙占科（Lethrinidae）以及金线鱼科（Nemipteridae）3科鱼类。这4个科鱼类可能形成一个单元体系（monophyletic group），也就是说，它们有一个共同的祖先。

不过，市场上常见的正宗鲷科鱼类，除了嘉鱲鱼外，还有赤鯮、血鲷（又称魬鲷）和黑鲷。赤鯮体色鲜红，体背有3块大黄斑；血鲷的体色也较鲜红，但腹部为银白色，且背鳍第3、4棘呈丝状延长；黑鲷属家族成员则通体呈银灰色。

◆ 血鲷

◆ 赤鯮

◆ 黑鲷

主图：嘉鱲（*Pagrus major*），最大体长100cm

- 背部零星分布亮蓝小点，死后逐渐消失
- 体色红色，腹部淡色
- 体被栉鳞

Sparidae
鲷科小档案
分类：鲈形目鲈亚目鲷科
种类：全世界共有22属100余种
生态：底栖，卵生，肉食

观察篇

鲈形目的家族

- 尾鳍内凹，末梢缘黑色，下尾鳍缘白色

鲷鱼小型化的隐忧

鲷科鱼类是高级海鲜鱼，因肉质细嫩、美味，是生鱼片、煎炸、红烧、炭烤、鱼汤的上等材料，"鲷"几乎成了人们心目中美味的代称。因渔获量大，因此是市场上常见鱼种，但由于过度捕捞，特别是大小通捕毫无选择性的底拖网作业，不但浪费了许多鲷科的小鱼资源，而且已造成鲷科鱼体小型化的趋势（也就是说，提早成熟生殖的个体逐渐占优势，因此体型变小），十分可惜。鲷可用流刺网、定置网、底拖网、延绳钓等捕获，同时也是休闲海钓钓友的最爱。

◆ 正在作业中的底拖网船

177

观察龙占

又称"皇帝鱼"（emperors）的龙占科鱼类，听起来气势不凡。它们的外形近似鲷或笛鲷，但身体和吻鼻部更长，眼睛的位置也较偏头部的后上方，头顶完全没有鳞片覆盖。龙占主要分布在印度洋和西非的沿岸礁区及其外围的沙泥地，活动于潮间带到120m深水域，最大体长可达1m。中国台湾有18种龙占，占了全世界近一半的种类，是当地高经济价值的鱼种。俗称"猪哥仔"的长吻龙占，是本科中吻部和身体最长的鱼种，分布在红海及印度洋、西太平洋的沿岸及礁坡，水深可达185m，幼鱼则在浅水域，常成群活动。

- 胸鳍黄色，半透明
- 口在吻端，略可伸缩，内呈鲜红色
- 吻部长
- 眼的左下方有数条暗带
- 腹鳍暗褐色
- 体长约体高的3倍

◆ 长吻龙占主要以小鱼和小型底栖无脊椎动物为食

主图：长吻龙占（*Letherinus olivaceus*），最大体长100cm

- 背鳍单一连续，呈红褐色
- 体背呈青绿色，近腹部体色较淡
- 尾鳍深凹

龙占科小档案
Lethrinidae
- **分类**：鲈形目鲈亚目龙占科
- **种类**：全世界共有5属39种
- **生态**：底栖，卵生，肉食

鱼类与人　重要的食用鱼

龙占和鲷或笛鲷一样，是沿岸地区重要的食用或游钓鱼种，可用手钓、延绳钓或拖网、刺网捕获。全球年产量估计应在10万t以上。有些地区龙占也是箱网养殖的鱼种，如青嘴龙占（*L. nebulosus*），它们对盐度的容忍性相当强。

◆青嘴龙占

观察篇 / 鲈形目的家族

生态视窗　超级变变变

龙占科龙占属中大多数的鱼类在遭到敌人威胁时，会随着栖息环境的背景及光线的明暗，快速地改变体色，变成斑驳或网纹状以隐藏自己，而且当威胁消除，又可以很快地变回来。这种快速变装的本领在其他鱼类不多见。

日夜行性均有的掠食者

龙占多栖息在礁区的外缘，小鱼分布的水域较浅，在珊瑚礁区或海草床一带常可发现。大型的龙占也会掠食其他的小鱼，但一般多以常躲在沙泥地中的腹足类、多毛类、虾蟹等无脊椎动物为食。龙占有时独游，有时群游，有些种类在夜间觅食，有些则白天在礁区巡游觅食，属于日夜行性均有的礁区掠食者。

◆珊瑚礁水层上群游的金带鲷

观察金线鱼

金线鱼科具有较小而瘦长的鲷形鱼体，体色明亮，带有粉红色、黄色或金色的纵带。叉形尾鳍，上叶或下叶末端有时呈丝状延长。金线鱼是印度－西太平洋热带地区重要的经济性鱼类，但也是分类鉴定最困难的鱼种之一，主要是因为它们在新鲜时尚有鲜明的色彩可供辨识，但标本固定后，颜色尽褪，以致常常造成错误的鉴定。与本科同名的金线鱼，俗名"金线鲢"，体侧有数条明显易见的金黄色纵带，尾鳍上叶则延长为丝状，容易和其他同属的鱼种区分。主要栖息在水深40~100m的沙泥底海域，每年5~6月为其产卵期。

- 体头部上方及体背呈红色，往下色渐淡
- 侧线起点处有一长卵形小红斑
- 腹鳍基部有腋鳞
- 腹部为银白色，略带光泽

Nemipteridae
金线鱼科小档案
分类：鲈形目鲈亚目金线鱼科
种类：全世界共有5属62种
生态：底栖，卵生，肉食

鱼类与人 地区性最受欢迎的海鲜

金线鱼属鱼类是重要的经济鱼种，常可用延绳钓或底拖网捕获，估计全球年产量超过12万t。金线鱼和鲷、龙占、笛鲷一样，是地区性最受欢迎的海鲜。

◆市场卖的金线鱼

主图：金线鱼（*Nemipterus virgatus*），最大体长35cm

● 体侧有6~7条金黄色细纵带

● 叉形尾鳍，上叶先端呈丝状延长

观察篇

鲈形目的家族

生态视窗

性转变与雌雄比例

金线鱼的雄鱼与雌鱼的比例随体长而不同，未成熟时以雌鱼居多，成熟后则以雄鱼较多。除了因为它们是属于"先雌后雄"的性转变模式所致外，也可能存在雄鱼成长比雌鱼快的缘故。

一停一游的游泳行为

金线鱼科鱼类大多有一游一停的习性，但游速快，行动十分敏捷，这种游泳行为在其他科鱼类及虾、蟹等并不常见到。它们算是日行性鱼类，以躲在底床下的多毛类动物为主食，其他像端足类、等足类、介形类、桡足类动物也是其摄食的对象。

◆锥齿鲷和三带赤尾冬（上）都是以一停一游的方式活动

观察石首鱼

石首鱼科包括一般人所熟知的黄花鱼、白口、黑口、鮸鱼等上等鱼鲜,是沿海地区最重要的近海经济性鱼类。石首鱼身体多半侧扁延长,吻部圆钝,背鳍长,有一深的凹刻将硬棘和软条分开,侧线明显且延伸到尾鳍后缘,吻、颊部常会有一些孔洞。由于本科鱼类头部的耳石特别大,因此称为"石首鱼",耳石的形状是石首鱼属与种的分类依据之一。石首鱼主要栖息在热带和亚热带大陆架沙泥底质的海域,口小者,多以沙泥中的无脊椎动物为食,它们有大型臼状齿可以咬碎带壳的无脊椎动物;口大而斜裂者,则游速快,多以小型鱼类或其他游泳性甲壳类动物为生。多数石首鱼都能利用鱼鳔发声。大黄鱼、小黄鱼及带鱼为中国的三大海产鱼类。

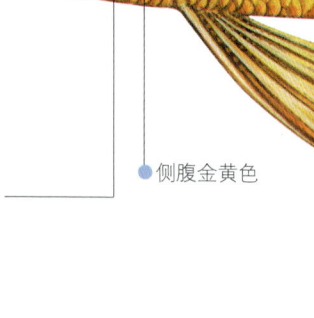

- 口裂大
- 上下颌等长
- 鳃盖上有2根扁平棘
- 侧腹金黄色

◆ 耳石

中国沿海最有身价的渔获

石首鱼,尤其是大黄鱼、小黄鱼,曾是中国沿海大陆架最重要的近海经济渔获,产量相当高,其中的大黄鱼每年产量即高达5万t左右。主要渔法是底拖网与底刺网,延绳钓与定置网也常可捕获。台湾地区以西部沿海,特别是浊水溪等中西部河口的外海的繁殖场所,可捕获许多大型的亲鱼。

◆ 小黄鱼

外来种的红鼓鱼——眼斑拟石首鱼

俗称"红鼓鱼"或"美国红鱼"的眼斑拟石首鱼,原本分布在大西洋一带,抗病力强、成长快速、存活率高、耐低氧,非常适合高密度的养殖。它们一年半即可长到36cm长,两年则达55cm。中国台湾1989年繁殖成功后,开始推广养殖。但由于民间的放生行为,使之成为台湾海水鱼的外来

主图:大黄鱼(*Larimichthys croceus*),最大体长80cm

Sciaenidae 石首鱼科小档案

分类：鲈形目鲈亚目石首鱼科
种数：全世界共有 70 属 270 种
生态：底栖，卵生，肉食

观察篇

鲈形目的家族

◆ 黑口

◆ 鮸鱼

● 体背部为黄褐色
● 背鳍、尾鳍为灰黄色
● 尾柄细长
● 尾鳍呈菱形
● 腹鳍、臀鳍为黄色

生态视窗：发声求偶的石首鱼

多数石首鱼均能利用邻近鳔的"鼓肌"发出近似击鼓或蛙声的声响，因此被称为"drum"或"crocker"。它们在春夏之交的繁殖季节，常会聚集并集体发出求偶的声音，在水面下用话筒即可监听到。因此渔民就发明了"音响集鱼法"，利用水下侦听装置把聚集产卵的石首鱼一网打尽。早期有数百艘渔船专门从事此渔法，据说当时每天可捕获 5 万~6 万尾亲鱼（每尾重达 20~30kg），而过度捕捞的结果导致资源面临绝灭，目前数艘船每天仅能捕获数百尾。

种，对台湾海洋生态造成一定的影响。

◆ 红鼓鱼的尾鳍基部上方有一明显的黑色眼斑

观察羊鱼

看到羊鱼的模样,大家一定不难理解这个科名的由来吧!俗称"秋姑",又称为"须鲷"的羊鱼科鱼类,正是因为它们下颌有一对肉质状长须形似山羊胡须而得名。

羊鱼的身体较长,除下颌的长须外,分叉的尾鳍和两个分离的背鳍,也是本科鱼类主要的特征。羊鱼的体型不大,一般长仅20~30cm,因多半成群在珊瑚礁区活动,所以体表大都有丰富的色彩。单带海绯鲤是本科很容易辨认的种类,因为它们从吻部、眼睛一直到尾柄处,有一条明显的暗褐色至红色的纵带,而在尾柄处有一比眼睛还大的暗色圆斑。其分布范围从东非到波利尼西亚沿岸,栖息地水深可达100m,以藏身在沙泥地中的无脊椎动物为食。

- 头与体被栉鳞,鳞片大
- 头部长而尖
- 眼小
- 口小
- 下颌具颌须1对
- 腹鳍基部有腋鳞
- 体色呈银白色
- 身体较长

◆ 单带海绯鲤以下颌须侦测猎物

主图:单带海绯鲤(*Parupereus barberinus*),最大体长60cm

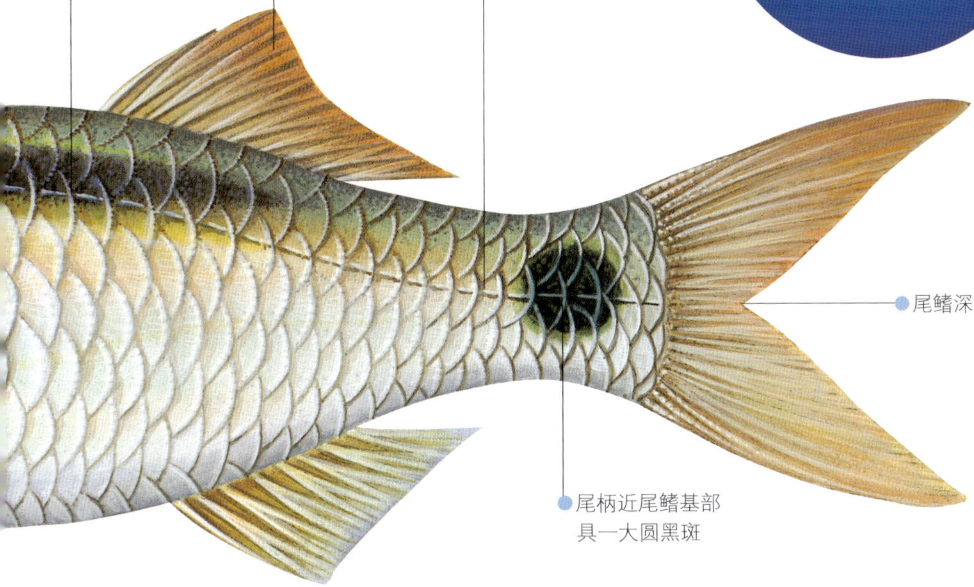

- 背鳍2个
- 体侧之暗褐色带由眼部延伸到第二背鳍末端
- 侧线完整
- 尾鳍深凹
- 尾柄近尾鳍基部具一大圆黑斑

Mullidae 羊鱼科小档案

分类：鲈形目鲈亚目羊鱼科
种类：全世界共有6属58种
生态：底栖，卵生，肉食

观察篇

鲈形目的家族

侦测沙地猎物的高手

羊鱼下颌的长须前端具有敏锐的"感受器"，可以探测沙泥中是否有多毛类、甲壳类、阳遂足、软体动物或心形海胆藏身其内。一旦发现猎物，它们会立刻用吻部及颔须把猎物翻出来，并加以捕食。

有趣的带队觅食行为

大部分的羊鱼属于群游性鱼类，偶尔也会单独活动，有时在日间，有时在夜间觅食。有趣的是，常可在珊瑚礁区看到两三尾羊鱼带头，后面跟着一群刺尾鲷、蝴蝶鱼、臭肚鱼、隆头鱼，沿路捡食羊鱼所翻出来的食物。

◆正在带队觅食的羊鱼

据说这是一种节省觅食精力的生态适应策略。

◆一群羊鱼正用其颔须在沙地上侦测觅食

观察蝴蝶鱼

有着小巧嘴巴、丰富色彩的蝴蝶鱼，可说是水族馆中最赏心悦目的鱼族。它们优雅地穿梭在珊瑚礁区，就如同为海中花园增添颜色的"蝴蝶"。它们身上的色彩也正是辨别种类的依据。蝴蝶鱼的体型不大，头部有一条黑色纵带通过眼睛，侧扁的身体多半呈圆形、椭圆形或菱形，使它们在珊瑚丛或礁缝中游进游出都很方便。蝴蝶鱼几乎都生活在印度－太平洋的珊瑚礁区，中国台湾则是全球此科鱼类最多的地区，因此台湾不仅是陆上的"蝴蝶王国"，同样也是海里的"蝶鱼王国"呢！扬旛蝴蝶鱼则是台湾各地珊瑚礁都可以看见的一种蝴蝶鱼。

- 体前部白色
- 体侧有5条由头部向后上方延伸之黑褐线，另有10~11条向后下方延伸
- 吻圆锥状、中长
- 黑色纵带通过眼睛
- 扬旛蝴蝶鱼身上条纹呈人字形

主图：扬旛蝴蝶鱼（*Chaetodon auriga*），最大体长23cm

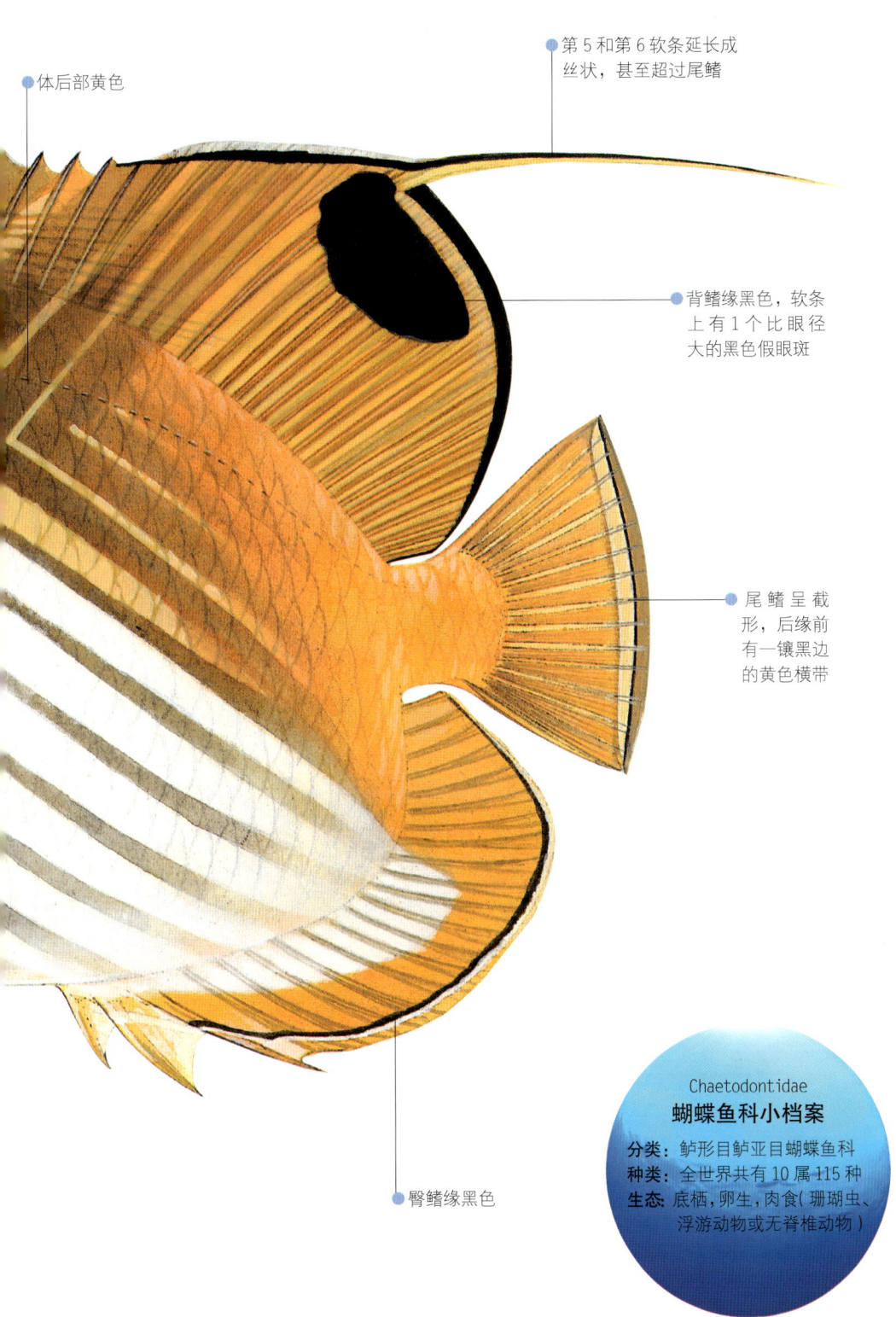

- 体后部黄色
- 第5和第6软条延长成丝状，甚至超过尾鳍
- 背鳍缘黑色，软条上有1个比眼径大的黑色假眼斑
- 尾鳍呈截形，后缘前有一镶黑边的黄色横带
- 臀鳍缘黑色

观察篇
鲈形目的家族

Chaetodontidae
蝴蝶鱼科小档案

分类：鲈形目鲈亚目蝴蝶鱼科
种类：全世界共有10属115种
生态：底栖，卵生，肉食（珊瑚虫、浮游动物或无脊椎动物）

令人称羡的海中鸳鸯

许多蝴蝶鱼常成双成对地在珊瑚礁区觅食,而且觅食的时候,它们会不时抬头与对方互望,就像是恩爱夫妻般互相深情凝视。不过,专家们解释这种行为主要是为了避免与对方远离,如此在危机四伏的珊瑚礁中可彼此照应,减少危险。

◆俪影双双的蝴蝶鱼

蝴蝶鱼的繁殖

蝴蝶鱼大部分都生活在水深20m以内的浅水水域,是很典型的日行性鱼类,白天出来找东西吃、交配,晚上躲在礁洞里面休息。蝴蝶鱼在求偶和交配的时候,通常是一对一。先由体型较大的雄鱼引诱雌鱼离开海底,然后雄鱼用头及吻去碰触雌鱼的腹部,再一起游向海面,同时排精、排卵,接着回到海底。卵在受精以后,大概一天半就可以孵化,但通常要经历一两个月的仔鱼漂浮期,才会再度回到珊瑚礁区。

幼鱼的自保策略

蝴蝶鱼的仔鱼头部长了许多刺,可保护自己。仔鱼漂到礁区后就变态成为幼鱼,幼鱼游速慢,抵抗力也较弱,所以有许多种蝴蝶鱼幼鱼在背鳍后端靠近身体和尾巴连接的地方,有一个像眼睛一样的斑块,叫"假眼",而真正的眼睛反而以一条黑色色带来掩饰。这是蝴蝶鱼诱使敌人误将尾部认作头部的障眼法,等到长大后,多数种类的假眼就逐渐消失不见了,但黑眼带却是终身保持。

容易辨识杂交种的蝴蝶鱼

"生物种"的概念是指种与种间存在生殖的隔离,而无法产生第一代或第二代的现象。但事实上,地球上的物种间仍有许多杂交种的出现。在海洋鱼类中,较容易发现杂交种的莫过于蝴蝶鱼了。这是因为蝴蝶鱼的体色鲜艳,种间差异大,容易辨识,因此一旦发现有中间型体色的个体,就可猜出它们应是由哪两种蝴蝶鱼杂交而来。

◆蝴蝶鱼幼鱼以假眼斑迷惑敌人,以求自保

蝴蝶鱼的五类食性

蝴蝶鱼的口很小，长在前端，大部分种类的上下颚都比较短，有些种吃石珊瑚上的水螅体，有些则会吃软珊瑚，成群在水层中游动的蝴蝶鱼则是吃浮游动物。有些蝴蝶鱼（如长吻蝶鱼）的吻比较长，就可以在海胆的刺丛或珊瑚的枝桠中掠食躲藏在里面的多毛类、小虾、蟹等无脊椎动物。还有一类则是杂食者，什么都可以吃，包括海藻在内。因为多数蝴蝶鱼必须在水质清澈而且有活珊瑚分布的地方才能存活，所以蝴蝶鱼数量的多少，也就成为珊瑚礁区是否健康的生物指标。

◆ 吃珊瑚虫的川纹蝴蝶鱼

◆ 黄长吻蝶鱼以底栖无脊椎动物为主食

◆ 扬旛蝴蝶鱼吃食珊瑚上的水螅体

◆ 点斑横带蝴蝶鱼属杂食性

特有种更需要保护

蝴蝶鱼的地理分布，有些种很广泛，遍及整个印度洋及太平洋，但也有许多种类分布范围很窄，只分布在红海（7种）、澳大利亚（6种）、夏威夷（3种）及太平洋、印度洋或大西洋的小岛（14种）海域。这些居住着许多特有种生物的海域，称为"热点区"（hot spots），其生物多样性应优先保护，即必须划设保

◆ 银斑蝴蝶鱼以短尖的口啄食潮水带来的浮游动物

观察盖刺鱼

珊瑚礁鱼类中外形最雍容华贵的莫过于盖刺鱼了。它们的数量不多，但却最受潜水者和水族业者欢迎。盖刺鱼和蝴蝶鱼在形态和血缘关系上都非常相近，但是盖刺鱼的身体为卵圆形，色彩更艳丽，幼时的体色也与成鱼不同。此外，盖刺鱼前鳃盖骨角有1根向后的硬棘，因此称为"盖刺鱼"。许多体型较大种类的背鳍和臀鳍后缘还有一细长的延长部分。盖刺鱼绝大多数都分布在水深20m以内的珊瑚礁区。中国台湾目前盖刺鱼记录28种，和蝴蝶鱼一样是全球种数排名第一的地区。甲尻鱼则是本科体色最光鲜夺目、最常在水族馆中看到的大型观赏鱼类。

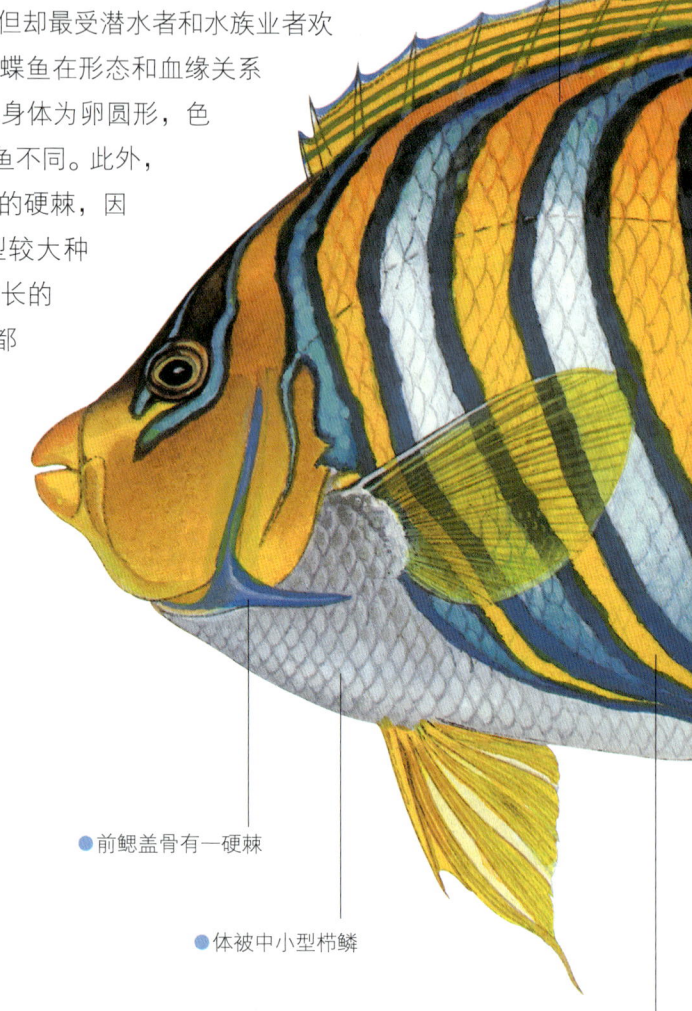

- 鱼体呈长卵形
- 前鳃盖骨有一硬棘
- 体被中小型栉鳞
- 体色为亮丽的橘黄色，且具有镶黑边的蓝白色横带

◆ 甲尻鱼的成鱼（右）与假眼明显的幼鱼

主图：甲尻鱼（*Pygoplites diacanthus*），最大体长 26cm

● 背鳍与臀鳍软条后
部圆形或稍钝尖

Pomacanthidae
盖刺鱼科小档案
分类： 鲈形目鲈亚目盖刺鱼科
种类： 全世界有9属74种
生态： 底栖，卵生，肉食（以无脊椎动物为主）

● 圆形尾鳍

● 褐色臀鳍，具数条青色纵纹

观察篇

鲈形目的家族

生态视窗

幼鱼及成鱼体色不同

盖刺鱼和它们的近亲蝴蝶鱼在小时候有两点颇不相同，其一是它们的仔鱼头上并没有像蝴蝶鱼那样的棘状突起，二是它们的幼鱼的体色、图案和成鱼常不相同，而有渐渐的转变过程。蝴蝶鱼的体色就没有这样随成长造成的形态差异。

◆ 条纹盖刺鱼幼鱼（右）、中间型（中）与成鱼（左）体色的变化

娇贵的住客

盖刺鱼的数量少,除了人为的过度捕捞所致外,还与它们对栖所的要求特别严格有很大的关系,通常珊瑚礁要有很隐秘的洞穴,像独立礁、大石块或礁洞等有较多孔洞者,才能够吸引盖刺鱼的定栖。此外,盖刺鱼也有明显的领域行为,例如体型较小的刺尻鱼大概只占有几平方米的领地,但大型的盖刺鱼则可管辖达 $1000m^2$ 的范围。

◆叠波盖刺鱼喜在礁体边缘阴暗处活动,具领域性

三类不同的食性

盖刺鱼科鱼类的食性各不相同,其中体型较小的刺尻鱼属几乎都是啃食藻类,而较大的盖刺鱼属则以海绵为主食,再辅以海藻及海葵、海鞘、海鸡头、鱼和无脊椎动物的卵粒、水螅和海草等。另外,月蝶鱼属则是白天在礁盘上盘旋,以浮游动物为主食,再辅以底栖的苔藓虫、多毛类动物和海藻等。甚至有一种断线刺尻鱼,专门捡食雀鲷或金花鲈的排泄物。

◆半纹背颊刺鱼以浮游动物为主食

◆铁红刺尻鱼体型袖珍,以藻类与附着生物为主食

相互模仿的奥妙

鱼类的拟态一般都是模拟环境背景的颜色与底质的形态,以便把自己完全伪装起来,让掠食或被掠食者都不易发现。但其中也不乏模仿无脊椎动物栖所或避难所形态的例子,如鰕虎模仿海鞭、海绵、珊瑚;姥姥鱼模仿海羊齿;颊棘鮋模仿珊瑚,侏儒海马模仿角珊瑚等。但不同科鱼类彼此互相模仿的例子就不多了,除了著名的鱼医生(裂唇鱼)及冒牌鱼医生(三带盾齿䲁)外,刺尾鲷科火红刺尾鲷的幼鱼,会在形态及游姿上均模仿盖刺鱼科的盖刺尻鱼、海耳刺尻鱼及伏罗氏刺尻鱼;而印度洋的暗体刺尾鲷会模仿虎纹刺尻鱼。这种现象十分有趣,但迄今原因仍不明。

盖刺鱼的生殖模式

盖刺鱼的人工养殖虽然尚未成功,但是它们的生殖行为却有不少观察报告,特别是小型的刺尻鱼及月蝶鱼。它们除了成双成对外,也常有三妻四妾的情形,也就是说,一尾雄鱼在它的领域内会同时拥有2~5尾雌鱼伴侣。

热带地区的鱼类通常可终年繁殖。交配时,雄鱼会间歇地追逐雌鱼,再游到上方并展示其身体侧面,被打动芳心的雌鱼则会尾随上游。然后雄鱼会用吻部温柔地摩擦雌鱼的腹部,再一起游到离海底3~9m的水层中,同时排精、排卵。受精卵1~2天孵化,仔鱼漂流17~39天后变成幼鱼,再沉降到海底定居,1~2年后成熟。盖刺鱼的性转变属于先雌后雄,和金花鲈一样,当雄鱼死后,排名第一的雌鱼会性转变为雄鱼来取代。由于求偶不易,所以盖刺鱼和蝴蝶鱼一样,会有不少因"饥不择食"而产生杂交种的例子。

◆火红刺尾鲷幼鱼(右)与海耳刺尻鱼极相似(上)

观察慈鲷

谈到慈鲷，也许不少人还不太了解，但说起罗非鱼，大概就少有人不知了，罗非鱼其实已经变成慈鲷科鱼类与其杂交种鱼类的泛称。慈鲷原产于热带中南美洲、非洲及西印度群岛水域，因具有养殖食用及观赏价值而被全球各地广泛引进，如今已是热带与亚热带地区水域最常见的外来鱼种。目前估计全球慈鲷至少有2000种以上，是硬骨鱼类中种类数名列前茅的家族。慈鲷科鱼类形态变化不小，但大多长得像鲈，只是身体较高而侧扁。尼罗口孵鱼也是一种慈鲷科鱼类，外形与其他罗非鱼十分近似，从名字就知道，它们是具有"口孵"绝技的好父母呢！

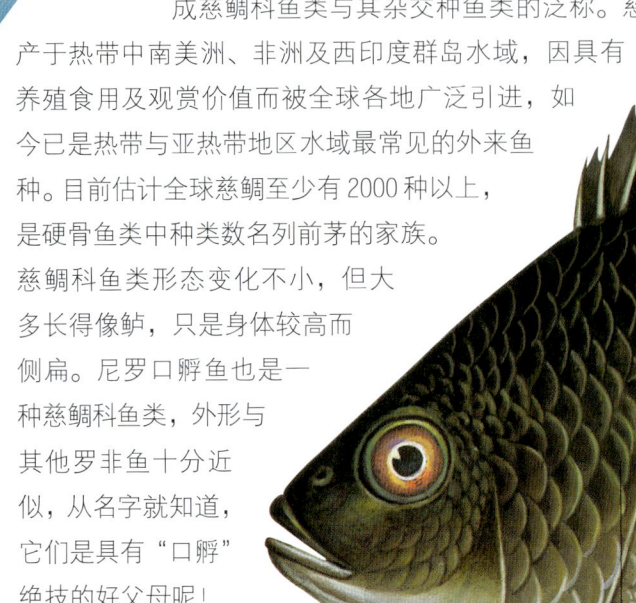

- 鱼体呈椭圆形，侧扁，背部轮廓隆起
- 体色随环境而异，一为暗褐色，背部呈暗色，腹部呈银白色
- 体被大栉鳞

◆ 吉利慈鲷——一种罗非鱼，原产于非洲

生态视窗

慈鲷的护幼行为

慈鲷有严密的护幼行为，所以被称为"慈鲷"。它们有3种照顾下一代的方式，一为口孵，即由雌鱼把受精卵含在口中孵化；二为底床孵卵，由雄鱼或雌鱼共同护卫；另有一些种类则是上述两种方式并用，将卵产在巢穴底床中，待孵化后，再把新孵出的仔鱼含在口中保护。

◆ 正在口孵的慈鲷

主图：尼罗口孵鱼（*Oreochromis niloticus niloticus*），最大体长60cm

- 背鳍单一，无缺刻
- 体侧具 8~12 条暗色横带
- 尾鳍截形，具多条黑褐色横纹
- 侧线分成上下两段
- 臀鳍、背鳍、尾鳍具灰色小点

Cichlidae 慈鲷科小档案

分类：鲈形目隆头鱼亚目慈鲷科
种类：全球共有 200 属 2000 种以上
生态：底栖，多为卵生口孵，肉食、杂食或草食

鱼类与人 入侵种的忧虑

中国台湾最早的慈鲷是 1946 年由吴振辉和郭启彰两位先生从印尼引入的，所以称为"吴郭鱼"。之后，其他专家陆续引进其他种类，并进行杂交繁殖，因此种系十分混乱。迄今至少引进 50 种以上的观赏性慈鲷，4 种以上的食用种，以及各类杂交种。慈鲷因其适应力强、繁殖力强、体型大，已成为热带国家重要的养殖或食用鱼类。虽然它们能为当地民众提供物美价廉的动物性蛋白质来源，但也因任意引进，在野外过度繁殖，而排挤许多原生种鱼类生存的空间，已造成生物入侵的问题。

◆ 经人工育种改良的红尼罗鱼

观察篇 — 鲈形目的家族

演化舞台 慈鲷的爆炸演化

慈鲷外表共同特征很少，但它们在喉部却都有一组称为"咽颌"的构造，加上牙齿形态的分化，更方便它们捕食并咀嚼各类不同食物，因此慈鲷在淡水水域中占尽优势，并迅速演化出许多不同的鱼种。

科学家发现，在非洲的马拉维湖（Lake Malawi）中可能有 500 种以上的慈鲷，而东非的维多利亚湖（Lake Victoria）至少有 400 种，坦噶尼喀湖（Lake Tan-ganyika）则有 300 种以上，上述湖泊中有 99% 的种类都是该湖的特有种。在短时间内，同一个湖中可以演化出这么多不同种类的慈鲷，是因为慈鲷在掠食器官（如口形及牙齿）的形态和功能上，已发展出许多不同的形式，如此可以有效分配资源，使食性多样化而不会相互竞争，因此可以和平共存。

观察雀鲷

外形长得像鲷,但如麻雀般娇小,体表亮丽多彩,加上一张小嘴,这就是雀鲷科鱼类的特征。它们是典型的珊瑚礁小型鱼,更是其中数量最庞大的一群!通常以附着在珊瑚礁上的小型甲壳类和浮游动物为食。雀鲷共有4个亚科,其中的双锯鱼亚科,就是鼎鼎有名、与海葵共生的小丑鱼;而雀鲷亚科的身体比较圆,其中的豆娘鱼属是沿岸潮间带或水深10m以内礁区最常见的中水层浮游动物食性鱼类,偶尔在市场上也可见到。

- 头部全被有鳞片
- 体被栉鳞
- 体背为显著的黄绿色或蓝绿色

Pomacentridae
雀鲷科小档案

分类:鲈形目隆头鱼亚目雀鲷科
种类:全世界共有4亚科28属321种
生态:珊瑚礁底栖,卵生,浮游动物食性、杂食、藻食

生态视窗
栖所食性各有所好

珊瑚礁环境之所以能在几米范围内同时居住上百种鱼类,主要是因为这些不同的鱼类为避免竞争,已发展出各自不同的栖所与食物资源(如浮游动物、海藻、甲壳、珊瑚、杂食、碎屑、

主图:条纹豆娘鱼(*Abudefduf vaigiensis*),最大体长20cm

观察篇

鲈形目的家族

- 体侧有 4~5 条黑色横带
- 背鳍单一连续，淡黄色
- 尾鳍凹入

◆ 条纹豆娘鱼是岸边浪拂区常见的鱼类

食鱼等），因此得以和平共存，将礁区的资源做最有效和充分的利用。雀鲷科鱼类中不同的属或种，在这方面的分配利用更是发挥得淋漓尽致。

◆ 肉食性，以浮游动物为主食的黄背宽刻齿雀鲷

◆ 草食性，以藻类为主食的雷克斯克齿雀鲷

生态视窗 彩票理论

在热带珊瑚礁区,特别是有台风侵袭的地区,鱼种的组成并非一成不变,主要是因为每当原来栖所空间的占有者不幸死亡或被掠食后,接下来能占有这腾空栖所的"屋主"并不一定是原来的鱼种,而是视当时哪一种幼鱼正要从水层中沉降到礁区定居而定,也就是先占先赢,此称为"彩票理论",所以热带珊瑚礁区的鱼种组成往往难以预测。

与海葵、珊瑚共生的小丑鱼

小丑鱼就是海葵鱼,因模样如小丑般可爱而得名,它们和海葵共生的传奇最为人所熟知。平常小丑鱼都躲在海葵的触手丛中,靠海葵有毒的刺丝胞来保护,而它自己身上所分泌的黏液则有免疫的功能。此外,小丑鱼会将黏附性的卵产在海葵

根足部附近,接受海葵的保护,而小丑鱼则以帮海葵清除病变的触手或残渣来回报。

圆雀鲷属或光鳃雀鲷属的鱼类通常都住在尖枝列孔(轴孔珊瑚)或鹿角状珊瑚的枝丛中,以水层中的浮游动物为食。而约岛固齿雀鲷或迪克氏固曲齿鲷则会以珊瑚的水螅体为食,这种会对房东——珊瑚造成危害的情形就不叫互利共生,而是片利共生了。

◆ 与海葵共生的两种小丑鱼(上、左)

◆ 约岛固齿雀鲷平常只在珊瑚丛附近活动

◆ 生活在珊瑚丛中的蓝绿光鳃雀鲷

幼时受宠

雀鲷也会性转变,海葵鱼属是先雄后雌,其他属则是先雌后雄。但雀鲷和隆头鱼、鹦哥鱼不同,它们雌雄的体色都一样,没有什么差别。不过,有几个属的雀鲷,如固齿雀鲷和新刻齿雀鲷,幼时体色明亮可爱,常被捕捞作为海水观赏鱼,只是长大后体色就变成暗淡不起眼的灰黑色了。

◆网纹圆雀鲷幼鱼体色明亮;成鱼却黯淡不起眼(上)

观察隆头鱼

隆头鱼科是仅次于鰕虎的第二大海水鱼家族。但它们的体型差异很大，外形轮廓则从细长梭形、叶片形到一般的鲷形都有。某些隆头鱼到了老年时，头部会隆起，有些只是微突，有些则前额明显突出，这应该是当初称此科为"隆头鱼"的原因。隆头鱼大多为肉食性鱼类，口吻一般略长，可自由伸缩，唇上有肉，口内有尖齿，具有一个连续且长的背鳍。

隆头鱼和鹦哥鱼都属于隆头鱼亚目，但隆头鱼的地理分布比鹦哥鱼更广，它们可生活在温带的冷水区，是温带礁区的主要成员。体型大的隆头鱼为高价值的食用鱼类，体型小具鲜艳色彩隆头鱼则成为水族馆（箱）宠儿。隆头鱼以贪睡闻名，而成员中的裂唇鱼属，则是备受鱼族礼遇的"鱼医生"。横带唇鱼是隆头鱼科鱼类中体色较鲜艳的一种。

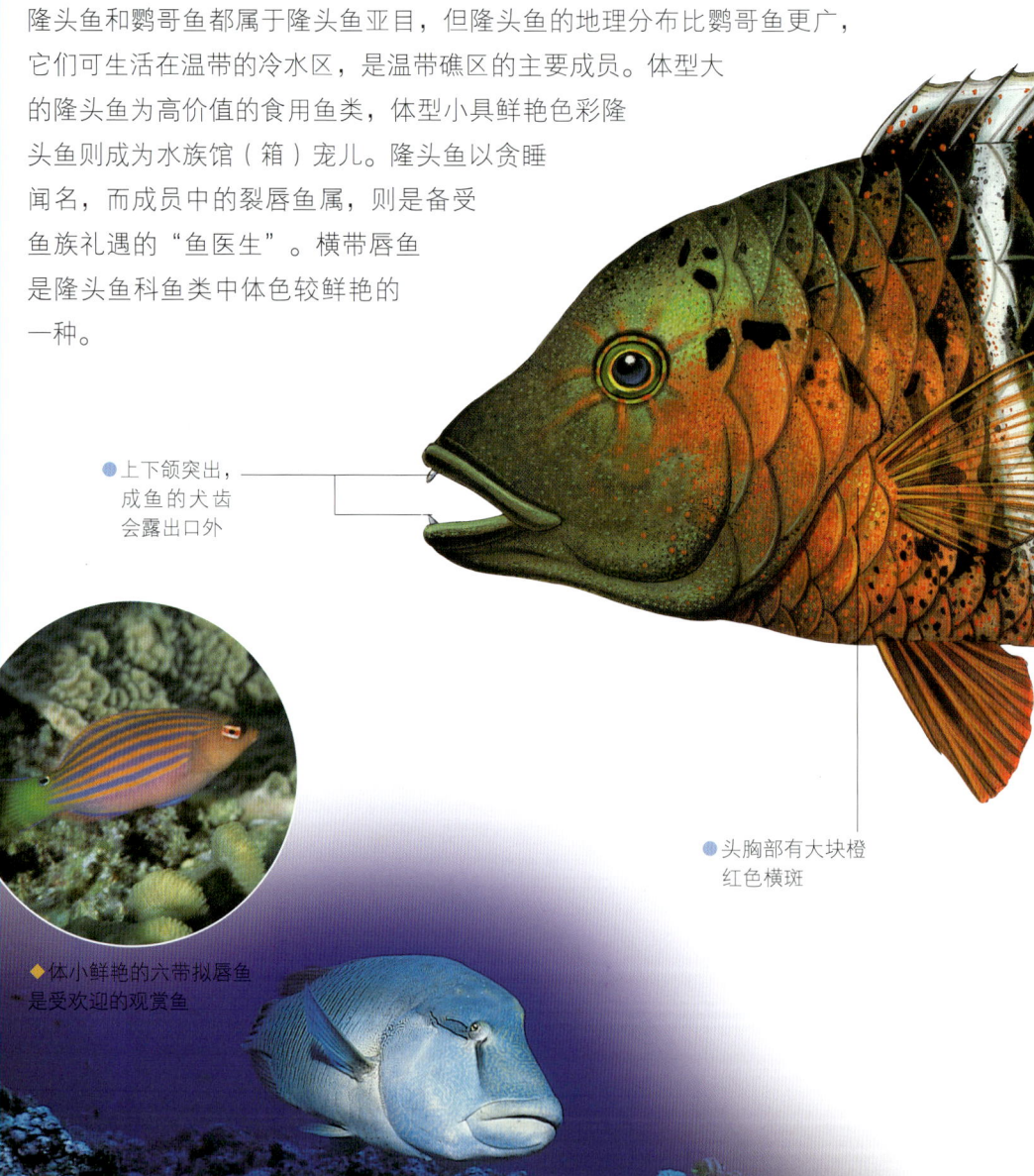

- 上下颌突出，成鱼的犬齿会露出口外
- 头胸部有大块橙红色横斑

◆ 体小鲜艳的六带拟唇鱼是受欢迎的观赏鱼

◆ 曲纹唇鱼的老成鱼额头会明显隆起突出

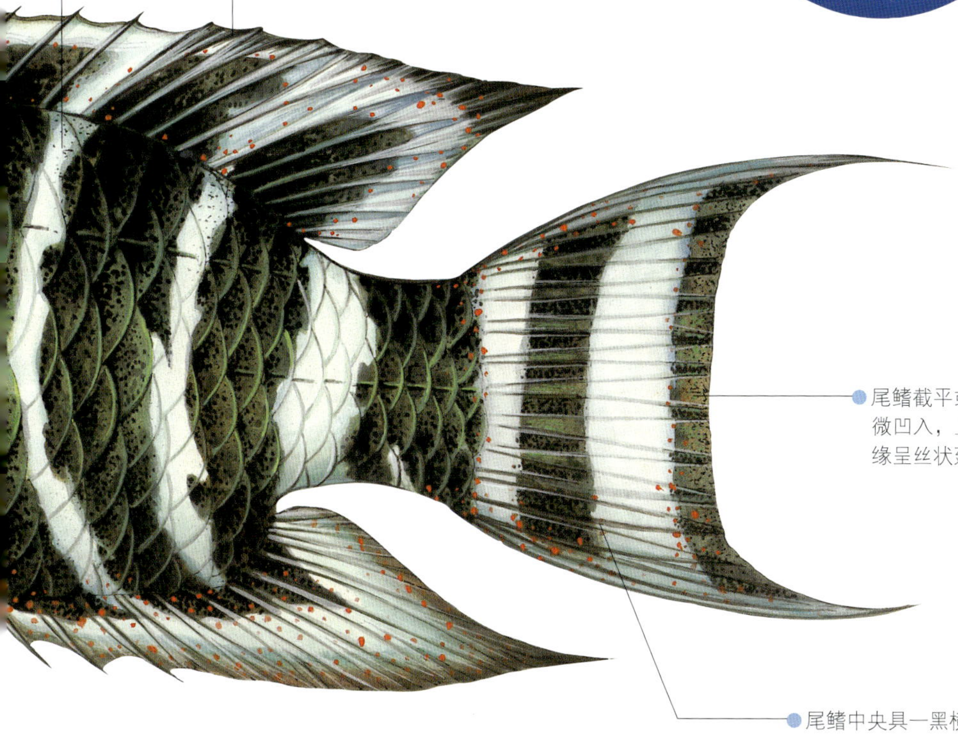

观察篇

鲈形目的家族

- 体色白底，体侧具6条黑色宽横带
- 背鳍单一，长且连续

Labridae
隆头鱼科小档案
分类： 鲈形目隆头鱼亚目隆头鱼科
种类： 全世界共有60属500种以上
生态： 底栖，卵生，肉食、杂食、浮游动物食性

- 尾鳍截平或些微凹入，上下缘呈丝状延长
- 尾鳍中央具一黑横带

最有效率的捕食者

在珊瑚礁鱼类中，隆头鱼可说是日间最有效率的捕食者，它不停地在珊瑚礁盘或外围沙泥地上搜寻小型无脊椎动物，由于其摄食器官多变化，加上具有敏锐的感觉器官，使隆头鱼得以猎捕具有伪装或拟态本领的各种小型虾贝类。有不少隆头鱼类喜欢盘旋在独立礁的上方，啄食浮游动物，也有一些隆头鱼会吃活的珊瑚虫、小鱼或吃鱼身上的寄生虫。

◆ 以小型底栖无脊椎动物为主食的西俚伯斯鹦鲷

主图：横带唇鱼（*Cheilinus fasciatus*），最大体长40cm

生态视窗

备受礼遇的鱼医生

隆头鱼科裂唇鱼属（Labroides）的鱼类是鱼族中备受礼遇的"鱼医生"，许多凶猛的鯙、石斑、鲉等，乃至于群游的笛鲷、鸡鱼、乌尾冬等，到了礁区都会停下来，轮流请"鱼医生"来啄食它们体表、口腔、鳃腔内的寄生性桡足类。所以裂唇鱼又被称为"清道夫鱼"（cleaner wrasse）。鱼医生可说是珊瑚礁的生态关键种，少了它们，据说该礁区的其他鱼类也会跟着搬家呢！

◆鱼医生（裂唇鱼）正在为雀鲷服务

最贪睡的鱼

隆头鱼属于日行性鱼类，白天四处觅食，夜晚则在礁区或沙地休息。它们是黄昏时分最早就寝，早上却最晚起床的鱼类，也可以说是珊瑚礁鱼类中较贪睡的一群。生活在礁区外沙地的小型隆头鱼、彩虹鲷属（Xyrichthys）、新隆鱼属（Novaculichthys）等，平常都有潜入沙泥地睡眠的习惯，白天遇到危险时也是钻入沙泥地避难；而大型的隆头鱼则多半躲入礁穴、礁洞中的较深处就寝。

◆遇到危险准备钻入沙中躲藏的彩虹鱼

◆躲在礁盘下就寝的尖嘴无睛豆娘鱼（雌鱼）

◆带尾新隆鱼夜晚潜沙而眠

◆月斑叶鲷正奋力地用胸鳍滑水前进

只靠胸鳍划的奇特游姿

大部分鱼类在游泳时，主要都是靠身体后半部和尾鳍的摆动向前方推进，而胸鳍、腹鳍、臀鳍与背鳍则负责控制方向和上升下潜。但也有少数鱼类是靠其他鳍来运动，例如𫚉靠扩大为体盘的胸鳍呈波浪式运动前进；海马和板机鲀靠背鳍来行动；有些属的隆头鱼，尤其是叶鲷属（Thalassoma），主要是靠胸鳍奋力划动，而瘦长的身躯则维持水平方向，或身体后半部下垂，动也不动，仿佛挂在那里，模样十分有趣。

不可思议的性别奥秘

许多鱼类都会进行各式各样的变性，但隆头鱼的变性与体色转变机制尤其复杂。依照成熟的程度，某些隆头鱼的体色可分为3种形态，分别为体色暗淡（群游种）或体色鲜艳（独游种）的"稚鱼型"（juvenile phase）；体色暗淡的"初始型"（initial phase）；以及最后体色鲜艳的"终期型"（terminal phase）大部分的种类在稚鱼型时性别尚未决定，初始型时多为雌鱼，只有极少数是扮演雄鱼角色的初级雄鱼个体（primary male）。

随着成长，初始型的雌鱼会经历性别转换变成雄鱼，而外表也会因为雄性荷尔蒙的提升逐渐变成色彩多变的终期型。换言之，雄鱼可分为一辈子为雄性的初级雄鱼（primary male），以及由雌鱼性转换来的次级雄鱼（secondary male）两类，至于初级雄鱼是否会转变成体色鲜艳又称"终期型"的次级雄鱼，目前尚未研究清楚。

观察篇

鲈形目的家族

◆同一种鱼的稚鱼型（左）、初始型（右下）、终期型（右上）

观察鹦哥鱼

在鱼市场或海产店里常会看到一种被叫做"青衣"或是"绿仔"的鱼，它们的鳞片很大，身上具有鲜艳的青色或绿色斑纹，这就是鹦哥鱼科的雄鱼。鹦哥鱼一般体长20~50cm，是珊瑚礁区内体型较大的鱼。它们最大的特征是大多数种类的上下颌齿已经变化成齿板，像鹦鹉嘴般，可用来啃食珊瑚礁上附生的藻类，所以又称它们为"鹦鹉鱼""鹦嘴鱼"。鹦哥鱼的幼鱼期时体色多半为灰褐色，不易辨识种类，长大后虽然色彩较为鲜艳，但五颜六色混杂在一起不易描述，也造成分类上的困难。鹦哥鱼分布在热带及亚热带三大洋的珊瑚礁区、岩礁区、海藻或海草区，以印度洋及太平洋的种类最多。青鹦哥鱼则是鹦哥鱼家族中体色最鲜明的代表，雄鱼甚至赢得"青龙"之称，是食客们眼中的青衣极品。

- 自颈部有橙色小斑向后延伸至臀鳍基部
- 身体呈长卵圆形，稍侧扁
- 吻钝圆，具鸟喙般愈合齿版，上有颗粒状突起
- 自上唇有一橙色线延伸至臀鳍前缘，此线上方有橙色小斑分布
- 胸鳍从蓝紫色到黑色
- 腹鳍黄色，外缘绿色

◆ 变色鹦哥鱼雄鱼

◆ 红紫鹦哥鱼雄鱼

◆ 新月鹦哥鱼雄鱼

主图： 青鹦哥鱼（*Cetoscarus bicolor*），♂，最大体长90cm

鹦哥鱼科小档案

Scaridae

分类： 鲈形目隆头鱼亚目鹦哥鱼科
种类： 全世界共有2亚科9属83种
生态： 珊瑚礁底栖，卵生，杂食、藻食

- 成熟雄鱼体色呈深蓝绿色，鳞片外缘为橙色
- 体被大圆鳞
- 单一且连续的背鳍
- 尾鳍双凹形，上下叶尖突

观察篇

鲈形目的家族

生态视窗 超级变变变

鹦哥鱼和隆头鱼一样，会随着成长改变性别与体色，一生可能包含4个时期：首先是透明的"漂浮期仔鱼"；接着是未成熟的幼鱼，此时性别尚未决定，其"稚鱼型"体色会依活动行为而有不同，成群活动的种类体色大多为灰褐色，如杂纹鹦哥鱼，而单独活动的种类，体色却鲜艳而亮眼，如青鹦哥鱼；长大后的"初始型"体色大多为灰色、红色或褐色，此时大多数个体为雌鱼，少数为雄鱼；雌鱼成长到一定大小后，即会性转变为色彩鲜艳的"终期型"雄鱼，以青色和绿色为主。

◆ 鹦哥鱼幼鱼（左）、雌鱼（上）与雄鱼（下）

生态视窗

珊瑚砂的生产者

鹦哥鱼除了用坚硬的门齿来啃食或刮食死珊瑚上所附生的藻类外,它们在喉部还有一套更坚硬的咽喉齿,用来研磨吃进去的礁石碎片,磨碎成珊瑚砂再排泄出来,成为珊瑚礁区细砂沉积物的重要来源。原则上,大多数鹦哥鱼的成鱼和所有鹦哥鱼的幼鱼都啃食死珊瑚上的藻类,只有极少数种类的鹦哥鱼,在变成大型雄鱼后,会变成啃食活珊瑚,如白斑鹦哥鱼和青鹦哥鱼。此外,凸额鹦哥鱼在石礁区活动时,也会啃食活珊瑚。一般草食性鱼类,为了消化藻类的细胞壁,肠道都特别长(体长的2~5倍),鹦哥鱼没有胃,虽然肠道不算特别长(只有体长的1.4倍左右),但其肠道迂回曲折,同样具有延长食物通过时间的效果。

◆ 卵头鹦哥鱼的排遗含沙量高,是珊瑚礁区沙地的主要沙源

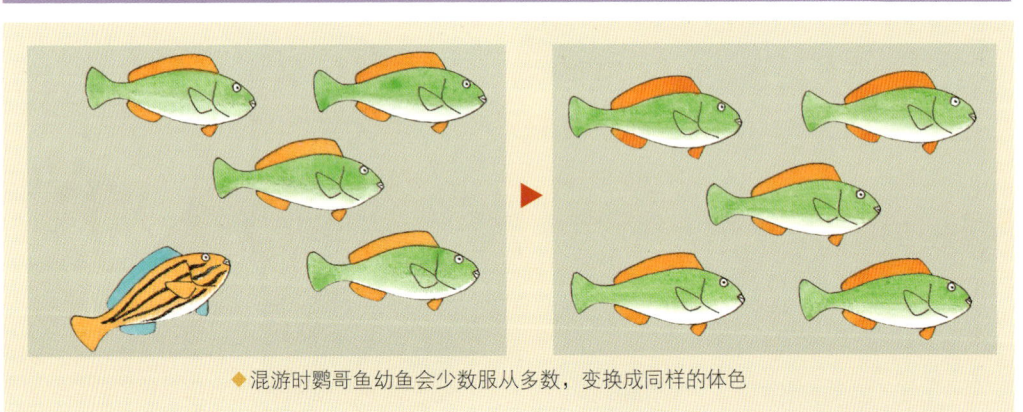

◆ 混游时鹦哥鱼幼鱼会少数服从多数,变换成同样的体色

随同伴换装的幼鱼

许多海洋生物都有变色的本领,譬如比目鱼因为要模拟周围环境而变色;章鱼则不只随环境,也会随情绪而变色。但鹦哥鱼幼鱼则是目前生物界已知,极少数因为社会行为而变色的例子,就像"穿制服",只要群游在一起,不论种类一律呈现一致的灰褐色或是纵纹;一旦落单,即刻换装成美丽鲜艳的"便服",而且所有变色都在瞬间完成。

◆ 在一起混游的许多种鹦哥鱼的幼鱼

特殊的滑翔式游技

鹦哥鱼不是靠尾鳍来提供游泳的推进力,反而依赖桨状的胸鳍来划水,而且前进的路线不是直线形,而是上下起伏的波浪形,以类似鸟类滑翔的方式,半游泳半滑翔来前进。

◆ 东沙岛的爪哇鹦哥鱼以胸鳍划水前进

自备睡袋的鹦哥鱼

鹦哥鱼白天有时单独行动，有时则以同种或不同种混杂在一起的方式成群在礁区四处觅食活动到了夜间则各自在礁区内寻找近底部的礁洞就地而眠。为了保护自己不被掠食者发现，它们还会从口中吐出黏液，做成一个透明的"睡袋"把自己包裹起来。因为海鳝（薯鳗）夜间是靠嗅觉出来猎食，所以用"睡袋"把自己的气味包起来，就可以高枕无忧了。当然为了让呼吸顺畅，黏液囊会留下两个孔以保持内外水的交换。这种吐黏液的行为受光线所控制。

◆ 包裹在黏液泡囊里的横纹鹦哥鱼雄鱼

鹦哥鱼的交配与生殖

鹦哥鱼的交配方式会随着周边可利用资源的多寡而有不同。在礁区宽广的地方，雄鱼会建立自己独有的领域，大多以一尾雄鱼对3~4尾雌鱼方式配对。但是在礁区狭窄资源有限的区域内，雄鱼无法划清彼此的地盘，所以主要以多尾雄鱼对多尾雌鱼的交配方式进行。

鹦哥鱼在水层中产卵、排精，除鹦鲤亚科的受精卵是圆形卵外，大多数种类的卵都是橄榄球状，跟一般鱼很不一样。经过2~3天漂流后，孵化为仔鱼，再经过一段漂浮期（30~40天）后，即伺机回到礁区定居下来。鹦哥鱼的仔鱼在漂浮期吃浮游动物，待沉降定居至礁区后，就开始变成啃食礁石表面藻类为主的草食性鱼类。

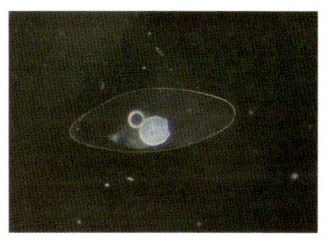

◆ 橄榄球状的鹦哥鱼鱼卵

观察篇

鲈形目的家族

辨识鹦哥鱼与隆头鱼

鹦哥鱼常被误认为隆头鱼，其实它们长得非常像，许多生态习性也很类似，早期专家认为它们都是隆头鱼，但后来发现鹦哥鱼牙齿愈合，咽头齿很发达，所以被独立出来成为独立的鹦哥鱼科。

◆ 鹦哥鱼的牙齿愈合成齿板

观察鳚

鳚住在岩礁或珊瑚礁潮间带，长相和住在红树林里的弹涂鱼（见第212页）相似，身体呈长条状，眼睛接近头顶上方，嘴角上扬，仿佛在微笑，而且同样会以跳跃的方式行动。不过，鳚的身体稍微侧扁，不像弹涂鱼那么圆，而且只有一个背鳍，部分种类还有头冠。鳚大多没有鳞片，或是仅有变形的鳞片。体型一般不大，只有7~8cm长。底栖性的鳚科成鱼，由于不需要经常控制浮沉，所以没有鳔的构造。在潮间带，常可见到属于"唇齿鳚族"的条纹蛙鳚。

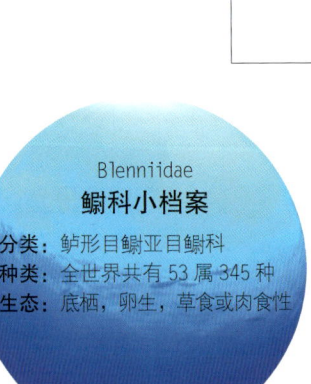

- 背鳍与臀鳍有蓝色纵纹或布红褐色斑点
- 眼上及颈上须不分支
- 雄鱼有头冠
- 眼大突出
- 鼻须掌状分支
- 上下唇平滑

Blenniidae
鳚科小档案

- **分类：** 鲈形目鳚亚目鳚科
- **种类：** 全世界共有53属345种
- **生态：** 底栖，卵生，草食或肉食性

鳚的家族

鳚科可依体型、头形、口形和尾鳍分支数目等外观特征，分成6族（族是介于科与属间的分类阶层），分别为唇齿鳚族、蒙鳚族、副鳚族、鳚族、肩鳃鳚族及剑齿鳚族。其中，以唇齿鳚族的属最多，主要分布在印度-西太平洋，有些种类可离水一段时间，通常我们在潮间带看到的是其中的蛙鳚和间颈须鳚，而颈须鳚、无须鳚及多须鳚则多半只生活在亚潮带。剑齿鳚族具有犬齿，平时在亚潮带的水层中活动。肩鳃鳚族和鳚族在潮间带也常见。

◆ 鳚族

主图： 条纹蛙鳚（*Istiblennius edentulus*），♂，最大体长14.4cm

观察篇

鲈形目的家族

◆ 无须鳚躲藏在珊瑚丛中只露出头部

◆ 具有明显皮质头冠的斑头肩鳃鳚

● 一个背鳍，基底长，有深缺刻

● 体色呈棕绿色、深褐色至黑色，具6条以上不明显的深色横带

● 体侧后半部、背鳍、臀鳍有时有黑点

● 尾鳍不与臀鳍相连

● 全身无鳞

◆ 肩鳃鳚族

◆ 唇齿鳚族

◆ 剑齿鳚族

◆ 副鳚族

209

盘坐露小脸的唇齿䲁

唇齿䲁住在沿岸浪涛较大的潮间带，体色和潮池背景相似，不易发现。平常躲进小洞时，它总是先把尾巴伸进洞里，盘好身子，只露出头部。为了侦测洞外周围环境的变化，唇齿䲁的侧线和感觉孔，集中在头部和身体前半部。它的头圆钝，嘴大，多以潮池里的海藻为生。繁殖季时，成双成对的公鱼和母鱼会在礁洞中产卵，母鱼产卵后，公鱼会用身体或尾部围绕住卵块，负责护卵。

◆栖息于潮池中的唇齿䲁

争奇斗艳的剑齿䲁

䲁科的另一大类是生活在亚潮带水层中，体色鲜艳美丽的剑齿䲁族，它们经常住在像管子一样的小洞中，偶尔从洞口突然露出一个脸来，模样十分逗趣可爱。有时候，它们也会把海里漂流的垃圾空罐当做"家"。这类鱼的口很小，下颚后方长着两枚向后弯的锐利犬齿，可以帮助它们防御、攻击和偷袭。它们常常偷咬其他鱼的鳍、皮肤或麟片，甚至身上的黏液来吃。因为攻击性强，大鱼都不敢招惹它们，所以剑齿䲁身上不必穿"迷彩装"，也无须躲躲藏藏，可以大方地在水层中巡游。

◆住在管子里的剑齿䲁（上）（下）

◆杜氏剑齿䲁与钝头叶鲷（后方）一齐群游

鳚科的小不点

在潮间带生活的唇齿鳚或肩鳃鳚等种类体型都较大，身体较长。而潮间带以下的珊瑚礁区，还可见到一些体型娇小的鳚科成员，例如无须鳚，它们的眼睛长在头部的正上方，可以各自独立转动，非常神奇；另有一种跳岩鳚，常在马尾藻丛中出现；还有一种身体特别短胖、颜色较花的短多须鳚，则爱吃珊瑚的水螅虫。

◆大眼睛咕碌碌转的无须鳚

◆在马尾藻丛中的跳岩鳚

冒牌鱼医生
——三带盾齿鳚

人类世界里，只要好东西一出，其冒牌货往往就趁机而出，想不到鱼类世界也有这样的实例：三带盾齿鳚就是所谓的"冒牌鱼医生"，它的外形、体色和真正的鱼医生"裂唇鱼"（见第202页）极相似。它总是趁着鱼儿被骗过来看病时，出其不意地狠咬一口。"裂唇鱼"属于隆头鱼科，而三带盾齿鳚却是鳚科。血缘关系完全不同的鱼，在形态上却模仿得如此相像，得以逃避天敌或诱骗猎物，称之为"拟态"。

◆冒牌鱼医生——三带盾齿鳚

正牌鱼医生裂唇鱼

观察鰕虎

鰕虎是所有鱼类中种类最多的一科。它们的分布范围上达海拔2000m的山涧，深抵800m的海洋，除了南北极和深海底部之外，几乎各地都有鰕虎的踪迹，其中有半数的种类栖息在珊瑚礁区，三分之一在河口泥滩，十分之一在淡水，其余的在岩礁、沙滩或大陆棚。大部分的鰕虎身体呈长圆筒形，头钝，口大，有两个背鳍，两个腹鳍有时会化成吸盘，可用来吸附在岩石表面。鰕虎身上没有侧线，但在头部有感觉孔或乳突，又是重要的分类依据。鰕虎体长大多在4~10cm，体型最小的微鰕虎，成鱼体长甚至只有7~10mm，是地球上最小的脊椎动物。常在中国台湾西海岸红树林的泥滩地上见到的大弹涂鱼，不但是鰕虎中的跳跃高手，也是极少数可以暴露在空气中生活的鱼类。

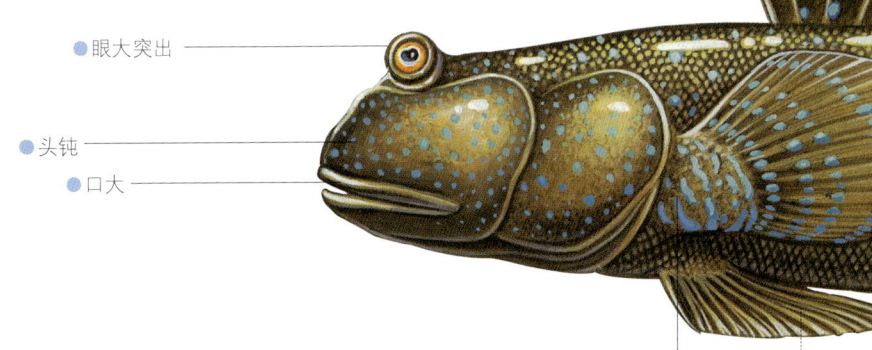

- 眼大突出
- 头钝
- 口大
- 胸鳍基部肌肉发达，呈圆盘状
- 左右两枚腹鳍化成吸盘

◆ 极乐吻鰕虎是生活在淡水的底栖鱼类

◆ 石壁范氏塘鳢常栖息于礁沙混合区的沙地上

生态视窗

泥滩上的弹跳高手

栖息于潮间带的弹涂鱼有许多特异功能，包括胸鳍的基部肥厚，具备攀爬的能力；鳃盖发达，有短暂的蓄水功能；尾部强而有力，利于在泥滩上弹跳。弹涂鱼的两个眼睛凸出于头顶，因此不论是停栖在泥滩上或沉浸在水里，

主图：大弹涂鱼（*Boleophthalmus pectinirostris*），最大体长16cm

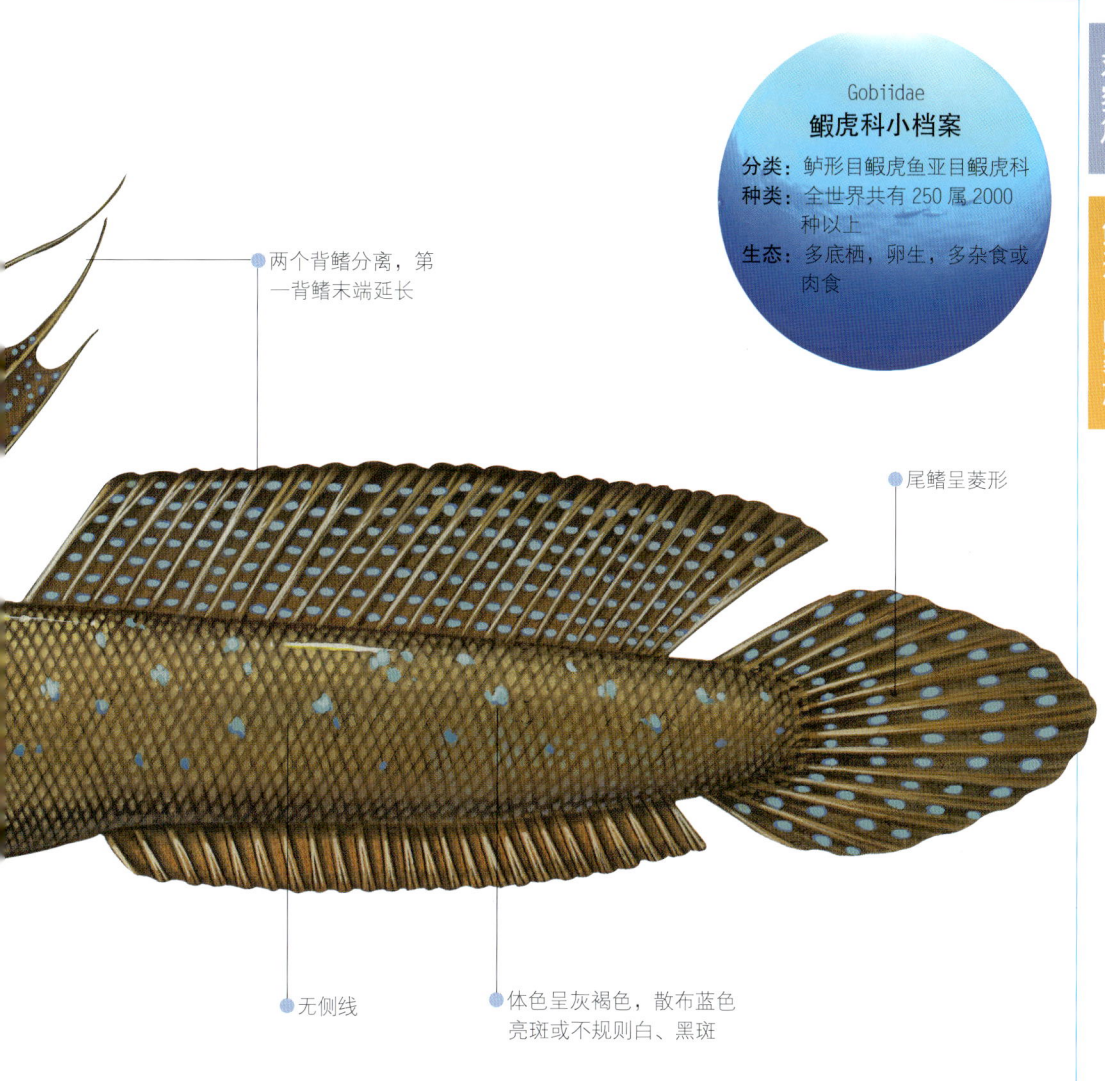

Gobiidae
鰕虎科小档案
分类：鲈形目鰕虎鱼亚目鰕虎科
种类：全世界共有250属2000种以上
生态：多底栖，卵生，多杂食或肉食

观察篇

鲈形目的家族

- 两个背鳍分离，第一背鳍末端延长
- 尾鳍呈菱形
- 无侧线
- 体色呈灰褐色，散布蓝色亮斑或不规则白、黑斑

它们的双眼都会露出水面，随时注意空中是否有天敌——鸟类出没。它们的拟态本领高强，静止不动的时候，不易发现。

弹涂鱼中数量最多体长6~7cm的，又称"泥猴"或"石贴仔"，全身灰褐色，有深色的斑纹。还有一种是体长可以大到16cm的"大弹涂鱼"，俗称"花跳"，比较少离水活动，全身有浅蓝色斑点，很容易辨识。大弹涂鱼在求偶或是向侵犯它领域的招潮蟹示威时，会竖起美丽的背鳍和尾鳍。为了获得母鱼的青睐，公的大弹涂鱼常会在泥滩地上，连续跳上好几回"求偶舞"。

◆弹涂鱼体色灰褐，不易被发现

213

生态视窗

"同居"生活妙趣多

珊瑚礁区的鰕虎和无脊椎动物之间的共生现象非常普遍,其中又以枪虾与鰕虎的共生最为有趣。枪虾负责清理巢穴,鰕虎则担负守卫,平时枪虾将长须搭在鰕虎身上,如遇危险,鰕虎身体动一下,枪虾便立刻躲入洞穴,斑点钝鲨、白头鰕虎、黄斑栉鰕虎、斑纹猴鲨都是此类型的典型代表。

◆斑点钝鲨和枪虾共生

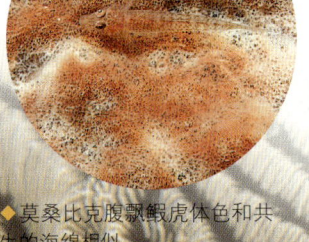
◆莫桑比克腹飘鰕虎体色和共生的海绵相似

有些鰕虎一生都和无脊椎动物,如珊瑚、海绵、海鞭等住在一起,它们的体型通常较小,体色近似同居的无脊椎动物,具有伪装隐蔽的作用,例如莫桑比克腹飘鰕虎;而有些种类,如纺锤鰕虎的身体甚至是透明的,身上的斑纹则和周围的沙砾地或珊瑚背景相近,难以发现;有的则干脆躲在洞里面、礁缝内或是珊瑚丛中,很少出来,如磨鰕虎或短鰕虎等。

◆纺锤鰕虎的身体近乎透明

米奇鰕虎栖息在石珊瑚上,与其共生

鰕虎的生活史

鰕虎传宗接代的形式都差不多，通常是一夫一妻或一夫多妻。最近才发现少数鰕虎也会有由雌变雄的性转变，例如短鰕虎。母鰕虎每次可产数颗到数百颗卵，产卵时，将卵黏附在海藻床、岩石或珊瑚礁中，再由公鰕虎进行体外受精。母鱼产毕离开，公鱼则留下来负责守卫，除了用胸鳍等来搧卵增加水流交换外，还会啄卵，清除坏死的卵粒。

数天后，仔鱼孵化，开始过三天至半年的漂流生活，直到适当的栖地，再沉降定居下来。在热带地区，小鰕虎经过一周或几个月即可长大为具有成熟特征的个体。

鰕虎中也有不少种类在淡水产卵，仔鱼孵化后，顺着水流而下，在海中漂流几周或几个月，成长至2~3cm，再大规模地集体溯河而上，回到它们出生的溪流栖息。

◆短吻鰕虎的卵

小鰕虎的溯河洄游

每年农历的三四月，一些河海洄游性的鰕虎，如日本秃头鲨或大吻鰕虎会和其他溯河的虾蟹类出现大规模成群由河口溯河而上的生态奇景。由于它们的溯河能力很强，若无水库或大型拦河堰的拦阻，不但可以爬越拦沙坝或小型瀑布，上溯至中上游水域，甚至到达离河口超过50km的上游区。由于日本秃头鲨溯河时数量庞大，当地居民便在河口或溪流旁设陷阱捕捞食用。日本秃头鲨在溪流的中上游产卵，孵化后仔鱼随溪流漂送到河口或海洋中成长，2~3个月成长到3cm左右时，又开始溯溪洄游。

◆刚进入河口的日本秃头鲨幼鱼

腹鳍的适应

鰕虎的形态变化大，生活在不同栖地的鰕虎，特别是在水流强弱不一的河川的上、中、下游的淡水鰕虎，或是在潮间带受到潮水冲击的岩礁带，它们的腹鳍有些会演化成吸盘，紧贴着岩石表面，以免被浪涛或急流所冲走。左右腹鳍的演化程度随种类而异，大体上，吻鰕虎是完全演化为吸盘，硬皮鰕虎或钝塘鳢在基部有愈合膜，而塘鳢（属于塘鳢科）或矶鰕虎、磨鰕虎则是完全分离的。

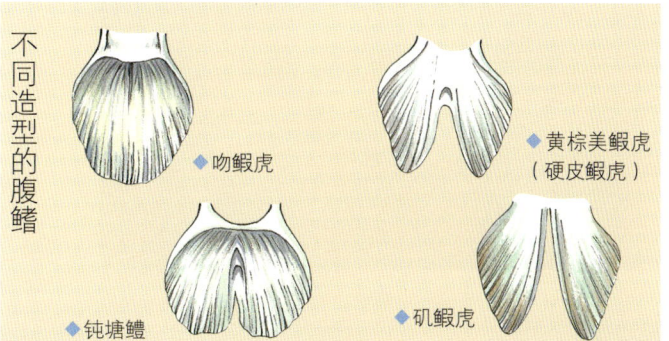
不同造型的腹鳍　◆吻鰕虎　◆黄棕美鰕虎（硬皮鰕虎）　◆钝塘鳢　◆矶鰕虎

观察刺尾鲷

刺尾鲷科科名的由来，是因为本科鱼类尾柄上具有一根或数根硬棘，由于锋利如外科手术刀，不小心碰到时皮肤很容易被划破流血，因此在国外称它为"外科医生鱼"。刺尾鲷又名"粗皮鲷"，这是因为它们的鳞片小且紧紧附着在皮肤上，摸起来像砂纸般粗糙。海钓爱好者则习惯称它们为"倒吊"，这可能和它们在礁区休息时喜欢头下尾上的行为有关，或因为其尾柄上的棘呈倒钩状。刺尾鲷科的鱼类身形高而侧扁，有些种类体色十分鲜艳。它们分布在热带及亚热带三大洋的珊瑚礁区，以印度－太平洋的种类最多。线纹刺尾鲷为本科中体色鲜艳的代表之一，常成群出现在热带浅水珊瑚礁平台上刮食藻类。

- 吻部以上体色呈黄色，并具 6~8 条浅蓝镶黑边纵带
- 口小，略突出
- 吻部以下浅蓝灰色
- 胸鳍透明

◆线纹刺尾鲷身上的条纹十分醒目，它们都在岸边潮间带及浪拂区活动

生态视窗 吃素的鱼

大部分的刺尾鲷都是素食者，它们的口很小，门齿缘呈锯齿、波浪状，有的牙齿甚至长得像一把细细长长的刚毛，很适合刮食附着在珊瑚礁上的藻类，常成群结队地在珊瑚礁区觅食。除了

主图：线纹刺尾鲷（*Acanthurus lineatus*），最大体长 38cm

Acanthuridae
刺尾鲷科小档案
分类： 鲈形目刺尾鲷亚目刺尾鲷科
种类： 全世界共有2亚科6属72种
生态： 底栖，卵生，草食或浮游生物食性

观察篇

鲈形目的家族

- 鳞片细小，表皮如砂纸般粗糙
- 尾柄两侧各有1根毒棘
- 尾鳍呈月形，深蓝色

◆ 以浮游动物为主食的拟刺尾鲷，是刺尾鲷家族中少数的肉食者

用肌胃来磨碎藻类外，有些种类在肠的末端会膨大为"盲囊"（发酵腔），内有共生菌负责消化藻类。有几种刺尾鲷以水层中的浮游动物为主食，而栉齿刺尾鱼属鱼类则是碎屑食性。

◆ 全身黄色的一字刺尾鲷幼鱼正成群在礁石表面啃食海藻

生态视窗 繁殖与生活史

刺尾鲷不会变性，雄鱼和雌鱼的外形也没有差异，所以不容易分辨。繁殖季节，成熟个体会在黄昏时成群集结，但是如果碰到阴天，也可能在白天进行产卵，显然影响的因素是当时的光线，而非温度。

产卵时通常是其中一群鱼会变得异常活跃，接着便一起往上冲，精子和卵随之排出。快速上冲的过程会使它们的鳔略为膨大，有助于卵和精子的排出；另外，也可以借助上层较强的水流把受精卵带离礁区，当然也避开底层众多的猎食者。

刺尾鲷的形态、体色会随着成长而变化。刚孵化的仔鱼在海上漂流时呈透明或银白色，体高，背鳍和臀鳍上各有一根长棘，适合漂浮，而且可以保护自己。在海上漂流36~70天，才沉降到珊瑚礁定居，此时则变态为与成鱼形态相近的稚鱼，有些种类的刺尾鲷体色还会黄化，迄今原因不明。由于

◆刺尾鲷雌雄外型没有差异。图为澎湖及台湾北部常见的黑猪哥

刺尾鲷的漂浮期比其他珊瑚礁鱼类长，所以有机会到达比较远的地方，地理分布也比其他鱼类广。

刺尾鲷的体长在10~20cm，成熟需2~3年的时间，寿命则可达20~30年，远胜

识别锦囊 花纹大赏

全世界的刺尾鲷约70种，其中有许多体色鲜艳、花纹特殊的鱼种。例如脸颊上有一条橘色纵带的一字刺尾鲷，很像印第安人脸上的色带；身体略呈菱形，一身鲜黄的黄高鳍刺尾鲷（俗称三角倒吊）；披着宝蓝色外衣，背部有黑色纵带的拟刺尾鲷（俗称蓝倒吊）；另外，还有在张开背鳍及臀鳍时很像帆船的高鳍刺尾鲷（俗称大帆），和色彩搭配均匀得像一幅水彩画的日本刺尾鲷。

◆体色呈艳黄色，体态特殊的黄高鳍刺尾鲷

◆仿佛张着条纹风帆的高鳍刺尾鲷

◆体色如画的日本刺尾鲷

◆一字刺尾鲷的眼后有橘色长条斑纹，很容易辨识

其他草食性鱼类,如臭肚鱼、鹦哥鱼、雀鲷等。

幼鱼的乔装术

有些刺尾鲷的幼鱼会模仿盖刺鱼的体色。据研究,当附近有它的模仿对象时,刺尾鲷的幼鱼会一直维持模仿色,并且与盖刺鱼一起行动一起觅食,直到尾柄的棘够强硬时才变成与成鱼一样的体色。但如果周围没有盖刺鱼,或是邻近有同类的成鱼时,它就会很快地变为自身体色。因为盖刺鱼本身并没有毒,刺尾鲷这种行为除了与盖刺鱼同游的作用外,是否还有其他作用,目前仍不清楚。

◆火红刺尾鲷幼鱼,尾鳍圆形,体色全黄,模仿盖刺鱼科的海耳刺尻鱼

◆火红刺尾鲷成鱼体色呈黑褐色,尾鳍也变成截平状

盾板一族

刺尾鲷家族大部分成员的尾柄都具有收放自如的硬棘,遭受威胁时可用来攻击敌人。但俗称"黑猪哥"的锯尾鲷亚科鱼类和"天狗鲷"的鼻鱼亚科鱼类,尾柄两侧的硬棘则已变形为3~6和1~2个骨质盾板。有些天狗鲷成长到某一种程度时,头上甚至会长出独特的角,远远看去就像一只独角兽,所以也有人称它为"独角兽鱼"(unicorn fish)。

◆俗称蓝倒吊的拟刺尾鲷一身宝蓝,大方贵气

◆身体有5条黑横带的绿刺尾鲷,出现在岸边涌浪区

◆双般栉齿刺尾鲷的尾柄上下有黑斑,尾柄上有锐棘

◆六棘鼻鱼的尾柄两侧各有2个盾板

◆环纹鼻鱼成鱼尾柄两侧各有2个盾板,且头顶上会有长角状突起

观察臭肚鱼

臭肚鱼喜欢啃食附生在礁岸的海藻，因此细长的肠子里，经常塞满尚未消化的海藻，每当渔人捕捞上岸清理鱼肚时，一股臭腥味便扑鼻而来，因此"臭肚"之名不胫而走。由于臭肚鱼喜欢群游，常成批被捕获，人们称它们为"篮子鱼"。臭肚鱼的身体像一粒侧扁的橄榄球，乍看有点像刺尾鲷，但它们上唇较下唇宽，口略朝下，形似兔唇，因此国外称其为"兔子鱼"，其中罗篮子鱼亚属的吻部又特别突出。臭肚鱼科的鱼类，鳍条数都一样，背鳍有13根硬棘、10根软条；臀鳍7根硬棘、9根软条。它们和其他鱼类最大的不同在于腹鳍，两端为硬棘，中间夹着3根软条。褐篮子鱼则是港口、海湾或河口最常见的一种臭肚鱼。

- 体色呈黄褐色或黄绿色
- 头小
- 上唇较下唇宽，口略朝下，形似兔唇，但不呈管状突出
- 腹鳍有2根硬棘，3根软条居间
- 体被细小⋯⋯看起来十⋯

Siganidae
臭肚鱼科小档案

分类：鲈形目刺尾鲷亚目臭肚鱼科
种类：全世界共有1属28种
生态：底栖，卵生，草食，少数肉食

生态视窗

体色多变，不易辨识

由于臭肚鱼科的鱼，鳍条数都一样，因此体色就成为分辨此科中不同种类的重要依据，偏偏臭肚鱼经常会随着栖息环境或活动状态（比方晚上睡眠时）变换体色，让敌人不易察觉，使得识别的难度倍增。此外，当臭肚鱼活着的时候，体色还勉强可辨，一旦死亡或制成标本后，鱼体就会褪色，识别难度就更高了。因此臭肚鱼科可说是让分类专家相当头痛的鱼类。

◆休息时体色变黯淡的臭肚鱼

主图：褐篮子鱼（*Siganus fuscescens*），最大体长40cm

- 全身散布白色或淡色小圆斑，夹杂小黑斑
- 一个背鳍，具13根硬棘，10根软条，硬棘与软条间有一深缺刻

◆ 褐篮子鱼常成群栖息在海藻茂盛的礁石平台上

- 尾鳍些许凹入或截平
- 臀鳍有7根硬棘，9根软条

观察篇　鲈形目的家族

礁岸最常钓获的草食性鱼

臭肚鱼大多为草食性鱼，白天时常成群随潮水靠岸，啃食港堤或礁岸上附生的海藻，也有少数栖息于珊瑚礁的种类会吃海鞘、海绵等无脊椎动物。臭肚鱼的数量多，肉味鲜美，是沿海地区常见的食用鱼种，加上臭肚鱼生性贪食，所以也成为钓友岸钓时最常钓获的鱼种。许多人喜欢用臭肚鱼煮鱼汤，但清理时得特别小心，因为臭肚鱼的背鳍、腹鳍和臀鳍的硬棘都具有毒腺，虽然不会置人于死，但不慎被刺到会非常疼痛。臭肚鱼因为价格高，生长快，所以也是浅海养殖的鱼种之一。

臭肚鱼和宫脂线虫

中国台湾北部、东北部和澎湖的岩礁区曾发现大量暴毙的臭肚鱼，其中还夹杂了一些其他鱼种。经过专家的研究，发现这些暴毙的鱼，胃及肠内有甚多的宫脂线虫寄生。这些寄生虫是以浮游动物的矢虫类（毛颌类）为中间寄主，再转移到鱼的身上。至于为何会有大量的寄生虫感染，迄今原因还不清楚。或许是因为近年来全球气候变迁、环境污染、过度捕捞大型掠食性鱼类，以及栖地破坏等因素，使珊瑚白化死亡，于是与珊瑚竞争空间的海藻得以大量繁生，草食性的臭肚鱼在缺少掠食的天敌及食物丰富的情况下，鱼群暴增，寄生虫的产生可能是大自然生态系统物极必反的一种自我调节。

◆ 臭肚鱼是岸钓最常钓获的鱼种

观察带鱼

带鱼的身体扁长，宛如一条带子。不过其英文"ribbonfish"（带状鱼）却是指属于粗鳍鱼科的深海鱼（见第122页），而"cutlassfish"（短刀鱼）或"hairtail"（发尾鱼）才是带鱼的英文俗名。带鱼平时栖息于大洋或近海的中水层，休息时头上尾下，垂直静立在水中，不论白天或晚上都有摄食行为。有记录显示它们在夜晚上浮至中表层捕食灯笼鱼，或趋近沿岸捕食鲱、鳁等小型鱼类。带鱼全身无鳞，呈银白色；口大，下颌前突，齿尖锐且呈扁状；背鳍很长；尾鳍小呈叉状或丝状延长；腹鳍退化呈鳞片状或一软条，甚或完全消失。带鱼遍布三大洋，数量多，是重要的食用鱼类。

- 口大，下颌较长，有钩形侧扁的大齿
- 侧线在胸鳍之后急剧下降，沿着腹侧向后延伸
- 尾鳍退化呈丝状延长，黑色

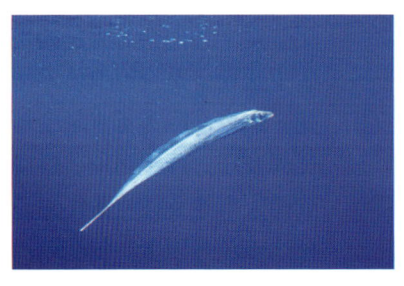

◆ 带鱼的外形好像一条带子

识别锦囊：白带鱼种的争议

我们一般人熟悉的白带鱼究竟有几种，其实目前仍有争议，有的专家认为只有一种，即带鱼（*Trichiurus lepturus*），有的专家则将其分为3~10种。本来大家普遍接受髭带鱼（*T. haumela*），和日本带鱼（*T. japonicus*）应为同种异名的带鱼。但是1992~1994年王可玲等专家利用同功异构酶（allozyme）又将此带鱼（*T. lepturus*）分成3种，另分出南海带鱼（*T. nanhaiensis*），及短带鱼（*T. brevis*）两个新种，它们的差异可以由臀鳍前的背鳍鳍条数及前脑骨是否分离来判别。

主图：白带鱼（*Trichiurus lepturus*），最大体长234cm

带鱼科小档案
Trichiuridae

分类： 鲈形目鲭亚目带鱼科
种类： 全世界共有 9 属 32 种
生态： 中、下水层，卵生，肉食

生态视窗 凶猛的贪食者

带鱼属于凶猛的肉食性鱼类，有一口锐利的牙齿可帮助掠食，主要猎物为灯笼鱼、鲷、鲹鲿等群游动小鱼，它们也会吃乌贼或甲壳类动物。带鱼非常贪食，据说它们为了追逐日本鳀等鲹鲿鱼群，有时会冲上岸边，甚至还会同类相残呢！

◆带鱼有一口锐利的牙齿，令人望而生畏

- 背鳍连续，基底由鳃盖骨至尾端，有 3 根硬棘，其余为软条
- 体色呈银白色
- 体表光滑无鳞

- 无腹鳍

鱼类与人 中国是带鱼的故乡

带鱼科的分布范围，包括沿岸水表层到上千米的深海，视不同种类而异。其中，白带鱼盛产在中国黄海、东海至南海一带，每年产量 20 万 t 左右，占全球带鱼产量的 80%，中国可说是带鱼的故乡。捕获白带鱼主要工具为底拖网、巾着网、定置网或一支钓，春夏为盛渔期。带鱼的肉质佳，体型大的常分段出售，可油炸、腌食或作为生鱼片。

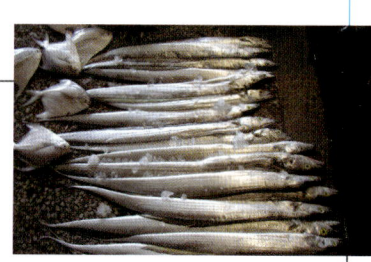

◆鱼市场里的白带鱼

观察篇 — 鲈形目的家族

观察鲭

鲭科是泳速较快的鱼类之一，每小时可达60~80km。它们的外形和构造都符合流体力学，所以能在大洋中持久、快速地推进，譬如身体呈纺锤状流线型；眼有脂睑被覆；背鳍可以倒伏收入沟槽内，减少阻力；背鳍和臀鳍后面各有5~12个游离鳍，可减少扰流；尾柄瘦削，有脊，尾鳍高耸如新月状，适合高速摆动等。群游性的鲭科，包含许多经济性鱼类，例如鲔、鲭、鲣、鰆等。后3类的体型较小，洄游范围也较小，较常出现在沿近海；而人们称为"金枪鱼"的鲔鱼，则体型较大，洄游范围广，全世界共有7种，个个身价不菲。例如黑鲔，就是海中争相捕捞，身价最昂贵的鱼类，体长可达4.2m，重达300kg；而黄鳍鲔则是第二背鳍最长，犹如弯刀，且背鳍、臀鳍、游离鳍的色泽最鲜黄的鲔鱼。

- 第一背鳍倒伏后可入背鳍基底的沟槽中

◆ 黄鳍鲔的第一背鳍可以倒伏收入沟槽内，减少阻力

● 体侧鳞片为细小圆鳞，头部无鳞，胸部鳞片特大，形成胸甲

识别锦囊 辨识鲭的家族成员——鲭、鰆、鲣、鲔

鲭、鰆、鲣、鲔是鲭科中相当具代表性的经济性鱼类。鲭的体型小略侧扁，尾柄两侧各有两脊；而鰆的体型较大略长，但也呈侧扁形，尾柄每侧各有3根棱棘；至于身体呈炸弹般圆锥形的鲣及鲔。两者的差别在于鲣鱼的两个背鳍间的间隔大于头长的一半，而鲔则只有头长的1/5或更短。

◆ 花腹鲭

◆ 大目鲔

◆ 齿鰆

◆ 扁花鲣

主图：黄鳍鲔（*Thunnus albacares*），最大体长239cm

- 体背呈黑蓝色，腹部呈银白色
- 第二背鳍及臀鳍为黄色，高耸呈镰刀状
- 在第二背鳍及臀鳍后面各有8~9个黄色的游离鳍
- 尾鳍深分叉，呈镰刀状或新月形
- 尾柄瘦峭，两侧各有一龙骨状突起

鲭科小档案
Scombridae

分类： 鲈形目鲭亚目鲭科
种类： 全世界共有 15 属 49 种
生态： 中表层，卵生，肉食

观察篇

鲈形目的家族

认识最具身价的鲔

全球 7 种鲔属鱼类中，近沿海较常见的 5 种分别为：（1）长鳍鲔（Thunnus alalunga），又称"Albacore"，分布遍布全球，但在较冷水域中，其特征为胸鳍特长呈带状直达离鳍部位；（2）短鲔（Thunnus obesus）又称"大目鲔（bigeye tuna）"，眼大于吻长的一半；（3）鲔（Thunnus thynnus），即众所皆知的"黑鲔"，包括分布于北太平洋的北方黑鲔（northern bluefin tuna），以及印度洋的南方黑鲔（southern bluefin tuna），胸鳍很短，只到第十背鳍棘；（4）小黄鳍鲔（Thunnus tonggol），胸鳍呈长三角形，其尖端只达第二背鳍起点；（5）黄鳍鲔（Thunnus albacares），英名为"yellowfin tuna"，遍布全球，第二背鳍及臀鳍甚高，且随年龄而更加突出。

◆黑鲔鱼

 **生态视窗**

"温血"的鱼类

一般鱼类都属于变温或冷血动物,但是鲔、鲣等大洋性洄游鱼类,体温却比一般鱼类要高。因为它们洄游的范围长远,跨越热带至温带,为了维持体内较高的新陈代谢,不但体侧肌有红肌的构造,同时其血管的分布也很特别。其微动脉与微静脉紧密相邻,所以当温血由体中央的微动脉向体表流出时,温度可被由外向内紧邻的微静脉再吸收回去,使体内的温度可比体表高出 5~6℃,有利于长时间持续性的游泳,此称为"逆流机制"。

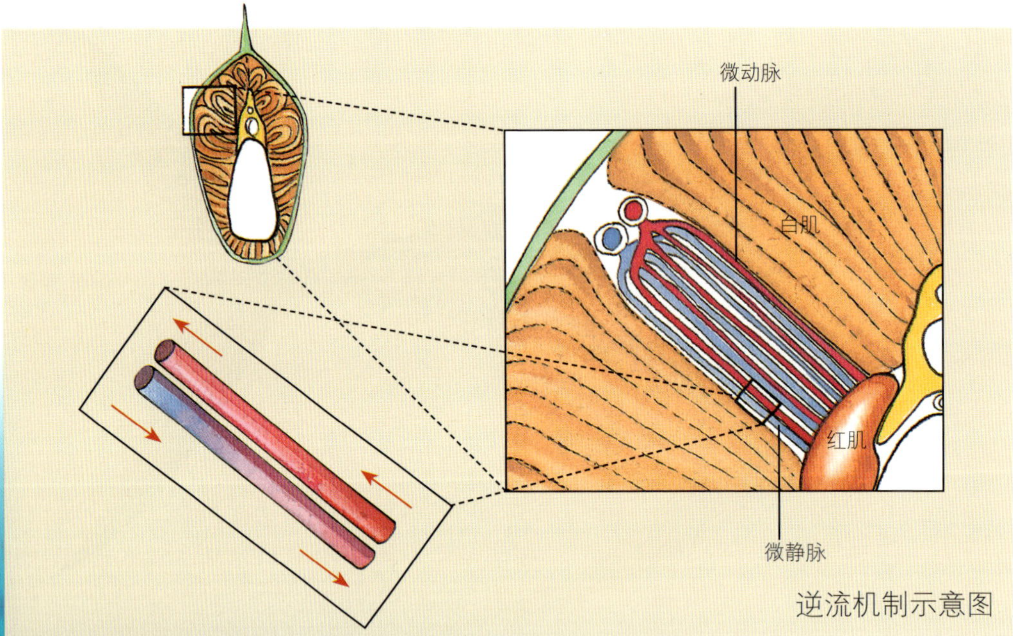

逆流机制示意图

◆鲭科均为成群群游的鱼类

保护洄游距离最远的动物——鲔

鲔是长距离的洄游性鱼类,它们的洄游路线环绕海域一圈,比方整个北太平洋、南太平洋或印度洋,移动距离比候鸟还远,可说是地球上洄游距离最远的动物。像这样长距离洄游的鱼种,极需要其途经的各个地区共同拟定妥善的管理准则,否则在竞相捞捕的情况下,资源很快就会枯竭,甚至会造成物种灭绝。

早在1949年即有美洲热带鲔委员会(IATTC),1966年又成立国际大西洋鲔养殖委员会(ICCAT),随后的印度太平洋渔业委员会(IPFC)、印度洋鲔委员会(IUTC)、南太平洋委员会(SPC)、鲔保护条约(CCSBT)等各有不同的管辖海域,各组织专家均定期开会讨论捕捞的限类与配额,称为"责任制渔业"。然而,直到1982年联合国制订海洋法公约,颁布《有关养殖和管理跨界鱼类种群和高度洄游鱼类种群规定之执行协议》后,洄游性鱼类资源的经营管理,才开始落实执行。

◆ 黄鳍鲔渔获

鲣鲔的渔法

鲣竿钓或鲔延绳钓都是以鲣或鲔为主要捕捞对象,此外围网和流刺网也是常用的渔法。在围捕下网前必须先寻鱼,寻鱼方法包括人员站在桅杆瞭望台目视寻鱼,以直升机在空中寻鱼,利用声呐、观察海面各种征兆,譬如海鸟飞翔、鲸豚活动、海上漂流物或鱼群跳跃争食所产生的白色泡沫等。另外,间接利用渔场环境因素,如水温、盐度、潮境等也可提高捕获的概率。

关于鲔鱼延绳钓的渔法,则随着各渔场的特性或者各国法律规范而有所差异。一般而言,中小型鲔钓渔船均配备数千米长的缆绳以及1500~2500枚钓钩,作业时先将缆绳及钓组以"U"形或"W"形的方式布放在鱼群聚集或者洄游的路径上,钓饵多半选择新鲜的鲭鱼或小管一类诱食效果良好的饵料。在适当的时间间隔后,渔船掉头寻找并回收之前放置的钓组。鲔鱼上钩后通常先以线圈电击,待其行动能力减弱之后再以托钩拉上甲板。

小型的鲔钓渔船(40~50吨位)由于市场需求,在捕获高价位的鲔鱼(如黑鲔)后,通常都先从鳃下动脉放血之后,再以冷藏方式(4℃~5℃)直接运回港口。而大型的远洋鲔钓渔船(400~1000吨位)因为航程较长,约需数个月才能返抵陆地,因此大多配有完善的冷冻保存,甚至加工设备,可以将捕获的新鲜鱼类快速地加工成腌渍物或罐装食品运回港口。

随着科学技术的发展,现代渔业技术可以准确地预测鲣鲔等洄游鱼类的洄游路径,借此,人们可以在适当的时机在鱼群洄游的必经海域中布放大定置渔网。若再配合网箱的养殖技术,则可在全年提供稳定的渔获来源,目前日本、澳大利亚皆将此法视为重要的渔获方式。

观察剑旗鱼

剑旗鱼科正是一般所泛称的"旗鱼",它们最大的特征即是长而尖的吻部,好似一把利剑,令人望而生畏。旗鱼是大洋中表层的大型巡游鱼类,也是鱼类中的游泳冠军,最高时速达 100km 以上。它们的外形和同是游泳高手的鲭科(见第 224 页)一样,呈纺锤流线型,符合流体力学,但在背鳍和臀鳍后面,并不具有小离鳍。俗称"旗鱼舅"的剑旗鱼属于剑旗鱼科下的剑旗鱼亚科,全世界仅此 1 属 1 种,它们的主要特征是背鳍基底较短,口中无齿,且吻突呈扁平状,而非圆形。

- 背鳍基底短
- 成鱼之颌齿消失
- 胸鳍低位
- 吻扁平,延长呈剑状

Xiphiidae
剑旗鱼科小档案

分类:鲈形目鲭亚目剑旗鱼科
种类:全世界共有 4 属 12 种
生态:中表层巡游,卵生,肉食

识别锦囊 认识《老人与海》的主角——正旗鱼

正旗鱼是剑旗鱼科下的另一个亚科,海明威著名的小说《老人与海》中所出现的巨型鱼,便是正旗鱼亚科的成员。正旗

◆ 雨伞旗鱼的第一背鳍薄而高耸如帆状

主图:剑旗鱼(*Xiphias gladius*),最大体长 455cm

鱼和剑旗鱼最大的不同是其背鳍基底较长，腹鳍呈长条状，成鱼的颌齿、鳞片、侧线俱存，而且它的吻部为圆形尖棍状。

正旗鱼全球共有3属11种，其中的雨伞旗鱼属，因为背鳍高耸如伞或船帆，比体高还高，所以英文名称为"sailfish"（船帆鱼），它的腹鳍鳍条特别延长，共2种，四鳍旗鱼属的背鳍和体高约略相等，英文名称"spearfishes"，共6种；枪鱼属则背鳍比体高低，英文名称"marlin"（马林鱼），共3种。

◆ 立翅旗鱼的胸鳍僵直无法向后折弯

◆ 黑皮旗鱼的第一背鳍高小于体高

随成长变化的鳍形

旗鱼的幼鱼标本甚少,所以关于它们成长过程的形态变化所知极微。根据国外专家的研究发现,旗鱼的背鳍、臀鳍及尾鳍,随着年龄或体长改变甚大。例如剑旗鱼在幼年、体长120cm以下时,背鳍基底仍甚长,与正旗鱼亚科相同,直到生长至160~200cm时,基底才缩短。另外,两个臀鳍原本为连续的一个臀鳍,长到70~80cm时才一分为二。

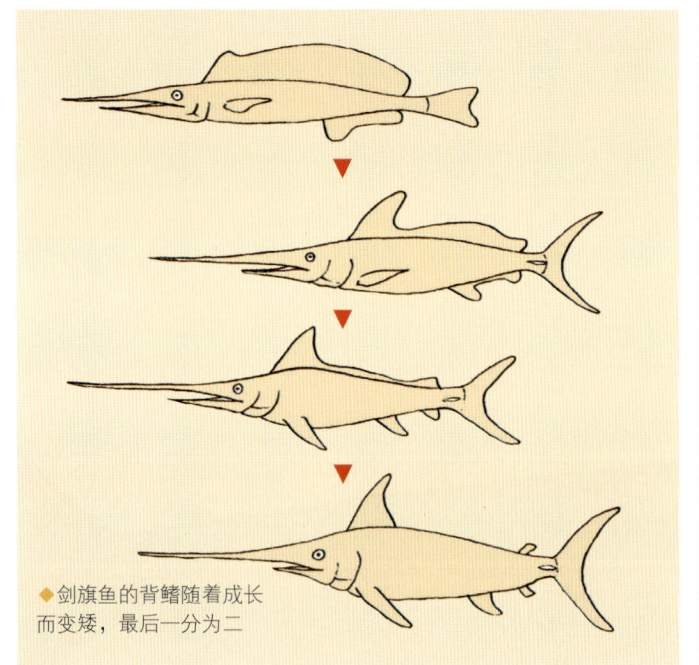

◆剑旗鱼的背鳍随着成长而变矮,最后一分为二

奇特的掠食方式

长而尖的吻部是旗鱼觅食的好帮手,但它并不是用来刺穿猎物,而是击昏猎物。每当旗鱼遇见鲭、鲱、飞鱼、鬼头刀、乌贼等体型较小的鱼群时,便会冲入其中,快速挥舞吻部,把小鱼儿击昏后,再予以吞食。旗鱼的泳速特快,所以被它盯上的鱼群,通常无法幸免于难。

◆旗鱼用吻部击昏小鱼,再予以吞食

最具挑战性的渔获目标——旗鱼

旗鱼多半会随着洋流或水温变化，做长距离的洄游。平时它大多栖身在热带或亚热带水域，夏天才进入较高纬度的水域。旗鱼的体型庞大，加上出现概率高，因而是世界各国渔民重要的渔获种类，也是拖钓钓友认为最具挑战性，也最向往的渔获目标。每年4~8月为雨伞旗鱼的盛渔期，而10月至隔年3月，则是立翅、红肉、黑皮旗鱼的产季。

捕获旗鱼的方式有许多种，包括镖射、延绳钓、拖钓、围网、定置网，甚至流刺网。镖射是其中困难度较高，使用的工具却最简单的一种。这是从日本流传而来的技术，趁着旗鱼在波浪汹涌，至水面巡游觅食的时机射镖猎捕。每当东北季风强劲吹送，风力达5级以上时，镖旗鱼的渔船便会纷纷出海，渔民个个全神贯注观察海面，一旦瞥见旗鱼偶尔露出水面的背鳍或尾鳍，镖鱼手马上站到船首的镖鱼台上，头手（主镖者）手握镖鱼叉伺机行动，二手（副手）则帮忙研判鱼踪，并且指引舵手行驶方向。鱼镖出手后，被射中的旗鱼通常会奋力往前冲，因此船上发动机必须关掉，等到旗鱼精疲力竭，再合力打捞上船。为了安全及搬运的方便，渔民会事先剁掉旗鱼的吻剑，所以在渔市场常看不到完整的旗鱼吻部。

◆镖手寻找旗鱼踪迹

◆射镖

◆雨伞旗鱼

鲽形目的家族

鲽形目鱼类正是鼎鼎大名的"比目鱼",所有成鱼的两个眼睛都在身体的同一侧。比目鱼游动的姿态,看起来和软骨鱼类的魟或鳐相似,呈波浪式前进,其实它们是侧着身子游动,即"有眼侧"在上,"无眼侧"在下,所以又称为"侧泳目"。比目鱼停栖时,也是有眼侧朝上,无眼侧朝下,侧卧于海底。比目鱼的身体呈长椭圆形、卵圆形或长舌形,有眼侧有颜色,稍圆突;无眼侧(或称盲侧)无颜色,

观察鲆

鲆科是鲽亚目中最大的一群,它们的两眼都位于左侧,所以又称"左眼鲆鲽类"(lefteye flounders)。鲆的各鳍均无硬棘,胸鳍和腹鳍的鳍条都不分叉,有眼侧的腹鳍基比无眼侧的长。有些专家将两腹鳍鳍基均长的圆鲆科和两腹鳍基均短且对称的牙鲆科,两个科归并在鲆科之下的两个亚科。豹纹鲆的体型虽然不大,但身上的斑点易于辨识,而且可在底拖渔获中看到它们。

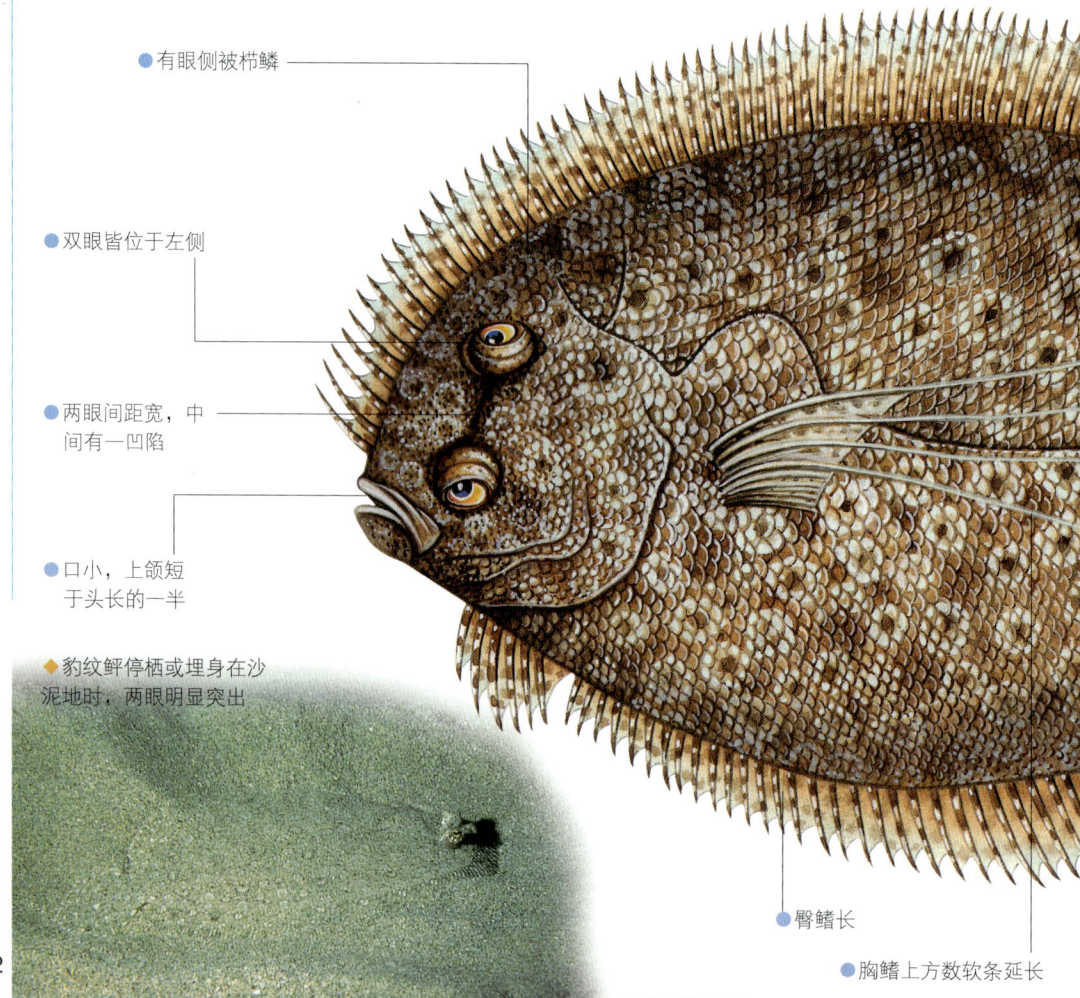

- 有眼侧被栉鳞
- 双眼皆位于左侧
- 两眼间距宽,中间有一凹陷
- 口小,上颌短于头长的一半
- 豹纹鲆停栖或埋身在沙泥地时,两眼明显突出
- 臀鳍长
- 胸鳍上方数软条延长

主图:豹纹鲆(*Bothus pantherinus*),有眼侧,最大体长 39cm

较平坦。它们的背鳍和臀鳍都很长。研究认为所有的比目鱼应该都属于单系群,也就是说来自共同的祖先,但是目前仍不知是从鲈形目的哪一类演化而来的。鲽形目分成鲆、鲽及鳎3个亚目,分布在寒带至热带的所有海域,大多属于海水鱼,只有少数几种在淡水栖息,或会进入河口地区。全世界共10科168属约736种。

◆豹纹鲆会随着所停栖海底的底质色泽而调整体色

- 身上有大小不等的暗色圆斑
- 背鳍长
- 体色随环境改变,大致呈褐色
- 侧线中央有一深色大斑

Bothidae
鲆科小档案
分类:鲽形目鲽亚目鲆科
种类:全世界共有20属115种
生态:底栖、卵生、肉食

识别锦囊 识别比目鱼三大类群

鲽形目包含了鲆亚目、鲽亚目及鳎亚目三大类群。这三群可借助背鳍起点和前鳃盖是否被皮肤遮盖,区分开来。背鳍起点位置较后,从头部中后方开始的是鲆亚目,它的口特大,颚骨牙齿大而明显,所以又称为"大口鲽"。此外,它的背鳍、臀鳍前都有鳍棘,所以也称为"棘鲽鱼"(spiny flatfish)。至于背鳍在头部或眼睛上方的则是鲽亚目和鳎亚目的鱼类,两者的背鳍、臀鳍皆无硬棘,颚骨也没有牙齿。鲽亚目和鳎亚目的鱼类彼此的区分在于前者的前鳃盖后缘游离,即明显未被皮肤遮盖,而鳎亚目则不游离,被皮肤覆盖,且成年鱼多半没有胸鳍。

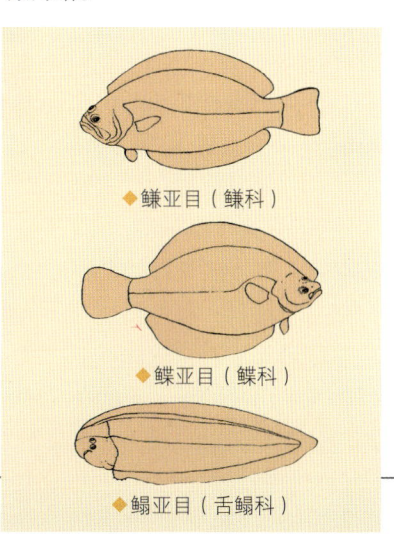

◆鲆亚目(鲆科)

◆鲽亚目(鲽科)

◆鳎亚目(舌鳎科)

生态视窗　会移动的眼睛

比目鱼在仔鱼时期，身体和一般鱼类一样左右对称，且正着身体游泳，直到发育为稚鱼时，一眼才越过头顶，移到另一侧。之后它们就以有眼侧在上，无眼侧在下，侧卧水底，并开始侧泳。眼睛移动同时，也涉及头骨、神经、肌肉、牙齿、鳞片及胸鳍、腹鳍的一齐转变。

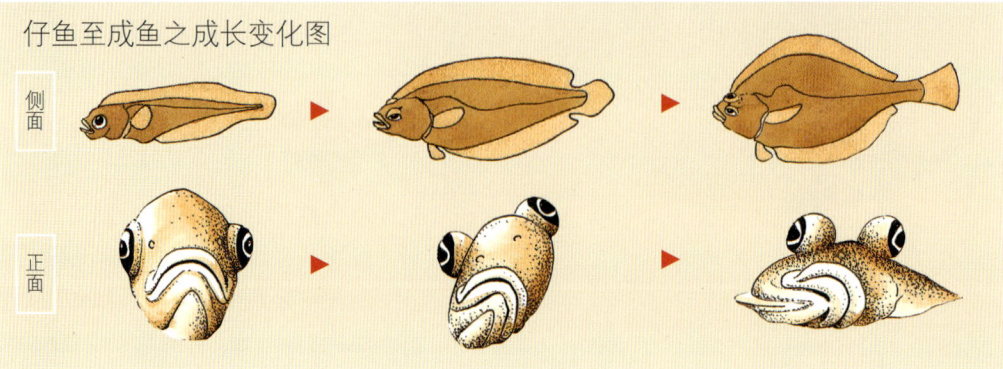

仔鱼至成鱼之成长变化图

仔鱼的特化构造

不同种类的比目鱼体型大小差异颇大，所以它们达到成熟的年龄也从1~15年不等，通常大型比目鱼的年龄可长达三四十岁。雌鱼的体型通常比雄鱼大，产圆形卵，数量可达200万颗。因为具中性浮力，所以比目鱼的卵通常是在中水层或近底层漂流，很少在水表层捞获。

孵化后的仔鱼通常呈透明状，具有色素斑。左眼种类身体会特别薄，身上有彩色的色斑，其大小、位置和颜色是鉴定仔鱼种类的重要依据。不少仔鱼在头上、

◆ 比目鱼两眼不同侧的仔鱼

右眼种类和左眼种类

大部分的比目鱼两眼皆位于右侧，即左眼跑到身体右侧，脸朝右，尾朝左，称为右眼种类（dextral, right-eyed），例如鲽亚目鲽科、鳎亚目鳎科；反之则为左眼种类（sinistral, left-eyed），例如鲽亚目鲆科、鳎亚目舌鳎科；有些科或种左右眼种类均有，例如鳒亚目，左右出现的比率有时还因地区而异。

"右眼种类"比目鱼

◆ 鳎科的条鳎

◆ 鲽科的木叶鲽

"左眼种类"比目鱼

◆ 舌鳎科的粗体舌鳎

◆ 鲆科的大鳞短额鲆

鳃盖上或偶鳍上会有棘状突起来保护自己，有些仔鱼背鳍前部的鳍条会特别延长，甚至部分内脏会突出于体外呈团块状，这些特化的构造应都是为了增加它们长时间漂流期的存活概率。右眼种类通常没有这些特化的构造，仔鱼的漂流期也比较短，很快便会沉降定居，因此在靠岸处较易采到右眼种类的仔鱼，而在外洋较常发现左眼种类的仔鱼。

◆埋入沙中，只露出双眼的比目鱼

海中的变色龙

具有拟态或伪装本领的鱼类不少，比方鲆科、牛尾鱼、狗母等底栖性的鱼种，皆会在它们停栖于海底时，模仿四周环境色调，让掠食者和被掠食者不易察觉到它的存在，以便于自保和猎食。在具有变色本领的鱼类之中，又以比目鱼的变色功夫最为高强，它们不但变色速度快，而且还可以抖动身躯，直接埋入沙泥中，只露出双眼，默默侦测四周的动静。

◆正游离海底的间星羊舌鲆

牙齿与食性的关联

鳒、鲽或鲆科的口很大，且牙齿发达，一看便知是捕食性鱼类。它们随着季节变化，在中水层中进行长距离的摄食、越冬和产卵洄游，因此它们有时会在中水层被捕获，而非仅在底层。有些鲽和鳎主要以海底的多毛类、软体及甲壳类动物为食。有些种类只有无眼侧有颌齿，有眼侧无颌齿，以便像抽水机一样将水吸入，此种比目鱼在呼吸时水从上面进入，从而减少一并吸入下方泥沙的概率。

◆蒙鲆的体色是随环境而变色

◆ 单棘鲀科的尖吻单棘鲀

鲀形目的家族

鲀形目是一群相当特殊的鱼类，不论在外形、大小、身体构造及生活方式上都与众不同。它们的共同特征是口小，牙齿少而粗大，或者演化成齿板状；鳞片常特化成盾状、板状或棘刺；因身体不易弯曲，所以游泳时多半只靠各鳍的交

观察鳞鲀

鳞鲀是鲀形目中体色最光彩夺目的一群，它们具有像盔甲一样厚的体表，眼睛的位置高，长长的吻配上一张小口，样子既滑稽又可爱。鳞鲀背鳍的第一硬棘很粗壮，第二硬棘则具有类似扳机安全扣的功能，因此它又被叫做"扳机鲀"。这类鱼还有个别称叫"皮剥鲀"，那是因为它的皮特别厚，鳞片紧贴皮上，很难刮除，如果想吃它，只能连皮带鳞片一起剥下。鳞鲀遍布于各大洋，多属珊瑚礁的底栖习性。而别称"小丑炮弹"的花斑拟鳞鲀则是体色最抢眼的鳞鲀，也是颇受欢迎的观赏鱼之一。

● 第一背鳍黑色，硬棘粗短且能锁住

● 体高且侧扁，呈卵形

● 眼睛前面有1条深沟

● 口小，内有8颗凿刀般利齿

● 胸鳍透明，基部有黄缘

● 鱼皮粗糙，细小不重叠的棱鳞紧贴其上

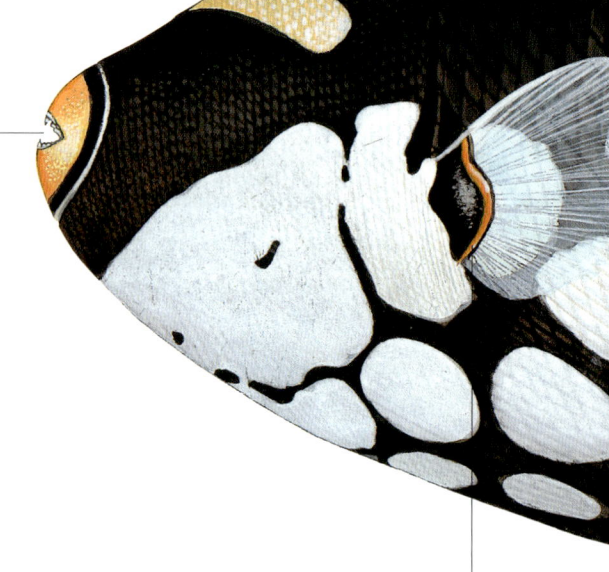

Balistidae
鳞鲀科小档案

分类：鲀形目四齿鲀亚目鳞鲀科
种类：全世界共有11属40多种
生态：多底栖，卵生，肉食

主图：花斑拟鳞鲀（*Balistoides conspicillum*），最大体长 50cm

互运动。此外，有些科还会把身体鼓胀成球，或是以肌肉或内脏含有剧毒的方式来保护自己。鲀形目分成三棘鲀和四齿鲀两个亚目，全世界共有9科130属约530种，大多数种类为底栖，生活在温带及热带水深200m以内的浅水域。

◆二齿鲀科的六斑二齿鲀是南部常见的种类

◆箱鲀科的福氏角箱鲀

- 成鱼体色呈黑色，上半部有深黑棕色斑点
- 第二背鳍与臀鳍相对，皆宽大，呈白色，基部橘黄色
- 尾鳍圆形黄色，基部与鳍缘黑色
- 腹部遍布白色大斑块
- 尾柄短，上有小棘列
- 腹鳍左右愈合成短刺状

237

生态视窗 不挑食的鱼

由于鳞鲀科鱼类的牙齿都非常坚硬,所以不论是虾、蟹、贝类、海鞘、珊瑚、藻类或鱼,它们一样都不会放过。吃海胆的时候,还会用吻部把海胆翻面,从没有长棘保护的腹部下手。因此在水族缸里饲养时,要慎选一起混养的无脊椎动物或鱼种。此外,鼓气鳞鲀、拟鳞鲀在珊瑚礁间的沙底觅食时,还会先吸水,再用力喷出,翻出埋在其中的小生物予以捕食。

◆ 红牙鳞鲀遇到敌人即躲入礁缝凹陷处避难

海洋独行侠

鳞鲀是珊瑚礁区的日行性鱼类,通常都单独行动。由于皮特别厚,天敌数量少,不但不需靠拟态或伪装的功夫来保护自己;相反的,它们多半体色鲜艳,到处招摇,只靠第二背鳍和臀鳍鳍条的波动,慢悠悠地在海里游来游去。只有真正遇到危险的时候,才会迅速躲入礁洞中,当下若无适当的洞穴可供避难,就只好快速摆动它的尾鳍溜之大吉。

"扳机"的作用

"扳机"是指枪上控制子弹发射的装置,通常在射击以前,必须先把保险闩拉开,然后才能扣动扳机射击。鳞鲀背鳍上的"扳机",作用不在攻击,而是在防御敌人。而鳞鲀的"扳机"则是指第一背鳍上第一根硬棘后下方的一道"V"形沟槽,正好和后面较短,也是"V"

◆ 金鳍鼓气鳞鲀的成鱼

◆ 褐拟鳞鲀的幼鱼

形的第二根鳍棘相契合。当它遭遇危险的时候，第二根鳍棘会竖立起来，顶住第一根鳍棘的基部，使第一根硬棘直立。一旦鳞鲀受到惊吓，就会立刻扣动"扳机"装置，使第一根鳍棘竖立，同时腹鳍上短且钝的硬棘也会向下方撑直，达到御敌的功能。如果它躲入洞中，也能借此让身体牢牢地卡在洞里，而不会被拖出来，想吃它的掠食者只好无奈地离去。

◆ 躲进礁洞中避难的扳机鲀

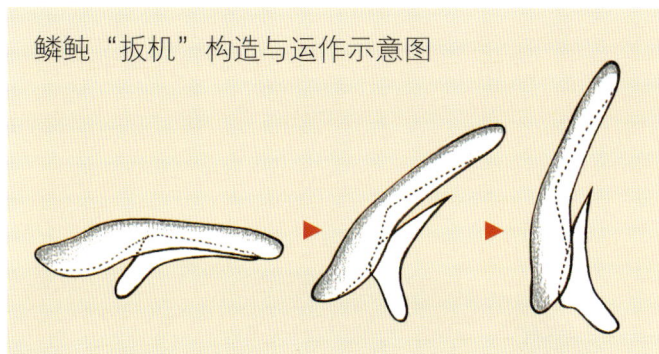

鳞鲀"扳机"构造与运作示意图

意志坚定的护卵亲鱼

鳞鲀产的是沉性卵，产卵时会先在沙地上挖一个钵形浅坑，再把卵产在中央。繁殖期的鳞鲀亲鱼具有强烈的领域性，会有护卵的行为，雄鱼会主动驱离任何入侵者，较大个体甚至会冲上去攻击潜水的人。

鱼类与人 亟待保护的鳞鲀

因为鳞鲀体色鲜艳、模样可爱，常被大量捕捞作观赏鱼或食用鱼，加上其栖地珊瑚礁日渐衰败，所以它们在海里的种类和数量已越来越少，而俗称"小丑炮弹"的花拟斑鳞鲀，现在更是几乎要绝迹了！连带造成的结果是，它们的食物——海胆数量增加，而海胆大多吃底栖海藻，这对与海藻争空间的珊瑚本应有利。但人类又大量采食海胆，吃它的生殖腺，以至于海藻大量繁生，间接又抑制了珊瑚的生长，而珊瑚礁的衰败使珊瑚礁鱼类跟着遭殃，如鳞鲀。

◆ 花斑拟鳞鲀的成鱼

观察四齿鲀

四齿鲀科的鱼类其实就是俗称的"河鲀",也有人称它为"气球鱼""气规"或"鬼仔鱼"等,这是因为它们平常的身体已经圆滚滚了,但当需要自卫时,腹部更会膨大成圆球状。此外,由于河鲀上下颌与颚骨完全愈合,而中间又有细缝将之分成左右两片,成为四齿状,所以称其为"四齿鲀"。四齿鲀没有腹鳍,只靠胸鳍和短小的背鳍和臀鳍游泳,所以泳速不快。它们的体表因鳞片多埋在皮下,因此看来光滑无鳞,偶有短棘刺露出体表。四齿鲀可以靠牙齿或咽齿的磨擦来发声或是靠振动鳔来发出声音。俗话说:"拼死吃河鲀",本科的兔头鲀属(俗称"鲭河鲀")其中有若干种肌肉有毒,有的甚至有剧毒,不管是被加工制造成鱼干或直接烹食,中毒事件时有所闻,因此必须学会辨识。俗名"白规"的月尾兔头鲀则是其中毒性最强的一种。

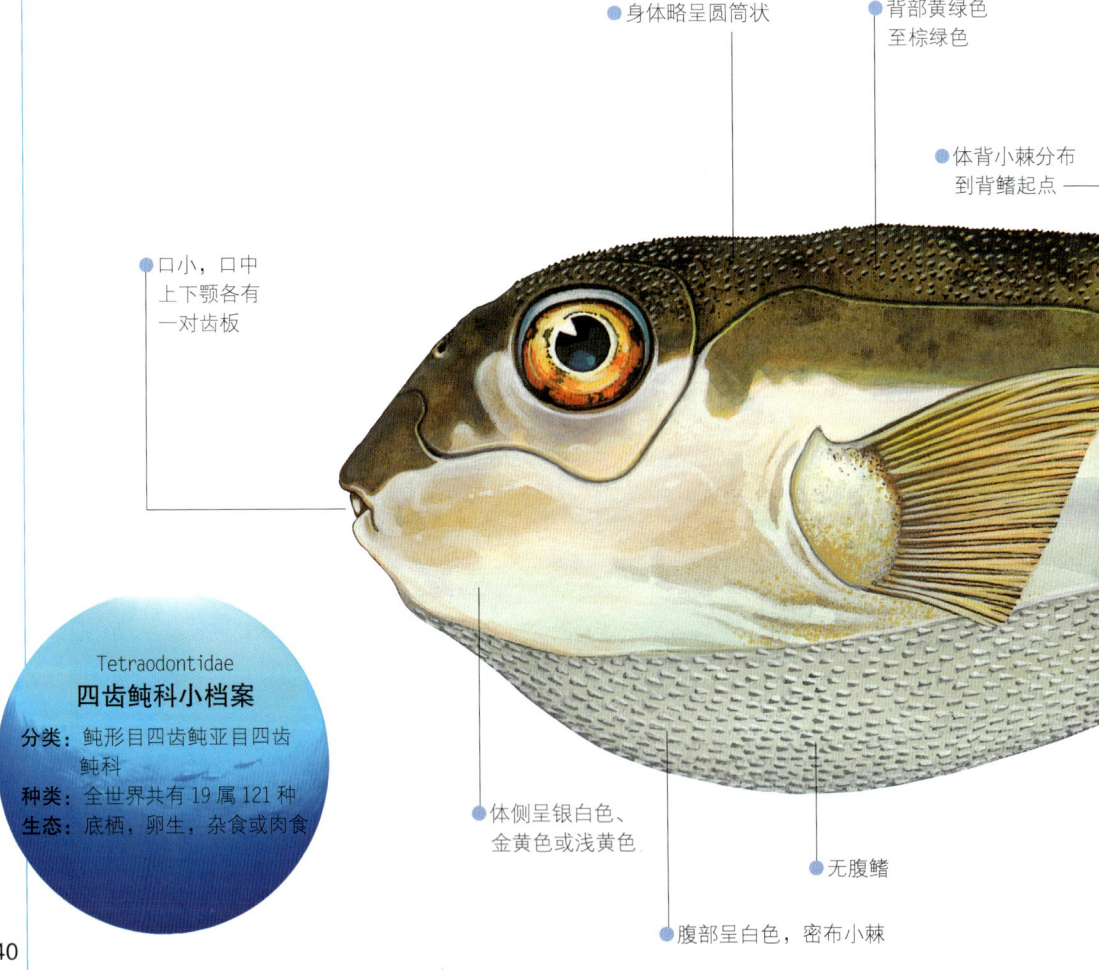

- 身体略呈圆筒状
- 背部黄绿色至棕绿色
- 体背小棘分布到背鳍起点
- 口小,口中上下颚各有一对齿板
- 体侧呈银白色、金黄色或浅黄色
- 无腹鳍
- 腹部呈白色,密布小棘

Tetraodontidae
四齿鲀科小档案

分类: 鲀形目四齿鲀亚目四齿鲀科
种类: 全世界共有19属121种
生态: 底栖,卵生,杂食或肉食

主图:月尾兔头鲀(*Lagocephalus lunaris*),最大体长45cm

识别锦囊 四齿鲀的超级家族

鲀形目的四齿鲀亚目下又可分成3个超科，即鳞鲀超科（含鳞鲀及单棘鲀两科）、箱鲀超科（只有箱鲀1科）及四齿鲀超科（含四齿鲀、三齿鲀、二齿鲀及翻车鲀4科，它们的颌齿演化成2~4片的喙状，没有腹鳍或棘刺）。所有鲀类只有二齿鲀和四齿鲀身体会鼓胀成球。四齿鲀科又分成体大而圆、背部平坦、侧线发达的四齿鲀亚科，以及体小而略侧扁、背部呈弓状、吻部较凸的扁背鲀亚科(或称"尖鼻鲀"）。前者栖地范围广，包括珊瑚礁、海草床、河口、沙泥地，甚至水深100m的海中，或是淡水河流及湖泊。全球共有18属95种。而扁背鲀只生活在珊瑚礁地区，共1属26种，除1种在大西洋外，都分布在印度洋海域。

◆二齿鲀科属于四齿鲀超科家族，身体亦会鼓胀成球。图为柴二齿鲀

◆横带扁背鲀属于四齿鲀科的扁背鲀亚科

观察篇 鲀形目的家族

- 背鳍与臀鳍相对，皆在体后方
- 臀鳍
- 尾柄长，尾鳍略凹入，上缘黄色，下缘白色

生态视窗 防御招数多

四齿鲀科的鱼类当遇到危险时,会吞水到胃腹部的特殊空腔,使自己鼓胀成球,让敌人无法一口吞食。此外,有不少种类体内的内脏、肌肉或皮肤都具有神经性剧毒,因此聪明的掠食者都知道,最好不要轻易尝试捕食。最近的研究还发现,当四齿鲀受到威胁时,甚至会分泌毒素到水里,吓阻掠食者的攻击。

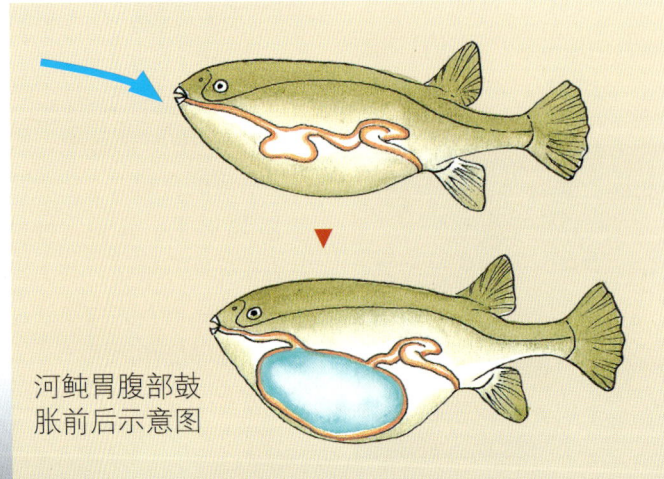

河鲀胃腹部鼓胀前后示意图

集体产卵的模式

四齿鲀科有许多种类都有聚集产卵的习性,如多纪鲀属(*Takifugu*)的鱼在5~7月会洄游到沙滩上去产卵,非常特别,甚至会挑满月或新月的大潮水时,大批抢登砾石滩上产卵,蔚为奇观。

珊瑚礁的啃食者

四齿鲀科鱼类的食性相当广泛,有些种啃食海藻或海草,有些种则以生活在礁区、行动缓慢、带有硬壳的无脊椎动物为食。它们坚

鼓胀前后的凹鼻鲀

硬有力的齿板，可以啃食或咬碎珊瑚、虾蟹、贝类或海星、海胆等棘皮动物的硬壳，像是魔鬼海星（棘冠海星）就是纹腹叉鼻鲀（*Arothron hispidus*）的食物。因此，人们在饲养淡水水族宠物时，如果水族缸中出现大量的螺类，就会放进一些淡水的鲀属鱼类（*Tetraodon* spp.）来帮忙清除。

◆ 黑斑绿鲀正在攻击淡水螺

 ### 如何辨识有毒的河鲀

被列入餐桌红色警戒名单的兔头鲀属的河鲀形态均很相似，其中的克氏兔头鲀（又称"暗鳍兔头鲀"或"黑鲭河鲀"）、怀氏兔头鲀（白鲭河鲀）及滑背河鲀的肌肉均无毒，但滑背河鲀的内脏有剧毒，而月尾兔头鲀（毒鲭河鲀）、横纹多纪鲀则连肌肉、内脏都有剧毒。其他种类的毒性则强弱不一。兔头鲀的种类很多，辨识相当不容易，所以除非是领有执照的河鲀料理店的河鲀，最好不要自己任意吃食。

◆ 横纹多纪鲀背面及侧面有10条以上黄褐色横带

◆ 月尾兔头鲀的背部小棘延长到背鳍基部，尾鳍上下叶无白斑

◆ 黄鳍多纪鲀体背上有数条弧形蓝黑色宽纹

虎河鲀的养殖

河鲀具有特殊的鲜美滋味，因此在日本河鲀肉被列为上等的料理，价格也特别昂贵。其中以俗称"虎河鲀"的红鳍多纪鲀，以及黄鳍多纪鲀食用最多。由于市场供不应求，故有人专门养殖。虎河鲀也是除人以外，第二种DNA完全被定序出来的脊椎动物。

◆ 虎河鲀是日本最高价的食用河鲀

观察翻车鲀

翻车鲀科的鱼类其实就是一般人俗称的"翻车鱼"或"曼波鱼",它们可说是鱼族中长相最奇特的一群。体型硕大如石磨,整体看起来却像只有头胸部而少了后半截,因此又被戏称为"会游泳的头"。翻车鱼没有尾柄和尾鳍,腹部也不会像河鲀一样鼓胀成球。它们游泳时主要是靠高耸对立、镰刀状的背鳍和臀鳍交互拍打向前推进。翻车鱼全世界只有3种,分别是身体短、尾部微圆的翻车鲀,尾部有一矛状突起的矛尾翻车鲀,以及身体延长的长翻车鲀。由于数量少,习性特殊,已被列入保护类动物。翻车鲀是科学家发现的第一种恒温鱼类,它通过持续拍打胸鳍产生热量,并通过血液将热量传递至全身。

Molidae
翻车鲀科小档案
分类:鲀形目翻车鲀科
种类:全世界共有3属3种
生态:中表层洄游,卵生,漂浮生物食性

- 体背面及各鳍灰褐色
- 皮肤粗糙像砂纸
- 身体侧扁,呈卵圆形
- 腹面呈银灰色
- 胸鳍短小,无腹鳍
- 无侧线

◆靠近海面游泳的翻车鲀

鱼类与人 爱它,别吃它

许多国家甚少人会捕食翻车鱼,但有些地区翻车鱼就成了令食客垂涎三尺的海鲜佳肴,从名贵的鱼肠(俗称"龙肠")、鱼肉,甚至鱼皮都有特别的烹调方法。

2002年,中国台湾花莲一带的海域翻车鱼数量突然增加,当地还推出"曼波鱼季",举办"翻车鱼大餐"的活动来促销渔产并振兴观光业。

其实翻车鱼既温驯又可爱,人们可以借助潜水的方式去接近它、欣赏它,与它共游,相信以生态旅游的方式来利用翻车鱼的资源,应该远比把它们吃掉要划算得多。相反的,如果只管捕杀而不注重保护,则很可能会造成资源的枯竭,不仅无法永续利用,最后这种奇特的鱼类很可能会在地球上完全消失。

- 1个背鳍，高耸，与臀鳍相对
- 无尾柄及尾鳍，但尾部常有波状凹刻，无尖突
- 臀鳍

 **生态视窗** 会晒太阳的鱼

翻车鱼的英文俗名叫"Ocean sunfish"（海洋太阳鱼），这是因为它有时候会平躺在海面上晒太阳，目的可能是方便海鸟或清道夫鱼来帮它清除表皮的寄生虫，或是提高体温以帮助消化。因为它有这种特殊的习性，所以很容易遭到渔民的捕获或镖射。

生得多，长得快

翻车鱼平常是独行侠，但如果看到它们成群或成对行动，则多半是为了繁殖和交配。目前所知翻车鱼的产卵场有3处，一在墨西哥的巴哈加利福尼亚（Baja California）外海，一在大西洋西方的藻海（Sargasso Sea），另一处则在日本沿海。一尾长1.4m长的雌翻车鱼的卵巢内孕育有3亿颗鱼卵，远比一般大型海水鱼的200万~600万颗还要多，应是所有脊椎动物产卵数之冠。产卵后，受精卵随海流扩散，孵化后的仔鱼体表也具有和河鲀类似的刺状突起，可以用来自卫，不过长大后就完全消失。翻车鱼的成长速度很快，曾有记录显示，一尾在水族馆饲养的翻车鱼，短短8个月之内，从10kg增加至45kg，增重速度之快，大概也很少有鱼类可以超越。

以水母为主食的翻车鱼

翻车鱼属于大洋中上水层洄游性的鱼类，它们的体型硕大，嘴巴却出奇的小，加上游速缓慢，自然无法掠食泳速快的鱼或乌贼，因此一般翻车鱼是以海中的水母或是行动缓慢的漂浮生物为主食。它们觅食时不只在中表层，也可以潜入600m以下的冰冷水域觅食。

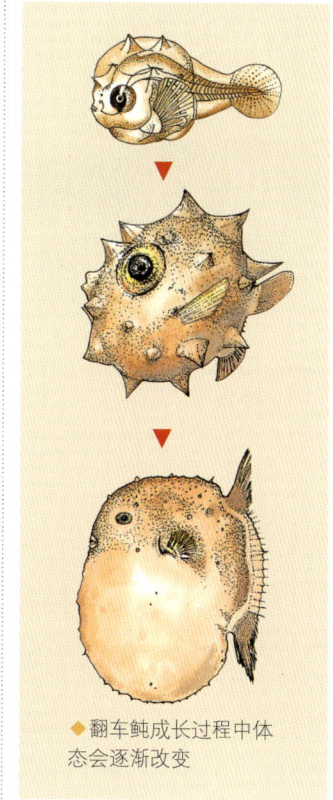

◆ 翻车鲀成长过程中体态会逐渐改变

观察篇

鲀形目的家族

主图：翻车鲀（*Mola mola*），最大体长333cm

附录

潜水观察

亲自下海去"赏鱼",可说是最接近自然,也是最能观察到真实鱼类生态行为的方式了。然而,海底的美丽景观和丰富生物需要靠大家来爱惜与维护,才能使生物资源永系不坠。潜水赏鱼是为了体验大自然生态之美,因此,请拿起"相机",放下"鱼枪"或"渔网";潜水赏鱼,培养正确的赏鱼观念,才能永享赏鱼之乐。

如何潜水

潜水一般可分为"浮潜"(或称徒手潜水)与"水肺潜水"两种。

浮潜只需戴面镜、穿蛙鞋、口衔呼吸管即可下水,最为经济、安全与大众化。当然,为了预防意外,还必须穿尼龙衣(冬天则穿防寒衣)及戴手套以避免水母的攻击。如果是生手或水性不佳者,最好再穿上救生背心。当穿上具有浮力的防寒衣(即水肺潜水的橡皮衣)或救生背心后,如要随心所欲地潜入海底,还需要在腰部带上适当重量的配重带。浮潜因为不是吸入气瓶的高压空气,只是吸入正常大气压的空气下潜,所潜的深度不深(通常5~8m),时间也不超过1~2分钟,所以不像水肺潜水需要减压,也不会有得潜水夫病(减压病)的顾虑。初学者只要学会如何将进入呼吸管及面镜内的水或雾气排除,即可自在地浮在水面观察海底世界;或憋一口气潜入水底,仔细观察鱼类的生态行为。

水肺潜水必须添购或租用潜水气瓶、调节器等昂贵的装备,同时一定要经过至少一周以上的正式训练,取得潜水执照后,才可以去尝试。水肺潜水之所以需要受训,是因为所吸入的是高压空气,其气压大小取决于潜水深度,再通过调节器让潜水者所吸入的空气压力与环境的压力相互平衡(海水每增加10m深即增加一大气压);因此,当潜水者在海底上浮时必须非常缓慢,至少不能超过小气泡上浮的速度,才可使溶解在血液中高压的气体逐渐通过呼吸系统释出,而不致在血管中形成气泡、阻塞血流,造成"气栓症"(即所谓的"减压病"),轻者残疾,重者丧命。当潜水时间过久或深度太深(35m以下)时,

◆浮潜轻装备:蛙鞋、面镜及呼吸管(上)。平静的大潮池在涨潮时也是理想的浮潜地点(下)

◆潜水摄影

◆潜水重装备：气瓶、调节器、浮力调整背心

而且还有一定的危险性，但它可以不必像浮潜那样到水面换气，所以能更尽情地在海底观察鱼类，在水浅处可以潜一个小时，水深处可潜半个小时，因此水肺潜水还是许多喜好潜水摄影、研究或观察海洋生态的爱好者最喜爱的户外运动之一，它也将是未来海洋游憩活动中，最具发展潜力的生态旅游或休闲运动项目。

溶解血液中的气体需要更长的时间才能释出，因此上升时需要更长时间，甚至需停留水层中作逐步减压，否则在24小时内仍有得气栓症的危险。这也是为何潜完水后最好避免立即搭乘飞机，或避免潜水时间太久、潜得太深的原因。

水肺潜水虽然较昂贵，装备整理及穿戴皆较繁琐，

到哪里潜水

这里推荐潜水赏鱼的好去处：

涠洲岛，位于广西壮族自治区北海市南方北部湾海域，是中国最大、地质最年轻的火山岛，也是中国最美的海岛之一，其中石螺口海滩是涠洲岛上最佳的潜水基地。

百福湾，位于海南岛最南端的三亚市亚龙湾国家旅游度假区西南部，是休闲潜水的最佳潜水海域，素有"东方夏威夷"的美称。三亚想必是大家都很熟悉的潜水用地了，三亚面临南海，海湾众多，各有佳景，极适合潜水旅游。水下能见度平均15~20m。此外，大东海、小东海、三亚湾、亚龙湾、坎秧湾、石梅湾等地也是潜水不错的去处。三亚的海底

◆潜水是值得推广的亲子休闲活动

生物种类也相当丰富，除了像小丑鱼、马鞭鱼、蝶鱼等这些常见的海洋鱼类外，还可以看见海鳗、河鲀以及各种各样的贝壳和海螺。

湛江，位于中国大陆最南端、广东省西南部，地处粤桂琼三省（区）交汇处，东濒南海，南隔琼州海峡与海南省相望，西临北部湾，背靠大西南。湛江沿海岛屿30多个（不含沙洲、礁石），海岛岸线总长780km。由于其优越的地理环境和得天独厚的气候，成为中国著名的潜水基地之一。

◆海岸潜水活动

若要在河川溪流进行潜水观察，只有高山溪流或少数中游地区的溪流水质较清澈，但这些地区多半水浅流急，所以一般都只适合浮潜，只有在少数具有较大面积的深潭或平潭地区的河段才有必要用到水肺潜水装备。在水库和湖泊地区，由于水深、能见度差，除了环湖四周水浅和水清处观察鱼类外，水深处不但深不见底，而且鱼少，危险性甚高，并不适合从事任何潜水活动。

◆高山溪流水清但流速较急，其中水流较缓、水较深处也适合潜水

其他注意事项

潜水赏鱼，与鱼儿共游，已不再是一个难以实现的梦想。只是当你跃跃欲试，或已身在水下、忘情地欣赏游鱼四出之际，切莫忘了"安全"与"环保"，以下是进行潜水活动时的注意事项。

● 严守潜水的安全规定，切莫独自行动或到陌生危险的海域。水肺潜水必须事先受过正规的潜水训练，合格后才可以尝试。

● 出发前充分了解当地天气、海况的变化，海底地形、海流状况与出入地点的安全性等。除了装备的良好保养与充分准备外，最好能找经验丰富的朋友结伴而行。

● 许多海洋生物可能有毒或有害，最好只是纯欣赏，而不去捡拾或触摸。事先多研读参考介绍有毒有害种类的图鉴书籍，更能防患未然。

● 海洋生物不但种类多，行为方式也多姿多彩，事先多阅读多了解，可以带给你更多的发现与收获，否则鱼儿的伪装、拟态或躲藏等功夫常会让你不见鱼迹。

● 海洋生物中有许多为稀有种类，它们的生命十分脆弱，所以，绝不任意采集、不翻动石头、不丢弃垃圾、不弄断珊瑚等，都是潜水赏鱼时应有的公共道德。

◆有毒的海洋生物：①海胆、②火珊瑚、③芋螺、④海葵

水族馆观察

大多数人因不识水性,或体能、体质状况不佳,或衡量时间、经济和安全等诸因素,对潜水活动仍裹足不前。即便是鼓起勇气开始尝试的潜水新人,或者是乐此不疲、经常下海的潜水好手,其实可以欣赏和观察到的鱼种还是有限。因此,参观水族馆,就变成可以弥补此缺憾最简单有效的方法了。

水族馆和动物园一样是饲养与展示活生生动物的一种社会教育设施,也兼有收藏和研究的功能。由于它们以饲养活体为主,自然要比一般展示标本及模型为主的博物馆更受大家的欢迎。相对的,水族馆的管理及维护成本、蓄养技术,以及生物的取得与检疫等则皆远较一般博物馆要困难、复杂且昂贵。此外,稀有水族鱼种的获取不但困难,更涉及生态保护。纵使如此,水族馆仍有其独特吸引游客的魅力。而每一个水族馆在规划和设计时都各有其特色,除了展示本土或特有的鱼种之外,也会展示世界各地不同地理区或不同生态系统的鱼类。读者如欲前往造访,不妨先上网或用电话查询进一步的信息(如票价、开馆时间、交通)。

◆国外水族馆的内部展示

◆花莲海洋公园,内有水族馆的展示

上海水族馆
了解鲨鱼保护鲨鱼

全世界海洋馆中唯一拥有独立的中国展区，在这里你能看到国家保护动物中华鲟、胭脂鱼、扬子鳄等。鲨鱼展的推出，让你近距离地了解鲨鱼，从而加入到保护鲨鱼的行列中来。

世界最长的海底观光隧道，让你如身在绚丽的海底深处，领略神秘、瑰丽的海洋生物。南美洲的各种各样的淡水鱼，冷水区的海豹，极地区的企鹅正翘首期盼你的到来。

馆内的特色展示是叶海龙、草海龙、锯鳐等淡水品种，其中沙虎鲨数量为中国水族馆之最。

长沙海底世界
把浩瀚大海搬进内陆

在这里有英武彪悍的大鲨鱼、憨态可掬的大海龟、千姿百态的珊瑚礁，色彩艳丽的海洋生物。这里不仅是海洋生物的乐园，也是小朋友玩耍嬉戏的必去之地。

唯美而浪漫的人鲨共舞，俄罗斯的水下芭蕾，欢趣的白鲸吐圈。如果这些你都觉得不够过瘾，那么潜入海底，与海豚、白鲸来一次亲密的接触，让海洋更加真实地存储在记忆里。

水上乐园惊险刺激的高台滑水、波涛汹涌的人造海浪、轻波荡漾的环流河等迷人的景色，是老少皆宜的欢乐海港。

杭州极地海洋公园
精彩的表演迷人的奇观

全球最大的极地海洋馆，拥有最大的极地白鲸全视角单体展示窗。世界上最为壮观的鲸豚剧场定居在这里，将为你带来精彩表演。

极地王国的北海狮惬意地享受着美味佳肴；海豚与海牛展现曼妙身姿；来自不同海域的珍稀动物，在这里成为亲密的邻居。你还可以绕道爱斯基摩人冰屋扮一回极地探险家，找寻寒冰时代打猎的感觉。

迷人的雨林奇观，让你仿佛置身于美丽的南极大陆，海象和海狮的表演让你走入亦真亦幻的神秘世界。

厦门海底世界
岛上的海洋之城

近三层楼高的鱼池，就像一个缩小的海洋，鱼类分层明显，让你感到虽然不是海洋胜似海洋。进入海底隧道，两侧的凹形鱼池将你环环围住，让你不需潜水也能进入海底，享受与鱼共舞的美感。

精彩的海豚表演，让你在惊叹海底奇妙的同时，享受海豚、海狮带给你的乐趣。水下喂鱼表演，不管是温顺的小鱼还是凶猛的鲨鱼，在食物的诱惑下，都会为你展现它们的另一面。

这里有厦门的特产，馅饼配上功夫茶，真是享受。你不能错过的是叶氏麻糍，每天限量供应，一定要抢到。

鱼市场观察

去鱼市场观察鱼是最简单、方便和经济的方式，也可以看到许多水族馆所看不到的鱼种。因为水族馆一般均只饲养一些色彩鲜艳、可爱逗趣、奇形怪状或易养、易捕获的鱼种，许多难以捕捞、驯养或蓄养的大洋性或深海鱼类就只有到鱼市场才有机会看到了。

到哪些鱼市场

超市所贩售的鱼多已经过除鳞、去内脏，或去除头尾部的处理，所以并非观察鱼类的理想地点。但在超市中却常可见到不少外来种的鱼类，如柳叶鱼、冰鱼、鳕、鳟等；各地传统市场中的鱼摊则常可见到不少来自当地附近渔港的新鲜渔获，譬如近沿海的小型鱼类或是养殖的鱼种，但种类毕竟有限。如果想要看到更多不同的鱼类，最好还是直接前往各地的渔港和鱼市场去观察。

不同鱼市场主要卸鱼和拍卖的鱼种因当地渔具、渔法、渔场或栖地条件的不同而异。

通常渔港卸鱼及渔货拍卖都有一定的时间。如果你只有假日有空，则建议可前往假日观光鱼市或活鱼海鲜餐厅。假日观光鱼市中所展售的鱼类不但物美价廉，而且还有不少摊贩将鱼的俗名标注好，也是认识各种不同鱼类的理想场所。

◆假日观光鱼市

◆鱼市场堆里积的渔获

注意事项

如果为了教学或研究而有进一步观察和解剖的需要，可以到鱼市场买鱼，如果鱼的体型小或是属于杂鱼，甚至可以免费向渔民或鱼贩索取。只是从鱼市场买鱼时，必须要问清楚渔民该批鱼货是从那一处海域所捕捞。正确的采集地点和采集日期是典藏或研究用时必须具备的基本资讯。

当然，到鱼市场观察鱼时最好手上有一两本图鉴可以直接比对，以便鉴别鱼种；或是借助高科技电子产品。但许多同一属的相似种常因为外观相似，而必须要靠内部器官构造，如鳃耙数、齿式、鳔型、脊骨数或是感觉孔的排列来鉴种。因此，一般都是将买的鱼带回实验室中作进一步的鉴别，鱼体小者还得利用放大镜或解剖显微镜。又为了避免被有毒鱼类的棘刺所刺伤，如鲉科、鳗鲶，处理时最好戴手套。如果要在杂鱼堆里找寻鱼类，则要使用大号镊子或棍棒来翻动，用镊子挑出所要观察的鱼，放入大号动口袋或厚塑料袋，置入碎冰，用鱼箱带回实验室或家中仔细观察。

要注意的是，许多大型鱼类如旗鱼、鲨、魟、鲔等，它们的长吻、长尾或带有棘刺的尾部常在上岸前已被剁掉，因此很难窥全貌；底拖网的鱼类，鱼体因长时间在海底的网袋内翻搅挤压也常残缺不全，特别是鳞片最常脱落。

◆置入动口袋加碎冰保存的鱼体

标本制作与保存

由于鱼类体型大、易腐败，制作标本所需要的成本和储存空间均较植物、昆虫或贝壳为高，因此一般人较少有兴趣去制作和保存鱼类标本。然而有时为了研究与教学的目的，还是需要自行制作鱼类的标本。鱼类标本包括全鱼的液浸标本、冷冻或酒精保存的组织标本，或耳石、骨架、齿骨，或剥制的标本。由于剥制的标本需要相当专业的技术，所以目前一般博物馆的展示均已舍弃传统的剥制法，而改以玻璃纤维先塑模，再彩绘的方式。以下提供给大家的是一般人较容易着手的全鱼液浸标本做法。

制作方法

一般具有典藏与研究价值的标本都需要将鱼体完整地予以保存。因此挑选鱼体最好选择所有的鳞片、鳍条或须瓣均未脱落及未破损的个体。此外，鱼体新鲜时的体色常是鉴别种类的主要依据，但泡在酒精或福尔马林后，颜色会很快地褪掉，依目前的技术还无法将鱼体的色彩长久保存下来，因此在采集时要挑选最新鲜、色彩最鲜艳的鱼体，再立即用冷冻或碎冰冰藏运回实验室，经过展鳍处理后，尽快用数码相机或单反相机拍摄，将原有的体色记录下来。

展鳍的方法是将鱼体平放在保丽龙板上，用大头

◆ 鱼类标本制作步骤：展鳍

◆ 鱼类标本制作步骤：拍照

针将各鳍展开并钉住，然后将10%的福尔马林滴或涂在鳍膜上，不多久鳍膜即可固定。拍摄完后再将鱼体置于适当大小的标本瓶内，倒入足够的10%福尔马林或80%的酒精。福尔马林是致癌物，且未来抽取定序DNA较为困难，因此目前各大博物馆保存鱼类均已改用酒精，甚或以超低温的液态氮来保存鱼体的部分组织（主要为肌肉），此又称"冷冻遗传物质"。至于大型鱼类或深海鱼类，若直接使用酒精保存，常会有酒精遭稀释，浓度不足而导致标本毁损的问题，所以通常还是会先用福尔马林；固定一两周，肌肉较硬较大的鱼还必须先用针筒在其腹腔内注入福尔马林，以免因药液来不及渗入体内而使内脏腐败。肉质

◆ 鱼类标本制作步骤：浸泡酒精、置入标签

软而体型小的鱼，如深海鱼，若使用高浓度的酒精也常会造成标本脱水而干瘪。身体较长如蛇形的鳗鲡目，为了避免固定后身体已定型无法再改变姿势，难以进行标本检视或测量的工作，因此制作鳗鲡目标本时一般常用异丙醇（isopropanol）作为固定液，可以使身体变得较为柔软。

做好的标本在装罐入库时，一定需要制作标签，除了初鉴的学名外，还应注明其标本编号、种名、采集时间、地点、渔法、深度、采集者、鉴定者等相关资料。利用铅笔或不会溶解的墨水写在标签上，再置入瓶中。标本瓶最好是用配有橡皮垫可完全密封的瓶盖，其次也可在瓶口接缝处塗上凡士林来密封，以使瓶内标本不致因固定液迅速挥发而造成干枯或腐败，当然还得定期地检查与添加固定液。

交流与查借

从事鱼类分类的学术研究，时常需要相互借阅或交换标本，目前各大博物馆或标本馆均已开始将其典藏鱼类标本的资料数字化，可在网络上公开查阅或借阅。若干标本馆的标本甚至可以点选查看在固定该尾标本前的彩色标本照。而由国际性的"鱼库"（FishBase）可查询典藏在国外一些著名博物馆内的鱼类标本。

◆ 国外博物馆收藏的腔棘鱼标本

◆ 标本馆收藏方式：①大标本箱、②干制标本、③标本瓶、④移动式收藏柜

拯救鱼类总动员

SOS

鱼类不但是水生生态系统中最重要的成员,提供研究生物演化的绝佳素材,也和我们人类的生活及经济活动息息相关。然而由于人们对鱼类的保护观念仍相当薄弱,所谓的爱鱼,只是爱吃、爱养、爱钓而已,并不认为鱼类是野生动物需要保护。因此在不认识、不关心的情况下,造成鱼类资源正快速枯竭中,目前所"累计"的鱼种数虽多,但鱼的数量(尾数)却正在直线下降,许多过去的常见种如今已变成稀有种甚或绝迹。眼看鱼类的生物多样性就将要摧毁在我们这一代的手里,因此大家不仅要正视这个问题,也要探讨保护的方法。

鱼类资源为什么会衰竭

栖地破坏:河流的水流量减少,以及兴建水库、拦沙坝以及河流渠道化、水泥化、堤防化使淡水鱼类销声匿迹;海岸的过度开发,筑堤建港、兴建新市镇、工业区、道路、港口等更破坏了许多仔稚鱼或幼鱼赖以生存

◆山坡地滥垦污染水源

的天然潮间带或海滩湿地。在近沿海的岩礁或珊瑚礁从事底拖、采矿、抛锚、不当潜水、盗采珊瑚,也会使沉积物大量堆积,再加上有毒污水排放、海抛及海底垃圾充斥等,都会破坏鱼类赖以生存的各类不同栖息地。

外来种引进:水产养殖、饵料种或观赏鱼的不慎

◆拦沙坝改变了河流的形貌

外流,或人为的刻意放生、弃养,是最常造成外来种问题的因素。外来种一旦在本地的野外繁殖成功,并对本地的生态系统与物种造成影响时则称其为"入侵种"。据统计,全球已有超过160种鱼类的入侵种经由人为"搬运"而存活在各地不同水域。

◆外来种孔雀鱼

◆富营养化的水体

污染：重金属、残氯、杀虫剂、肥料、清洁剂、石油等，以及过多的有机、无机物，造成水质富营养化，再经食物链传递的生物累积效应，影响到其他鱼种、海鸟及海洋哺乳类动物，乃至人类本身。由于鱼类状况可作为水域环境优劣的重要生物指标，所以我们也常利用鱼类在族群、群聚或形态、生理、生化、成长、生殖、行为，乃至分子生物上的改变作为水质监测的指标。

过度捕捞：人们捕鱼常不分大小（年龄）、性别，甚至不分种类一网打尽。更糟的是，把正要洄游产卵的鲑、乌鱼、飞鱼等中途拦截，鱼卵俱获，或是竞相捕捞那些好不容易才长到可以产卵繁殖的大石斑鱼、鲨鱼、鲔鱼、旗鱼等。"过渔"的问题不单使资源量锐减，它同时也会使鱼小型化。此外，误捕造成资源的浪费也甚严重，以虾拖为例，为拖1kg 的虾，其细密的网具可浪费捕获虾量 3~130 倍的小鱼（杂鱼），波及的种类则超过 100 种之多。此外，观赏鱼的水族饲育，或海鲜店的需求，也促使渔民使用氰化物或渔网下海大肆捕捞珍稀、色彩艳丽，或体型大可食用的珊瑚礁鱼种，如蝴蝶鱼、盖刺鱼、隆头鱼、笛鲷、仿石鲈、鹦哥鱼、刺尾鲷、海鳝、鳞鲀、单棘鲀、雀鲷、金鳞鱼等，因此许多鱼种在一些海域正在迅速消失。

拯救鱼类的生物多样

鱼类生物多样性的保护方法一如保护所有海洋生物一样，其或陆域生物一样，不外乎研究、立法及教育三方面。

加强调查研究：首先，要了解相关地区鱼类的种类组成、分布、群聚的时空变迁、生态习性及与邻近地区族群相倚的关系，如此方能认定哪些是特有、稀有或濒临绝灭的鱼种，进而制定正确有效的保护措施，以及提供教育的基础资料。接着，得进一步研究人工繁殖，利用种苗放流来加以复育，特别是海水经济或观赏鱼类的繁殖研究。同时，也要追查造成鱼类资源减损的真正原因，才能建议相关部门采取对症下药的策略。最后，还要评估哪些水域应优先划入保护区的范围及严格执行其划设后的保护管理办法。

推进教育：让人们认识了解相关水域的海洋生物，进而支持并参与海洋生物的保护行动，是相当重要的一步。除了在各种媒体上广为报道介绍稀有海洋生物现状外，还要宣扬正确的保育观念，包括不抓、不养、不吃稀有物种（包括供作中药材之海龙、海马等）；推广实地潜水，从事认鱼、赏鱼、喂鱼、水底摄影等户外活动。特别是推崇海底生态旅游观光，而非渔获捕食利用，如此不但可保护生物多样性，也可永续利用海洋资源。

划定水域保护区：禁止任何人员或人为干扰仍是最简易有效的保护措施。因为鱼类的种类繁多，许多鱼类的生态习性，如生活史、食性、生殖等大家仍不了解，根本无法进行种源保存式的物种保护，且种源保存会降低基因变异频率而不利种族存续，即使鱼种繁殖成功，但若其天然栖地水域已被破坏，也不可能再放流；且水域生态系统的食物网关系复杂，不可能只保存一种而不影响其他物种，因此准有保护栖地，整个生态系统连同范围内的所有生物一齐保存下来才是根本之道。

立法保护严格执行：加强相关立法，使保护工作能有所依据。此外应在野生动物保护法中增列稀有海洋生物，作为取缔捕捞、贩售的依据；加强稀有鱼类的进出口管理（人工繁殖成功的种类则不在此限）。许多经济鱼类资源的保护措施，如渔期、渔法、渔具或渔获量、体长大小的限制与禁止等均应确实执行。严格禁止在保护区内的所有非法活动，例如毒鱼、炸鱼、猎鱼或排放污染物等行为。

你可以这么做

海洋生物多样性的保护要成功，最根本的还是要把保护变成一种大家的生活态度，下列几点守则或可提供大家参考：

- 不吃活海鲜，只摄影，不采集、不收集、不购买海洋生物。
- 不养、不吃、不钓珊瑚礁生物、稀有及应保护的鱼类。
- 不到海边（潮间带）乱采乱翻石头。
- 不乱倒污水、不乱丢垃圾，海钓、潜水应遵守规定，不踢珊瑚等。
- 多认识海滨及海洋生物，共同宣传及担任海洋生态保护的义工。

◆海洋美景需要大家共同来守护

鱼目名与科名

★蓝字为本书采用的目、科名

鱼目名

拉丁文目名	中文目名		拉丁文目名	中文目名	
Myxiniformes	盲鳗目	盲鳗目	Siluriformes	鲶形目	鲶形目
Chimaeiformes	银鲛目	银鲛目	Salmoniformes	鲑形目	鲑形目
Heterodontiformes	异齿鲨目	虎鲨目	Stomiiformes	巨口鱼目	巨口鱼目
Orectolobiformes	须鲛目	须鲨目	Aulopiformes	仙女鱼目	仙女鱼目
Carcharhiniformes	白眼鲛目	真鲨目	Myctophiformes	灯笼鱼目	灯笼鱼目
Lamniformes	鼠鲛目	鼠鲨目	Lampridiformes	月鱼目	月鱼目
Hexanchiformes	六鳃鲛目	六鳃鲨目	Ophidiiformes	鼬鳚目	鼬鳚目
Squaliformes	棘鲛目	角鲨目	Lophiiformes	柄鳍目，鮟鱇目	鮟鱇目
Squatiniformes	琵琶鲛目	扁鲨目	Mugiliformes	鲻目	鲻目
Pristiophoriformes	锯鲛目	锯鲨目	Beloniformes	颌针鱼目	颌针鱼目
Rajiformes	鳐目	鲼魟目	Beryciformes	金眼鲷目	金眼鲷目
Elopiformes	海鲢目	海鲢目	Gasterosteiformes	刺鱼目	刺鱼目
Anguiliformes	鳗鲡目	鳗鲡目	Scorpaeniformes	鲉形目	鲉形目
Clupeiformes	鲱形目	鲱形目	Perciformes	鲈形目	鲈形目
Gonorhynchiformes	鼠鳝目	鼠鳝目	Pleuronectiformes	鲽形目	鲽形目
Cypriniformes	鲤形目	鲤形目	Tetraodontiformes	鲀形目	鲀形目

鱼科名

拉丁文科名	中文科名		拉丁文科名	中文科名	
Myxinidae	盲鳗科	盲鳗科	Apogonidae	天竺鲷科	天竺鲷科
Chimaeridae	银鲛科	银鲛科	Sillaginidae	沙鲛科	鱚科
Carcharhinidae	白眼鲛科	真鲨科	Rachycentridae	海鲡科	军曹鱼科
Dasyatidae	土虹科	魟科	Carangidae	鲹科	鲹科
Megalopidae	大眼海鲢科	大海鲢科	Lutjanidae	笛鲷科	笛鲷科
Muraenidae	鯙科	海鳝科	Haemulidae	石鲈科	仿石鲈科
Clupeidae	鲱科	鲱科	Sparidae	鲷科	鲷科
Chanidae	虱目鱼科	遮目鱼科	Lethrinidae	龙占科	裸颊鲷科
Cyprinidae	鲤科	鲤科	Nemipteridae	金线鱼科	金线鱼科
Balitoridae	平鳍鳅科	爬鳅科	Sciaenidae	石首鱼科	石首鱼科
Clariidae	须鲶科	须鲶科(胡鲶科)	Mullidae	羊鱼科	羊鱼科
Salmonidae	鲑科	鲑科	Chaetodontidae	蝴蝶鱼科	蝴蝶鱼科
Stomiidae	巨口鱼科	巨口鱼科	Pomacanthidae	盖刺鱼科	刺盖鱼科
Synodontidae	狗母鱼科	狗母鱼科	Cichlidae	慈鲷科	丽鱼科

续表

	拉丁文科名	中文科名		拉丁文科名	中文科名	
鱼科名	Myctophidae	灯笼鱼科	灯笼鱼科	Pomacentridae	雀鲷科	雀鲷科
	Lamprididae	月鱼科	月鱼科	Labridae	隆头鱼科	隆头鱼科
	Ophidiidae	鼬鳚科	鼬鳚科	Scaridae	鹦哥鱼科	鹦嘴鱼科
	Antennariidae	躄鱼科	躄鱼科	Blenniidae	鳚科	鳚科
	Mugilidae	鲻科	鲻科	Gobiidae	虾虎科	虾虎科
	Exocoetidae	飞鱼科	飞鱼科	Acanthuridae	刺尾鲷科	刺尾鱼科
	Belonidae	鹤鱵科	颌针鱼科	Siganidae	臭肚鱼科	篮子鱼科
	Holocentridae	金鳞鱼科	鳂科	Trichiuridae	带鱼科	带鱼科
	Syngnathidae	海龙科	海龙科	Scombridae	鲭科	鲭科
	Scorpaenidae	鲉科	鲉科	Xiphiidae	剑旗鱼科	剑鱼科
	Triglidae	角鱼科	鲂鮄科	Bothidae	鲆科	鲆科
	Platycephalidae	牛尾鱼科	鲬科	Balistidae	皮剥鲀科	鳞鲀科
	Serranidae	鮨科	鮨科	Tetraodontidae	四齿鲀科	鲀科
	Priacanthidae	大眼鲷科	大眼鲷科	Molidae	翻车鲀科	翻车鲀科

图片来源（数字为页码）

●全书照片（除特别注记外）／中研院动物所鱼类生态与进化研究室（邵广昭、陈正平、陈静怡、何林泰、林介屏摄）、陈丽淑提供

●14大、20中、27中、40下、41上小、48下、58上、59上、60大、62上、67、69上、78大、94下、107下、207右下、222、231左下、257小／郭道仁提供

●16左下／林思民提供

●16中、144下、198左下／蔡永春提供

●20左下／罗文德提供

●24左下、38上、62下、89下、91上、128右下、151右下、200下、237中／夏国经提供

●32右一排／张正提供

●32右二、三排／黄将修提供

●34左上、95中、168左中、226／王连隆提供

●59下／李凯明提供

●244／陈美如提供

●62中／张廖年鸿提供

●83上、120下／莫显荞提供

●103上／李宗翰提供

●108、109下、110、111／温国彰提供

●215上／陈义雄提供

●231中、231右下／何源兴提供

●19、21、23下、50、51、52、74、75、77、92左、114上、162下／陈春惠绘

●24、25上、29、54、55、56、57、63底图、64大图、68底图、69底图、70大图、72大图、90、91、100、104、106、108、111、112、116、118、124主图、126、136、138、142、143、147、150、154、166、174、178、186、190、196、204、208、222、224、236、244／黄昆谋绘

●25下、26、27、28、36、37、38、80、82、84、86、87、89、92主图、93、94、96、98、114下、115、120、124下、128、130、134、152、158、160、162主图、164、170、171小、176、180、182、184、194、200、206、212、215、216、220、226、228、230、232、233右下、234、239、240、242、245右／赖百贤绘

259

后记

【后记一】

和鱼类结下不解之缘应该和我小时候生长在靠海的基隆有关。记忆中童年的海滩铺满了贝壳,港内时时可见熙攘的鱼儿,即便是住家附近或是中学的校园里也都有充满生机、鱼虾处处的小溪。但这三四十年来,由于过度捕捞、污染、栖地的破坏等因素,已使得许多鱼类都销声匿迹了。所以多年来我一直有个心愿,希望能有机会将过去所学到的鱼类知识和20年来研究调查所累积的一些鱼类图文资料,做一次整理,和大家分享,为鱼类多样性的保护、教育和研究尽一份心力。

因此,首先要感谢出版社给我这个机会为读者编撰本书,让我多年来的夙愿得偿。过去我整理编撰过的鱼类图鉴或字典虽不少,也写过海洋生态的教科书,但却始终少了一本介绍鱼类常识的书籍。

为了能在极度繁忙的工作中挤出时间来完成这件不被计入研究成绩的工作,我采取找学生和助理一齐合作的模式来进行。这一年多来,花了不少时间重新收集资料,也发现了许多过去被疏忽的一些有趣或未能深入了解的鱼类知识,其中有不少是在编辑打破砂锅问到底的情况下被挖掘出来的,他们费了相当大的心血把文稿改成流畅生性的笔触。而春惠的版式设计与编排,黄昆谋及赖百贤两位绘图者不厌其烦地配合修改插图,他们都是完成本书的幕后最大功臣。当然我也要谢谢研究室协助选图的静怡、找资料的柏锋和宗翰,以及慷慨借图的郭道仁与夏国经等潜水教练。

编写这本书最难为处还是在鱼类分类系统的莫衷一是,以及鱼类中文名称的紊乱不统一。本书采用 Nelson(1994)《Fishes of the World》第三版的系统为主,且尽量以伍汉霖等编撰的《拉汉世界鱼类名典》的中文名为依据。

台湾鱼类种数量达全球的十分之一,生物多样性相当高,但其实许多鱼种的数量或丰富度却在大幅减少中,甚至面临区域性灭绝。所以在编撰这本书时,除了认识篇和观察篇外,加入了环境篇和附录的行动指南,希望大家除了学会辨认鱼种外,也能更进一步采取行动去认识、了解它们有趣的生态习性,去关心、爱护并保护它们,使台湾能成为鱼类的天堂而非地狱,使生活在台湾的鱼儿像在生活在澳大利亚大堡礁一样只有美丽而没有哀愁。

最后,借此机会谢谢研究室共同打拼的助理和学生们,带领我下海潜水走入鱼类世界的张昆雄教授,以及多年来一直鼓励和指导我从事鱼类分类研究的沈世杰教授。当然,还有我的内人徐倩卿女士,这20余年来的辛劳与支持,让我得以毫无后顾之忧地全力投入鱼类的研究工作。

【后记二】

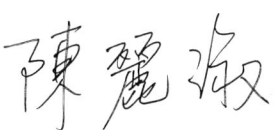

因为从事鱼类的研究,自己常沉浸在探索鱼类行为的乐趣中。因此,当各类赏鸟、赏鲸豚的活动纷纷兴起时,我对以鱼类为主的自然观察活动却少得出奇感到有点遗憾,也许是因为大家不知道它们有什么值得欣赏或观察的地方吧!其实,认识鱼类的方法很多,一般人大概都是从吃鱼开始。因为中国人吃鱼喜欢见头见尾,常有机会看到整条鱼,所以可以说每个人早就有初步观察鱼的经验,如果能够进一步了解鱼类更多的知识,岂不更有趣?希望这本书能引起大家对鱼类的好奇,一起来体验鱼类世界的奥妙。未来除了以水族缸养鱼外,潜水赏鱼、鱼市观察也都能成为大众化的休闲活动。

有机会与鱼结下如此深的缘分,最要感谢毕生致力于鱼类研究的两位恩师——邵广昭研究员及James Cook University 的Howard Choat教授。本书得以完成,也要感谢严宏洋博士提供鱼类感觉部分的资料,郭道仁教练、夏国经教练、陈玉慧教练、廖运志学弟等提供珍贵照片,以及出版社编辑锲而不舍地催稿与汇整。

写此书的另一因缘源自喜欢钓鱼的父亲,从小全家陪着他钓遍台湾北部的溪流和海滨。记忆的画面里总见父亲专心钓鱼,5个小孩在旁玩水、抓鱼虾,母亲则忙着家务活。父亲"摸鱼"摸了62年,从自制钓钩、钓竿,站在大汉溪畔以苍蝇为饵、挥竿钓阔嘴郎的黑发小孩,到今日拥有一屋子卷线器、钓竿,就算晕船也要出海钓红鲥的白发老翁。父亲持续不断的钓鱼史,其实也无奈地见证了浮洲仔东侧湳仔港老家门前大汉溪中游一带的生态变迁:从上世纪二三十年代鲒鱼、鲈鳗及各种台湾原生淡水鱼快乐悠游、发大水时毛蟹四出的干净光景,转变到四十年代因沿岸工厂废水排放、毒鱼,不定时出现大量鱼类暴毙的恶化溪水,一直到石门水库建成后水量变少,且无法及时注入新水,造成水质的长期恶化。所以,记忆中就只剩下耐污力强的罗非鱼,和偶尔在石门水库泄洪时才出现的鲫鱼、草鱼等水库鱼种可钓了。到了上世纪八十年代,老家前的溪流几乎已趋于完全死寂,连罗非鱼都没有,污染严重的河水,甚至泄洪时都没人敢钓鱼吃。所以在家中常常随着父亲的记忆缅怀往日风光,感叹连海鱼都可上溯的淡水河、水产资源丰富的湳仔港,为何今日沦至如此不堪的处境?只能心中默祷台湾的生态保护风气渐开,鱼虾能早日脱离栖所消失的梦魇。

父亲陈和同先生和母亲赖碧女士一直是我最忠实的鱼类标本提供者,仅以此书献给我最敬爱的钓者。

作者简介

邵广昭

1951年生于台湾基隆市,1983年取得美国纽约石溪大学生态进化系博士学位,之后即服务于"中研院"动物所,1991~1994年出任首任台湾海洋大学海生所所长,1996~2002年接任"中研院"动物所所长,2004年起代理"中研院"生物多样性中心主任,现任鱼类学会理事长。20多年来,投入台湾鱼类分类、生态及演化的研究,以及鱼类保护及资料库工作。迄今已发表百余篇学术论文、300多篇技术报告,出版20余本专著,包括《台湾的珊瑚礁鱼类》《台湾鱼类志》《垦丁鱼类图鉴》《台湾常见鱼贝介类图说》《台湾海域鱼卵图鉴》及《台湾脊椎动物志——鱼类》《鱼类图鉴》等。在鱼类多样性科学及教育的方面的成果包括:发表近30种世界新种鱼类及500多种台湾新种,典藏台湾最完整的鱼类标本,所建置的台湾鱼类资料库每月网上点阅量达数万次。

陈丽淑

1962年生于台湾台北市,1997年取得澳大利亚詹姆士·库克大学海洋生物系博士学位。自1985年硕士班起,即随邵广昭教授从事鱼类研究;留学澳大利亚期间,随詹姆斯·库克大学的霍华德·乔特教授在大堡礁从事珊瑚礁鱼类研究。之后就职于台湾海洋科技博物馆筹备处,任展示规划及教育推广执行。除著有《海水观赏鱼(一)》《海水观赏鱼(二)》《台湾常见的珊瑚礁鱼类》《我的海洋酷朋友——主题观察别册》等外,还有科普文章散见各水族杂志,并发行个人《鹦哥鱼物语》电子报,介绍珊瑚礁鱼类有趣的生态知识。

《自然野趣大观察》

这套书,是了解生态文化的最佳起点。

深入这座"宝山",如果没有掌握适当的诀窍,难免要空手而返。

《自然野趣大观察》试图为各种知识找出"入门"的方法,

包含简明易懂的检索、生动有趣的图解、

详尽完整的说明,加上现场观察的秘诀,以及

推荐实地探访的最佳路线……

深入浅出,开门见山,登堂入室。

只要随身携带《自然野趣大观察》,

人人都能成为"身怀绝技"的观察家。

第一本自然人文昆虫生态百科
自然野趣大观察·昆虫（超值版）

▶ 蜘蛛是昆虫吗？从解答这样的问题开始，一步步全面探索多姿多彩的昆虫世界。以简单有趣的方法迅速辨认41类常见昆虫，接着传授与昆虫相遇的基本方法，并讲述现场观察昆虫的要诀，然后提供采集、饲养、制作标本与做观察记录的方法步骤……循序渐进，让你在最短的时间内，由"虫盲"升级为"虫痴"！

第一本野外探寻蕨类的图解指南
自然野趣大观察·蕨类（超值版）

▶ 本书从辨识蕨类的特征开始，带领大家一步步揭开蕨类朦胧的面纱。认识篇全面透视蕨类，相遇篇让你轻松遇见蕨类，观察篇一次传授34科代表性蕨类的辨识要诀，附录则提供采集、记录与制作标本的原则与方法。

第一本开创新视野的鱼类经典百科
自然野趣大观察·鱼类（超值版）

▶ 本书的认识篇溯古通今，全面透视鱼类；环境篇介绍鱼类的栖息地及其分布情况，带你认识鱼类的家；观察篇传授56科鱼类的辨识要诀，并探讨鱼类演化的秘密与有趣的生态现象；附录则提供在鱼市场、水族馆或下海潜水等时候的鱼类观察行动指南！

第一本全面透视野菇的观赏秘籍
自然野趣大观察·野菇（超值版）

▶ 本书从辨识野菇的特征开始，逐步带领大家进入广大而有趣的野菇世界。认识篇逐一解开谜团；观察篇传授野菇辨识要诀和有趣的野菇真相；相遇篇让你轻松寻得野菇；附录则提供野菇观察、记录和采集的方法以及毒菇的辨识方法。期待爱菇的你能借此真正进入野菇的世界！

著作权合同登记号：图字 13-2015-034

本书经台湾远流出版事业股份有限公司授权出版。未经书面授权，本书图文不得以任何形式复制、转载。本书限在中华人民共和国境内销售。

图书在版编目（CIP）数据

自然野趣大观察：超值版.鱼类/邵广昭，陈丽淑著；黄崑谋，赖百贤绘.—福州：福建科学技术出版社，2016.7（2019.4重印）

ISBN 978-7-5335-5080-6

Ⅰ.①自… Ⅱ.①邵…②陈…③黄…④赖… Ⅲ.①自然科学－普及读物②鱼类－普及读物 Ⅳ.① N49 ② Q959.4-49

中国版本图书馆 CIP 数据核字（2016）第 135380 号

书　　名	自然野趣大观察·鱼类（超值版）
著　　者	邵广昭　陈丽淑
绘　　者	黄崑谋　赖百贤
出版发行	海峡出版发行集团 福建科学技术出版社
社　　址	福州市东水路 76 号（邮编 350001）
网　　址	www.fjstp.com
经　　销	福建新华发行（集团）有限责任公司
印　　刷	天津画中画印刷有限公司
开　　本	700 毫米 ×1000 毫米 1/16
印　　张	16.5
图　　文	264 码
版　　次	2016 年 7 月第 1 版
印　　次	2019 年 4 月第 3 次印刷
书　　号	ISBN 978-7-5335-5080-6
定　　价	58.00 元

书中如有印装质量问题，可直接向本社调换